# 诗境规划论

李先逵　刘晓晖　著

中国建筑工业出版社

**图书在版编目（CIP）数据**

诗境规划论／李先逵，刘晓晖著. —北京：中国建筑工业
出版社，2017.4
ISBN 978-7-112-20528-8

Ⅰ.①诗… Ⅱ.①李… ②刘… Ⅲ.①城市规划—研究 Ⅳ.①TU984

中国版本图书馆CIP数据核字(2017)第049699号

责任编辑：李成成　董苏华
责任校对：王宇枢　张　颖
封面设计指导：贺　伟

# 诗境规划论

李先逵　刘晓晖　著

\*
中国建筑工业出版社出版、发行（北京海淀三里河路9号）
各地新华书店、建筑书店经销
北京美光设计制版有限公司制版
北京缤索印刷有限公司印刷
\*
开本：880×1230毫米　1/16　印张：15¾　字数：373千字
2018年1月第一版　　2018年1月第一次印刷
定价：99.00元
ISBN 978-7-112-20528-8
(29772)

# 目录

# 6　诗境城市的创造

# 7　住区规划建设的诗意栖居

# 1

规划设计理论的
诗境缺失

# 1.1 规划设计理论的困境

## 1.1.1 环境危机的挑战

人居环境危机已成为全世界关注的焦点问题，保护生态环境，直接关系到各国可持续发展的前途和人类生存的前景。

千百年来，"雨"一直都是诗人笔下经常出场的重要角色，然而1852年，英国人发现天上的雨水不再让人诗意盎然，因为降下的是酸雨。一场酸雨下来，水质污染、水生物死亡、作物减产……19世纪以后，自英国开始，西方步入了以工业大生产为标志的现代工业文明社会，人类经历了前所未有的伟大进步，工业文明给人类带来了巨大的物质财富，也剧烈地改变了传统生活方式和价值观。过去时代的物质生活，克己俭朴是主流，但现代生活方式却是鼓励提高消费乃至超前消费，生产的目标就是竭尽所能去刺激永无止境的人类物欲，于是人类向地球无节制地索要，向自然掠夺式索取。我们看到，现代社会的"文明人"跨过地球表面，所到之处留下如此景象：一面是依靠过度的生产与消费才能拉动经济增长去装点现代社会的繁荣；另一面却导致不可再生资源的耗竭和严重的环境问题。人类一路上铺满发展的"鲜花"，却奔走在通向非理智繁荣的道路上，导致20世纪以来，人类取得巨大发展成就，却又面临城市人口猛增、交通堵塞、环境污染，人居空间日渐恶化。

环境问题实质上是发展思路和建设模式带来的问题，其背后是物欲膨胀而向自然过度攫取。回想有人曾问圣雄甘地，印度独立后的生活水平能否赶上原来的宗主国——甘地回答说："英国为达到它那种富裕程度曾消耗掉地球上一半的资源，像印度这样的一个国家需要

多少个地球？"甘地所质疑的是这种以资源高消耗为特征的生活方式，它从19世纪英国开始，到20世纪美国继承其衣钵，正如学者陈友芳所说"而后多数国家，尤其是欠发达国家一直把这种生活方式当作梦寐以求的社会发展模式——'现代化'"。向自然过度攫取的生活方式和相应的不恰当发展思路与建设模式，必然带来生态环境的危机。

生态环境的危机在中国快速现代化进程中变本加厉地出现，大量触目惊心的负面消息不断出现。事实上，我国生态安全已是危机四伏、形势严峻，生态环境整体还呈恶化趋势——水资源匮乏，全国600多个城市中2/3城市供水不足；水体污染突出，只有不到10%的生活污水经处理后排放，全国80%河流受污染；大气污染加剧，其中全国1/5的城市空气污染严重；土壤酸化、盐渍化，1/3的国土面积受到酸雨影响，耕地面积减少、土壤肥力下降；全国90%以上的草原退化；森林资源总体质量仍呈下降趋势，人均积蓄量不足世界平均水平的1/7；全国水土流失面积多达356万平方公里；沙化土地面积174万平方公里；生物多样性减少……以至于不断有人发出危机警告。

回顾历史：1950年代末大炼钢铁，滥伐林木；1960、1970年代挖山、填湖造田，成片山林和湿地毁坏；1980年代乡镇企业村村点火、户户冒烟；1990年代后大规模城市开发异军突起，铺大摊子、急上项目、盲目地开山采矿、圈地建厂、重复建设……这其中有的是因"无知"，有的却是因为只顾眼前利益不顾长远利益，只顾个人或小团体利益不考虑国家整体利益的"明知故犯"，还美其名曰："先

建设，再环保；边建设，边环保；先破坏，再恢复；先污染，再治理"。如此等等，无论"无知"还是"明知故犯"，人们对自然资源的肆意掠夺和摧残，使生态环境受到不可修复的破坏，生态系统的失衡日趋严重。

大量事实证明，没有从伦理高度上摆正人与自然的关系的非理智的发展思路和建设模式是造成生态灾难的重要原因。现代城市规划与设计不但没有解决环境问题，反而加重了环境危机。当我们一面陶醉于巨大的规划建设成就时，一面却见到城市建设的大量败笔以及环境被肆意地污染，不得不扪心自问这规划设计出来的人居家园符合我们的初衷吗？

## 1.1.2　"人文困境"的迷茫

进入工业社会以来，另一个伴随问题就是以人性的异化为表现的"人文困境"，其结果表现为人类精神境界的退化与麻木。

导致"人文困境"的一个重要原因，是法兰克福学派所批评的"工具理性(Instrumental rationality)"。[1]该学派从批判启蒙运动的"理性"开始，进而对现代社会的"工具理性"进行批判。18世纪启蒙运动以"理性"精神破除了中世纪宗教神学权威和迷信，从而推动了科学技术和工业文明的发展，但是启蒙运动的"理性"把自然界归结为可掌控的对象，如有的学者指出的，"思维或理性就成为一种具有抽象普遍性与可重复性的'思想机器'或'工具理性'，它们所内含的社会、历史、人类的意义全部被取消了，并且工业实践使这种理性进一步物化"。

不少学者认为，"工具理性"以征服和支配自然为出发点，以科学知识万能和技术理性至上为特征，以人类中心主义为核心，以工业文明来主导人类文化精神，最后导致了"工具理性"的霸权，一方面表现为讲究实用，以大批量工业化和机械化的高效率赢得了人对自然

的胜利；而另一方面，工业文明产生了一个庞杂的社会网络，它的生产技术、阶级结构、科技组织、社会管理、群众心理等都发生重大变化，越来越使社会按照"理性化"或"技术化"的原则在这个机器中运转，工具理性"操纵大众意识、扼杀个性和自由，大多数人对于加诸于他们的社会秩序毫无条件地服从，而科学技术的发展只是完成着这种暴政的机器，导致人的物化（对象化）、机器化、平均化，人越来越丧失人的主体意识和自由天性"，因而"使社会成为单向度的社会，使生活于其中的人成为单向度的人"，这就是现代社会的"人的异化"以及"人类为其权力的膨胀付出了他们在行使权力的过程中不断异化的代价。"今天，"异化"已不再只是西方资本主义社会特有的文化现象，已成为具有全球性的文化问题，即世界性的人文困境。

虽然法兰克福学派对"工具理性"的批判具有一定情绪性，是否都归结为"工具理性"还可以探讨，但其批判的现象是值得我们思考的，尤其是该学派"重建非人性压抑的文明"之主张是非常有意义的。

现代中国因为国情特点，这种"人文困境"处于更严重的程度。对于中国来说，现代工业和科学技术来自西方，现代化发展与建设模式也是向西方学习，中国社会的剧烈转型带来了文化断层和迷乱的价值观，冲击了传统社会的结构和角色认知，人文伦理退居于工具与功利之后，也就是说当代中国"人文困境"的冲突恐怕更为激烈。至少在城市规划建设领域，我们看到的是：虽然我们的城市与过去相比日新月异，但是快速盲目的扩张、无处不在的大兴土木，剧烈地改变着自然大地的肌理，人与土地的亲密关系不复存在，也大量地破坏了旧有聚落，居民的记忆被打断，宝贵的文明传统被割断，城市里充满着冷淡疏离，对未来表现得无所适从，只好一味地抄袭，低层次地克隆。

"人文困境"在规划设计专业上容易导

致两种倾向，姑且称之为"专业傲慢"（自以为是的作风）和"专业惰性"，其结果专业人士最后变成段天茂先生所说的"野蛮人"（段天茂.1999）——规划设计师们只求任务性地满足甲方领导意图和简单的规则框框以便顺利拿到设计费，而对环境丰富的意义和人性丰富的内涵较少用心去发掘，规划设计只是"标准化"批量生产的所谓"编制"，规划设计院成为挣取超额利润的"工厂"流水线。这在开发区规划、城市总体规划上表现得尤为突出。一旦"功利主义"和"实用主义"成了规划设计师的唯一"准则"与"上帝"，理想的人居环境空间就如同逝去的乌托邦，导致许多城市一经规划设计，反倒变成一个扭曲、冷漠的城市。

### 1.1.3　中华文化精神传承的缺失

当代中国同样面临着世界性的环境恶化和人文困境，个中还有一个现象值得深思，那就是中华文化精神传承的缺失，有学者称之为"失语症"。中国改革开放，国民经济快速增长的同时，文化发展却没有表现出一个悠久文明古国和泱泱大国应有的风范，正如学者曹顺庆指出的："中国当代文化基本上是借用西方的一整套话语，长期处于文化表达、沟通和解读的'失语'状态"，"当我们要用理论来讲话时，想一想罢，举凡能够有真实含义的或者能够通行使用的概念和范畴，到底有几多不是充分洋化了的（就算不是直接抄过来）。如果用人家的语言来言语，什么东西可以算得上中国自己的呢？"

究其根源，新加坡人伍德扬先生之感叹或许可以作为解释。他自幼通过书本了解中国并且充满向往，但实地到中国试图找到"传说中的"中国建筑风格和中国知识分子精神，却大为失望，于是他在《现在的中国吗？》一文说："中国大陆太多政治动乱：破四旧、打倒孔家店、'文革'十年浩劫……现今中国人的精神面貌已变得面目全非……我在中国的感觉是，一部分中国人与前人不同之处乃是对传统的冷漠和缺乏尊敬……作为千年古都的北京，似乎缺少了文化自信。"

的确，进入现代社会以来，西学在世界范围内取得了统治性的地位。中国以五四运动为标志，其迎来西方科学文化有很大的进步意义，但是同时又对自己民族文化的极端鄙视与唾弃也值得反省。这种情绪的发酵，加上特殊时代的政治功利需要，至"文化大革命"发挥到顶峰，表现为对华夏自己的历史文化乃至世界优秀文化均采取虚无主义态度，华夏优秀传统文化及文化精神在中国受到严重摧残，以至于今天整体性的文化"失语"。

"失语"在城市规划建设领域的表现之一是对城市的自然环境和人文历史环境的无知和保护不力，尤其是对待历史文化旧城街区上甚至是有意破坏。"失语"本身就是文化素养低下的结果，无知者无畏，由此造就部分好大喜功的官员、利欲熏心的开发商和自以为是的规划设计师们在城市建设上恣意妄为。有报道说中国改革开放20年来以建设的名义对旧城的破坏超过了以往100年，在历史保护与城市发展的冲突中，牺牲的往往是前者。例如国家历史文化名城襄樊千年古城墙1999年11月11日夜惨遭摧毁、福州三坊七巷的建设性破坏、贵州遵义和浙江舟山市定海老街区被拆……

"失语"在城市规划建设领域的表现之二，是缺乏在融会贯通自身文化基础之上的有特色的创新。民族自信心丧失而导致的盲目崇洋，跟着别人亦步亦趋，缺乏自主创新的主张，对现代文明的发展毫无原创性的贡献。表现在规划设计上，就是往往少动或不动脑筋，照搬模式，不针对具体环境"量体裁衣"，导致城市固有风土和历史传统被抹杀，中国现代城市在缺乏文化精神浸润之下，失去了个性，失去国籍，形成冷漠的无机的街市。

在规划设计上有特色地创造，需要设计师充满民族文化的底蕴，曾有人说：当我们欣赏意大利时装的时候，我们无不为时装设计师们的奇思妙想所惊叹，难道这些都是偶然的吗？不是，它们反映了西方人骨子里的东西，他们的血液里流淌着拉菲尔、罗丹的艺术，流淌着贝多芬、莫扎特的音乐，那代代相传的美学教育。那么中国人代代相传的美学教育是什么呢？是诗经楚辞、唐诗宋词、山水图画与苏州园林……无不美妙绝伦，可是我们没有把祖先们留下的宝贵遗产很好地传承下来，民族文化精髓之"血液"没有在我们身上充分地"流淌"，我们"骨子"里的东西已被改造，难以在厚实的文化底蕴上推陈出新，于是在规划设计的工作中对于中国文化只好哑然"失语"了。中国人如果丢弃了自己的话语，丧失文化之根，最终也会迷失自己的精神家园。

## 注释

[1] 法兰克福学派是以德国法兰克福大学"社会研究中心"为主的一群社会科学学者、哲学家、文化批评家所组成的学术社群，被认为是新马克思主义学派的一支。主要人物包括第一代的阿多诺、马尔库塞、霍克海默、弗洛姆以及第二代的柏格、尤尔根·哈贝马斯等。"社会研究中心"成立于 1924 年，但法兰克福学派的真正形成和发展，是在 1930 年霍克海默尔就任研究所所长之后，转向马克思主义理论的思考方式，以马克思及黑格尔、卢卡奇、葛兰西等人的理论为基础，把哲学和社会学结合起来，并借助马克斯·韦伯的现代化理论和弗洛伊德的精神分析。在长期的学术研究和论争中，法兰克福学派围绕社会哲学著书立说，吸收存在主义、弗洛伊德主义、现象学、人格主义等，逐步形成了自己的社会"批判理论"。批判理论（Critical theory）是法兰克福学派的最大特色，相较于传统社会科学以科学、量化的方式建立社会经济等的法则规律，他们更进一步探讨历史的发展以及人的因素在其中的作用。例如阿多诺提出的文化工业、哈贝马斯提出的哈贝马斯沟通理性等，都是批判理论的重要概念之一。

# 1.2 规划设计理论的诗意追求

## 1.2.1 "诗之国度"的文化唤醒

风雅情趣、诗骚传统，在人们的文化意识中，中国曾经是一个诗的国度。在中国文化历史长河中，有一条万变不离其宗的情感线索，那就是诗文化。中国诗歌源远流长，博大精深，从早期的《诗经》、《楚辞》，到汉代乐府辞赋、魏晋南北朝民歌与骈语，又经唐诗、宋词、元曲的"代代文学之盛"，至明清两代诗词楹联歌赋的全面繁荣，精彩绝伦，金声玉振。

中国古人以诗交接天下，出使四方；以诗匡人伦、成孝敬，安邦治国；以诗取士用人；以诗自娱和娱人。志向高远者以诗抒怀写志，人生失意者以诗安顿生命精神。诗包孕着丰富的人生意蕴和情感资源，中国古人就在那诗的涵咏吟诵中找到从浮华喧嚣中返归宁静和淳朴的精神家园。最终，诗几乎成了中国文化的代名词，诗文化成为中国文化的基本特征。

文化一词，最早在《易经》中表述为"关乎人文，以化成天下"[1]，强调的是人文精神的化育生成功能。千百年来，作诗、吟词一直都是中国人之人文精神化育生成的重要方式，在孔夫子"不学诗，无以言"的圣训之下，两千年来，诗以其特殊的魅力，能对人的精神产生潜移默化的作用，一直滋育着中华民族的审美心灵。

西方学者艾略特说，"诗歌代表一个民族最精细的感受和智慧"。而我们从中国千古流芳的诗中看到的正是国人一脉相承的诗性智慧和追求诗学意境的审美品格，并且把这种智慧和审美品格渗透到建筑、园林、城镇等人类生活环境的各个层面。诗在几千年中创造着精神文明最璀璨夺目的辉煌，它使中国人精神飞扬、灵气生动、感觉精微、追求高远深邃的精神家园和高雅粹美的生活境界，把人生价值与审美价值结合起来。

今天，这些风采不绝的诗学文化再次唤醒我们久已被遗忘封存的、有些麻木的心灵。在当代规划设计中倡导人与自然和谐的诗意栖居和倡导规划设计具有中国文化特色的时候，为什么不向华夏这些充满悟性和灵慧闪光的诗中去寻求我们的文化底蕴呢？为什么不向华夏这些俯拾皆是各种精思妙想的诗中去重塑规划设计当代最具活力的文化精神呢？

### 1.2.2 "诗意栖居"哲学思想的启发

"……人诗意地栖居在这片大地上"——这是德国诗人荷尔德林（Freidrich Holderlin）的诗句，在他的诗作中，一个著名的命题就是"上帝的缺席"和人类对于"失乐园"的回忆。在唯利是图、技术至上的现代社会，人失去了与世界、与自然、与历史的联系而变得无"家"可归，只能在记忆中寻求精神故乡与乐园，由此发出"诗意栖居"的吟唱向往。

这一诗句又倍受哲学家海德格尔（Heidegger）的喜爱而加以引用，以表达他对人类生存的本真状态之追求，因为在海德格尔看来，人的栖居是因为诗之创建而获得奠基，所以人生存的

基础根本上说是"诗意的"，这就是他的"诗意栖居"哲学思想。

海德格尔的"诗意栖居"哲学思想是在传统与现代化的对立中生成的，他要走的路既非科学实证主义，也非传统形而上学，更不是康德式的以认识论对科学实证主义和形而上学的人文价值进行统一，而是要在更本源的地方把握主客未分的"存在本身"。海德格尔对传统形而上学及其产物现代技术世界进行批判，发出了拯救地球和人类未来的呼声，并由此走上了关于诗人、思想家和诗的思考。他之所以一再强调"诗意地栖居"，是由于现代社会在某种意义上已背离了它，当人们沉溺于物质的贪欲与功利时，诗意却早已离人而去，甚至连"居住的家园"也消失殆尽。如何才能使人类走出无"家"可归的困境呢？为此，海德格尔提倡学会思，提倡诗性言说，"唯有诗化才能度量栖居之维向，因为诗化是真正的筑造，诗化使栖居第一次进入了自己的本质"。因此，作诗是一种弥足珍贵的度量，以诗化的语言使存在澄明，这纯然的澄明恩赐每一空间、每一时间，使时空诗意地敞开。

对于处于中国文化语境的人来说，"诗意栖居"哲学思想虽然在表述上不可避免存在着明显的西方文化的烙印，但其关键性思想却和古老的东方文化智慧不谋而合，说明"诗意栖居"思想所追求的价值系统体现了一种人类历史的纵贯性和带有本体论意义的深刻性，说明"诗意"的生活理念实际上是人类共同而相通的文化追求。

因此，海德格尔的"诗意栖居"哲学思想从产生伊始就震撼着人们的心灵，在哲学、美学、艺术等领域都产生着广泛而深刻的影响，甚至改变着人们的生活态度和思维方式，当代的生态主义与新的科学观念也从他的思想中吸取智慧和支持。今天，在规划设计领域，这"诗意栖居"的哲学思想同样敲击着我们的心灵和世界，给予我们深刻的启迪。

### 1.2.3 "山水城市"思想的昭示

20 世纪 90 年代，当钱学森先生首次提出"山水城市"思想后，立刻获得了规划学界乃至全社会的极大的反响。首先，其矛头直指当代中国人居环境的恶化问题。我们一方面看到中国产业的大发展而获得"世界工厂"称号，一方面却面临以极大的生态环境付出作为代价，"山水城市"提醒了我们的"生态"意识，所以有学者说"山水城市"是"中国式的生态城市思想"。

"山水城市"思想获得极大反响，还在于它针对了当代中国文化精神传承缺失的问题，特别是其中包含了规划设计领域的中国文化精神失落问题。因为"山水"在中国人的心目中并非只是物质性的山和水，而是有特殊的文化意义，故"山水城市"思想所带来的文化意义，对于处于中国文化长期"失语"状态下规划设计业界与学界，不啻是一道久违的彩虹，给人带来特别的欣喜。

"山水城市"思想为我们开启了什么样的视野和方向呢？实际上，钱学森先生提出"山水城市"思想时，就与中国诗文化有密切的关系，他在 1990 年写给吴良镛先生的信中明确地说到"我近年来一直在想一个问题：能不能把中国的山水诗词、中国古典园林建筑和中国的山水画融合在一起，创造'山水城市'的概念"[2]。这里，山水诗词是中国诗文化的重要载体，中国古典园林的显著特征也在于那充满幽情与雅致的诗情画意，而山水画的魅力所在正是那诗画一体的感人意境，最终它们发展到极致均指向"诗境"，"山水城市"同时就是一个富含"诗境"之城市，各个城市均印证了的城市与山水环境融合的诗意，例如苏州——"万家前后皆临水，四檐高低尽见山"、常熟——"七溪流水皆通海，十里青山半入城"。传统"山水城市"都蕴含丰富的"诗境"表现，开启了城市规划设计尊重自然的生态意识而又积极注入"人心"（人的情感与关怀）以建立人与自然间的审美关系这样一种中国诗文化方式的审美视野和文化方向。

总的来看，从"山水城市"思想中，可以明显感受到它所开启的既与世界主流的"生态城市"思想相契合，又具备中国文化修养传承的视野与方向，值得我们沿着"山水城市"思想所开启的视野与方向继续深入拓展与研究。本书关于"诗境规划设计"的概念即是在这样的思路下提出和进行的，并特别强调实践于中国当代规划设计的具体工作，而不仅限于就历史谈历史、就理论谈理论。

### 1.2.4 "建筑意"的点悟

梁思成、林徽因 1932 年在《中国营造学社汇刊》上发表的"平郊建筑杂录"一文，首次提出了"建筑意"的概念。什么是"建筑意"？首先看看梁思成、林徽因自己的解释："这些美的存在，在建筑审美者的眼里，都能引起特异的感觉，在'诗意'和'画意'之外，还使他感到一种'建筑意'的愉快。……无论哪一个古城楼，或一角倾颓的殿基的灵魂里，无形中都在诉说，乃至于歌唱，时间上漫不可信的变迁……"。

这里，梁思成、林徽因所提出的"建筑意"是指由建筑及其实体环境带给人的综合感觉——建筑及其环境有着强烈的实体感及其形成的空间感，身临其境可以给人以独特感受，传达出原始地脉信息，也传达出艺术家的意匠，并且因为建筑有着比人的生命长得多的存在时间，可以让人产生特殊历史厚重感的悠悠怀古抚今之情。

"建筑意"重在蕴藏在建筑深处的，或者说超越建筑具象形态之上的丰富意义——"意"，即建筑的精神价值、美和所形成的艺术氛围，以及所蕴含的人文意涵等。这对于我们摆脱当前规划设计的困境、追求规划设计的文化特色是一个点悟。

### 1.2.5　人文美学修养的培育

"我是用诗人的情感搞水利的，我是一个科技工作者，又是一个诗人。"

黄万里，水利工程专家，当年对三门峡大坝建设有异议，后来的事实证明了在当年水利水电界的专家中只有他具有独到的诗情般的见解所表达的真理，为什么？

学者单之蔷评论说，"黄万里的诗歌帮助了他，那些专家们只有技术一只眼，而黄万里还有另一只眼：诗歌"，他在考察三门峡大坝的诗中写道："……行见渭滨仓廪实，翻为云梦鱼虾没。……听罢毕家遭害苦，不禁簌簌泪交颐。……遥望秦川空洒泪，及身难报圣农恩。"

### 注释

[1] 易经·贲卦·传
[2] 转引自傅礼铭.钱学森山水城市思想及其研究 [J],西安交通大学学报(社会科学版),2005,3:67.

对于某些水电专家，江河在他们眼里看到的是处处的大坝坝址，但看不到里面是"炊烟袅袅的村庄，暮归的羊群，荷锄的农夫"，黄万里先生却看到了。这是与天地同乐的诗人眼光和关怀苍生的诗人情怀使他看到了。这是中华民族诗教传统之结果，中华民族之诗教以人文精神为指标，目的就在于为人类立心立命，利国利民。

对于一个规划设计专业者，更需要在已成为习惯的专业技术眼光之外用这样的"立心立命"的天地诗人的眼光和情怀去看待问题，即：科学的态度＋人文美学修养——一个真正工程师的全面素养！

# 1.3 诗境规划设计理论的展望

### 1.3.1　对中国特色规划设计理论的传承与创新

#### （1）树立规划设计"人与自然和谐（天人合一）"的生态自然观

中国传统文化，以诗学为代表，是热爱自然环境的文化。文化学者胡晓明认为，"中国人文精神以'天地氤氲，万物化淳，男女构精，万物化生'之交接、交配、感应、化合的生命现象为认识论之最后源泉，三千年之中国诗学精诣，即由此源泉流出。"由此看到"诗境"凝聚了人与自然的审美关系，凝聚了中国传统"天人合一"生态自然观，一直追求人与自然和谐，进而追求人与自身和谐、人与社会和谐的宇宙人生境界作为自己最高审美理想。

因此，规划设计引入"诗境"概念，其意义首先在于树立规划设计"人与自然和谐（天人合一）"的生态自然观，这是城市规划设计必须树立的基本出发点和价值观。"人与自然和谐（天人合一）"是基本原则，也是最高的要求。所谓基本原则，是指必须以尊重自然为前提和行动的出发点；所谓最高要求，是指人在审美精神境界上最终与天地同乐而和谐统一。

**（2）突破规划设计的"工具理性（规则理性）"和"实用功利主义"现象**

"工具理性"再加上"实用功利主义"（工具理性与不合理物欲的混合物）所造成的人文困境前文已有述说，这里需要进一步指出的是，在城市规划业内，"工具理性"表现为一种更低层次的状态，本文称之为"规则理性"。[1] 何言如此？现在城市规划希望把自己打扮得像或者是傲慢地以为自己是"科学"，由此获得一种科学理性作后台的权威，指望规划设计（尤其是设计）完全像科学（自然科学）那样地运作——这本身就不是科学态度，最终城市规划没有获得自然科学的科学理性，又放弃了艺术情意思维，于是只剩下一些"规则理性"成为评审规划设计成果的金科和规划设计师信奉的玉律。城市规划设计等同于依照标准模式与固定程序进行的"编制"，规划设计师限于扮演标准模式与固定程序下的机器人角色，这种"规则理性"下的标准化生产带来的是成果的粗糙、单一与个性的消失，规划设计师情感不足，规划设计成果不是引导人走向理想的诗意栖居而是走向冷漠的呆板，不是促进人的精神世界的提升而是走向精神退化。

"诗境"是微妙情感的表现，是灵魂深处的书写，是真心真意的领悟，于是"诗境"是对丰富人性的敏感关照，叶嘉莹说，"诗能为我们带来的，不是金钱和物质，而是对生命的热爱和对灵魂的尊重"因此，"诗境"是对抗规划设计"工具理性"和相应的"实用功利主义"的有力武器。

**（3）深化有中国文化特色的规划设计理论，寻求规划设计创新的理念与思想升华**

现代化发展对于中国城市来讲，除了同样追求国际共同的理想（如生态城市）之外，还有一个中国文化如何传承的问题，即如学者刘士林说，"当代中国城市的这些问题从属于中国传统文化危机的一部分，在整体上涉及中国文化如何在当代和谐与良性地再生"。对于中国规划设计师来说，如何通过更高层次的发展使中国城市空间进入和谐与良性再生，必须从重塑中国文化的价值观深度与中国文化的表现特点角度去认真思考，故寻求中国文化特色是中国规划设计师的重要责任。

当代规划设计寻求中国文化特色时，照搬一些古代形制与符号当然不失为一条路，但只限于此不免会是流于表面的"矫情"。有道是"腹有诗书气自华"[2]，寻求中国文化特色最好在饱受中国文化精髓的浸润中自然地流淌出来，而这个中国文化的精髓就是诗文化，中国这特有的诗学文化理应为我们继承和发扬。同时，既然城市规划设计必然是一个强烈的"人心"介入过程，而要做到规划设计的生态目标，关键要看"人心"以什么方式介入，在这方面恰是中国传统诗文化的智慧，传统诗文化告诉我们以一颗"诗者，天地之心"[3]的"诗心"去介入，这是在城市建设中走向人与自然和谐的生态目标的恰当之路。所以，文章倡导的"诗境规划设计"其意义在于深化有中国文化特色的规划设计理论，寻求规划设计创新的理念与思想升华，同时对于重建设计领域的中华文化话语权、重现中华文化的精神魅力也有着积极的意义。

### 1.3.2 对规划设计理论本质的提升

论文研究的意义在于寻求中国传统文化哲学精神与现代科技文明相结合，规避城市规划理论中的唯功利主义弊端，在现实实践中以诗境的意念，谋求人居环境"诗意栖居"理想的途径和方法，建构一种人类共同追求的、朝理想的生存方式和生存环境——诗化人生和诗化环境为目标的、又同时具有鲜明中国文化特色的规划设计思想。

研究意义包含如下几个方面：

### （1）走向现代"天人合一"

即古老的人与自然和谐观的"天人合一"思想在被剔除了迷信成分之后的现代表述。其中包含尊重自然的内涵，也包含剔除了"人类中心主义"的真正人本主义。以尊重自然为前提，一方面反抗"工具理性"对人性的奴役，一方面防止滑向"人类中心主义"的"唯我独尊"。

在人与自然的和谐相处中阐发人性的光辉，这正是"诗的境界"。本书研究诗境规划思想，表明将规划设计的基本立足点建立在人与自然和谐的"现代天人合一"观念之上。

### （2）走向对空间文化理想境界的追求

规划设计是对未来生活环境的预测与安排，应该包含对未来发展的理想追求，对理想的追求是人类社会发展的重要动力。而"工具理性"使规划设计容易陷入一种只顾眼前的功利主义态度，丧失对理想的追求，人们越来越囿于现成的知识体系、常规逻辑、现存体制与技术规范里，想象力、创造力减退。有学者指出提升我国的科学原创能力，是需要理想主义的价值理念做支撑的，目前"功利主义的盛行和理想主义的缺失，是阻碍当今中国科学发展的重要原因之一……其后果是造成我国原始性创新能力的薄弱，以及缺乏领导世界科学潮流、开拓全新研究领域的一流成果和世界一流的大科学家"。

"诗境"中蕴涵着人类无尽的理想，规划设计中引入"诗境"思维，它激发着人的想象力与创造力。

### （3）走向物质空间与精神环境相得益彰

规划设计从直接的行为来看，主要呈现为一种物质空间的安排，但过分强化技术条件的作用、着力过甚，随时间推移，反倒忘记规划设计的原初目的和本质意义，容易滑入"见物不见人"的误区之中。

"诗境"一端连着人的丰富精神与微妙情感，一端连着物质空间环境，诗境规划设计将促使走向物质空间与精神环境的相得益彰。

### （4）走向环境整治的艺术品位

艺术是人类生存的本质而又高级的方式之一，生活离不开艺术，规划设计以创建和谐的人居环境为目的，这不仅是一个环境整治的工程问题，更是一门艺术学问。诗境规划设计的目的之一是促使从一般环境整治走向环境艺术的追求。

### （5）走向环境科学与环境美学的统一

环境科学首先是研究环境的"真"，进而用之使人居环境达到"善"的层次，但要进入"美"的境地，还需要环境美学。诗是人类面对这个世界最美的精神之花，诗是在最高的美学境界里认识和追寻这个世界，尤其是在中国，诗一直滋育着中华民族的审美心灵。是故，本书以诗境入思，是基于对人居环境美学的强烈追求。

### （6）走向规划文化精神的表达

一位法国学者曾说"城市规划既不是一门科学，也不是一门技术，因此，不可企求它存在着一种内在的严密性，足以证明预定解决方法的选择正确"。认识到这一点，并不降低城市规划的重要作用，反而有利于回归其应有的位置。城市规划通过特定的学科对象显示出人类的文化意义，所以城市规划更为根本的是它在本源上应体现人的文化精神。文明的演进必须以深厚的文化做基础，规划师必须以一种人文关怀来审视规划技术，进而用文化精神来提升规划技术。

诗中所体现的宇宙观和人生观正是人类深层文化情感的折射，故而本书对于诗境规划思想的探究，力图有助于填补规划文化的欠缺。

### 1.3.3　对诗境规划设计理论方法论的探索

#### （1）大文化观的视野

本书采取了兼收并蓄的大文化观的视野和方法，即走理工与人文相结合的大学科交叉思维方法，一方面从以传统诗学为核心的传统文化精神中获取有益营养，另一方面结合当代科学哲学、生态科学与伦理、艺术学、环境心理学等共同作用于建筑规划学科的深化，进而形成新的富于时代精神、具中国特色的规划理论。

#### （2）自然辩证的思维

本书立论采用中国传统文化"天人合一"的自然哲学观和方法论和恩格斯自然辩证法的核心思想及其方法论相结合的方法，力求以"自然"和"辩证思维"的思想精髓进行本书相关研究。

#### （3）超越功利的态度

本书以大文化观、大学科的视野来构建规划设计领域的"诗境"价值观和方法论，虽然各科理论沟通与转译困难重重，但是规划设计寻求（中国）文化精神必须从潜移默化做起，不急于建立马上可以"用"的专业理论，而以一种"超功利"的态度切入，正如有学者提出的"增加我们的知识面，提高我们传统文化的素养；而不汲汲于'用'"。尽管如此，本书也是有广义的"用"的意识，而且还有一种"接着讲"[4]的强烈愿望。

#### （4）历史比较与中外比较

本书采取了古今历史对比的方法，谈古论今，将研究视角既投向了古代历史中有关规划设计营建的方面，也更加注重当代规划设计的思想与实践。

本书也采取了中、西方对比的方法，系统分析西方艺术思想、城市规划和园林营建的特点，分析了东、西方的异同，最后表明了东、西方人类殊途同归的价值观。

#### （5）综合实践总结与体验感悟

规划设计学科是一门实践性很强、强调理论与实践紧密结合的学科，本书对于"诗境"的研究强调"接着讲"，即指理论研究应明确地适用于当代具体的规划设计实践中，不能"光说不练"。在设计实践中，应通过具体规划设计项目，一直有意识地将"诗境"概念贯彻于其中，力图应用"诗境"理论与实践的互动作为一种研究方法和工作方法。

### 注释

[1] 注：这里需要申明，工具理性并非科学理性，对工具理性的批判也就并非等同于对科学理性的批判.

[2] 宋·苏轼.和董传留别.

[3] 语出《诗纬·含神雾》，《诗纬》是形成于我国汉代的纬书之一种，是汉代三家诗及毛诗之外的一种《诗经》解释学.

[4] 此说法来自冯友兰的"接着讲"，他说哲学史家是"照着讲"，例如康德怎样讲的，就照着介绍给大家。但哲学家不能限于"照着讲"，他要反映新的时代精神，要有所发展创新，这叫"接着讲"。见《三松堂全集》第4卷冯友兰著《论民族哲学》，转录于洪孟良.意境——当代美学的生长点:14,中国科学技术大学硕士论文.

# 2

诗之国度与诗境

# 2.1 诗之国度

中国华夏，诗之国度！

中华文化的万里大江，众水汇聚，长流不息，形成了博大精深的体系，其中诗歌对文化的反映和传承最为典型，上下五千年的历史，留下了大量而辉煌的诗篇，并形成别具一格的诗文化传统。回顾历史，可以看到中国文化的发展始终与诗相依相伴，可以发现中国人的思维特征、价值观念和精神风貌已相当程度地进入诗化的境界，诗占据着中国文化中的崇高地位。

## 2.1.1 中国文化发展始终与诗相伴

华夏民族很早就有着向往诗境的基本文化心态。早在三千多年前，古代先民在农耕、祭祀、征战、婚恋等中出现许多的"国风民歌"、"正声雅乐"和"庙堂乐歌"，并经孔子删编为《诗》。对于《诗》，孔子如是曰："诗可以兴，可以观，可以群，可以怨……"[1]，就是说诗能够启发、激励人的思想和感情，提高认识水平等，所以孔子倡导"君子登高必赋"[2]，发出了"不学诗，无以言"[3]的圣训，萌发了中国传统文化的诗学思维模式。至汉代，奉《诗》为"经"，故称《诗经》，明确表明了华夏民族这种向往诗境的基本文化心态，也由此更进一步地奠定了华夏文化与艺术精神向着诗境发展的基本方向。

与《诗经》对应，《楚辞》的出现，使得中国文化南北双立、诗骚并举。《诗经》十五国风之外的南方楚国，有着其独特传统与秉性。战国时代的楚国出生了中国文学史上第一个伟大诗人屈原，他吸取楚地及百越诸蛮的原始思想和绮丽智慧，创造出更富有个性、更充满激情和想象力的楚地新诗歌——《楚辞》。鲁迅

评论之："逸响伟辞，卓绝一世"[4]，梁启超说："吾以为凡为中国人者，须获有欣赏楚辞之能力，乃为不虚生此国"[5]。《楚辞》运用高度的夸张和生动的比喻与象征，表达了对美好理想的执着追求和对丑恶事物的鲜明憎恶，"美人香草"[6]，寄托深远，并以《离骚》为代表开创了一种新的诗体——骚体。从此，风雅情趣、诗骚传统，滋育着中华民族的审美心灵数千年。

汉代秉承《诗经》以来"采风"的文化传统，"乐府（诗）"[7]是继《诗经》之后又一次采集民间诗歌的壮举，范围北起燕、代，南至淮南、南郡，东涵齐、郑，西盖陇西，遍及黄河和长江流域。"乐府（诗）"采集地域和规模空前之大，表明诗文化在中国文化土壤中继续发扬光大。另外，汉代盛行的体裁则是"赋"，所谓赋乃"不歌而诵谓之赋"[8]，即诗和赋只是歌与不歌的区别。《汉书·艺文志》中将诗和赋并辑为"诗赋略"，《毛诗序》中"诗有六义"之"二曰赋"[9]，故赋实为诗之流变。赋的兴盛，是中国诗学文化思维继承和创新的结果。

魏、晋开始，士族文人开创了中国历史的"文学自觉"时代（鲁迅语），也是山水审美文化觉醒的时代，涌现大量山水诗和山水诗人，咏诗作赋成了魏晋及南北朝时期士族文人生活的主题，这些诗赋奠定中国文化审美的基本内容。

大唐一代，是当时世界文明的重要中心，朝廷对各种文化思想兼容并包，科举考试以诗为主，形成了唐代读诗写诗的风尚和群众基础，写诗吟诗的风气普及社会。故在这片辽阔富饶的土地上，诗人辈出、诗如潮涌，就在这奇峰迭起的诗学景象中，中国诗歌文化走上历史发展的高峰。透过唐诗，那个时代神州大地的物华风貌、锦川绣谷，

四季景象、人情风土、名人史实、历史典故、娱乐庆典、民间习俗，建筑书画、艺术风骨，美食丽服、梵音乐舞等等，均被生动地记录。上至帝王妃嫔将相，下至百姓柴米油盐，凡事皆要入诗。诗人的政治见解、伦理道德，人生思考、喜怒哀乐等，无不融入诗美的创造。最终，唐诗以其高度成就和独特魅力享誉千古，展现出中国人精神素质的一个新局面，使得诗性思维和诗学趣味在中国古代精神文化中占有一个渗透于情感体验而又崇高的位置，唐之后的宋代，诗作另辟蹊径也开创了新的境界。更能代表宋朝文化的是"宋词"，词是一种起源于民间的音乐化诗学式样，入宋以后，词坛上异彩纷呈，除了大量美丽动人的爱情词外，咏物、咏史、田园、赠答、送别、谐谑等词，应有尽有，艺术风格婉约与豪放并存，清新与秾丽相竞，题材范围达到了与唐诗几乎同样广阔的程度，成为与"唐诗"双峰并峙的另一艺术高峰。"词"的本质仍是诗，词的兴盛正反映了中华民族的诗文化勇于创新又代代相传。

元代杂剧和散曲，都以曲辞为主，总称"元曲"。由于蒙古族统治者取消了传统诗文的地位，"元曲"成为与"唐诗"、"宋词"并列的一代文学的代表。"元曲"中的散曲属于诗歌，从词演化而来，并有更多的民间色彩，后期注重字句的锤炼和声律的和美，风格上趋于典雅工丽。元曲反映了虽处于不同的社会历史背景时期，但中国诗学文化仍然一脉相承。

经历唐诗宋词的诗学发展高峰之后，明清两代诗文化并未衰落，而是全面繁荣，表现为诗派纷呈，反映了明、清诗词创作的热情，也成为明清两代一个重要的诗学现象。在明初，吴诗派、越诗派、闽诗派、岭南诗派与江右诗派[10]等五派之后，又有台阁体、茶陵派、复古派、唐宋派、性灵派、竟陵派、云间诗派等。而清代诗坛，有初期的遗民诗人、江左三大家，其后神韵派、格调派、肌理派、性灵派，以及近代的宋诗运动和"诗界革命"和南社诗人等，诗坛上称名立派，连绵不断。在清代词坛上，

分派更多，诸如阳羡派、浙西词派、常州词派、临桂词派等。另外，还有许多骈文名家等。总之，明清诗坛大量编纂和传播前人文集，并在自觉继承的基础上创出佳作。同时，明清诗坛对中国诗文理论和创作的探讨也达到了既深又广的很高水平。历时五百多年的明、清两代，诗文创作更加繁荣，涌现出大量的富有真切感受和审美情趣、意蕴深远而又具现实意义的诗词篇章。

以上我们可以看到，中国文化的发展始终与诗相伴，中国人离不开诗，也从未离开过诗。

## 2.1.2　诗是中国传统文化的基因

诗之国度的诗学精神是这样深入中国人的头脑，即使在各种非诗的文体中，如各种记录历史和思想典籍的散文以及小说等，诗仍然如同基因一样深入渗透其中，这也反映出诗是中国文化思维的基因。

例如，堪称中国文化的源头的重要典籍《易经》，诗学基因在其中已相当程度地呈现。《易经》形式上是一部研究占卜的筮书，内容上则是古代智者上观天文、下察地理、中勘人情而悟道的综合书籍，经过历代哲人的阐释，发展成为一部博大精深的哲学著作，对儒家、道家思想，乃至中国几千年来的政治、经济、文化等各个领域都产生了深刻的影响。在这部著作中，易卦爻辞大都具有基本整齐的句式、和谐的节奏韵律，辞句中有象征、比喻和起兴等手法，从而让人感受到鲜明生动的意象和丰富动人的情感表达等，这些特点都是诗歌的形式特征和美学特征。

又如古典散文。所谓散文，在古代正是与诗相反的文体，但就是这样的与诗相反的文体，却也展示了极高的诗学特征。散文文体在先秦时代已经成型，被古人用于记录历史演变和各派思想言论。其中有堪称历史散文典范的《春秋》、《左传》、《国语》和《战国策》等，

其中《春秋》的写作被后人称为"微言大义"，即精心地遣词造句以别善恶，寓褒贬于一字一词之中。总之，它们或朴实简练，或婉约严谨，或酣畅淋漓，都具有诗的艺术特色。另外，记述各派思想的诸子散文，如《老子》被称为"五千精妙"[11]，凝练行文几近诗的特质。其他诸如《论语》、《墨子》、《孟子》、《庄子》、《孙子》、《荀子》等，言语行文或简约含蓄，或气势磅礴，或明快质朴，或奇幻绚丽，无不有明显的诗学特性。

再如小说。按理说小说文体离诗最远，然而在中国古代小说中，诗却大量出现在标题指引、起承转合、点评总结等等各个环节，整个小说中诗、文相辅相成，相得益彰，作者既是小说家，又是诗人。例如《红楼梦》作者曹雪芹就是一个有深厚造诣的诗人，曹雪芹凭其过人的传统诗学功力，才能完成《红楼梦》这样的不朽名著，《红楼梦》中如果缺少了诗，整个著作将会黯然失色。

总之，诗成为古代中国各种著作文体的基因，亦即从中国人的行文中看到了思维模式的诗化，表明了诗学深入中国人的精神骨髓，诗学思维成为中国文化思维的基本特征和主要形式。

### 2.1.3 中国人价值观念和精神风貌的诗化

#### （1）诗歌表明了不同时代中国人的人生追求和价值取向

屈原的"路漫漫其修远兮，吾将上下而求索"[12]，李白的"黄河之水天上来，奔流到海不复回"[13]，高适的"策马自沙漠，长驱登塞垣"[14]，苏轼的"横看成岭侧成峰，远近高低各不同"[15]，文天祥的"人生自古谁无死，留取丹心照汗青"[16]，鲁迅的"寄意寒星荃不察，我以我血荐轩辕"[17]，这些诗句均表明了对山河热爱的激情洋溢、对真理追求的矢志不渝、对民族情感的一腔忠贞、对人生理解的透辟精深、对哲理思考的耐人寻味，从中我们看到了中国人的人生追求与价值取向。

#### （2）诗歌面貌的多样化集中反映了中国人色彩斑斓的精神风貌

有道是："故正得失，动天地，感鬼神，莫近于诗"[18]。例如阮籍的旷达悲愤，陶渊明的恬适静远；李白的飘逸，杜甫的沉郁；刘禹锡的雄浑苍老，孟郊的孤寒奇峭；苏东坡的大气磅礴，柳永的浅酌低唱；温庭筠的浓妆艳抹，李清照的凄苦清愁。诗歌一直在净化国人的心灵，充实人生底蕴。

#### （3）诗歌特别表现了华夏民族与自然亲和、追求美好的生活环境和艺术境界

无论是"气蒸云梦泽，波撼岳阳城"[19]的江南山水，还是"大漠孤烟直，长河落日圆"[20]的塞外风光，华夏民族对自然的审美遍及山河内外。我们也从王维的"明月松间照，清泉石上流"[21]，韦应物的"春潮带雨晚来急，野渡无人舟自横"[22]这些"诗中有画，画中有诗"的诗句中看到华夏民族追求的精神生活与艺术境界。

诗无处不在、代代相传，奠定了中国文化发展的基本形貌，诗如同基因一样沉积在中国人心灵底层，形成了中国人追求凝练之美的人文性格，很大程度上讲，诗文化就是中国文化的代表，诗精炼而又浪漫地体现出的是华夏民族悠久、普遍、深沉而又生动的文化精神；反过来亦表明了中国人价值观念和精神面貌走向诗化。

### 注释

［1］孔子.论语·阳货.
［2］韩婴.韩诗外传卷七.转引自《江山留胜迹我辈复登临》中华长江文化大系,2006.5.
［3］孔子.论语·季氏.
［4］鲁迅.汉文学史纲要.转引自文舟.说书：解读鲁迅的评语——"无韵之《离骚》"[N].北京日报,2004,06-21.

［5］梁启超.要籍解题及其读法.转引自杨义.唐宋名篇朗诵缘何热而不衰[N].中国青年报,1999,12-19.

［6］汉·王逸.离骚序:"《离骚》之文,依《诗》取兴,引类譬谕,故善鸟、香草、以配忠贞,……灵修、美人,以譬于君。"此后,"美人香草"成为忠君爱国思想的比喻.

［7］乐府(诗)是指由汉代专门掌管音乐的官署机构"乐府"所采集编辑的诗歌(也包括后世作家仿作的诗歌)

［8］《汉书·艺文志》:"传曰:不歌而诵谓之赋。登高能赋,可以为大夫。"

［9］《毛诗序》,又称《诗大序》,是两汉时期诗学的重要文献,我国诗歌理论的第一篇专论.

［10］胡应麟.诗薮续编.转引自胡雪冈.吴诗派诗人余尧臣[N].温州日报瓯越副刊.2005,9-21.

［11］南朝·刘勰.文心雕龙.

［12］战国·屈原.离骚.

［13］唐·李白.将进酒.

［14］唐·高适.蓟中作.

［15］宋·苏轼.题西林壁.

［16］南宋·文天祥.过零丁洋.

［17］鲁迅.自题小像.

［18］《毛诗序》(又称《诗大序》),是两汉时期诗学的重要文献,我国诗歌理论的第一篇专论.

［19］唐·孟浩然.望洞庭湖赠张丞相.

［20］唐·王维.使至塞上.

［21］唐·王维.山居秋暝.

［22］唐·韦应物.滁州西涧.

# 2.2 "诗之国度"的精神智慧——诗境

## 2.2.1 诗境的概念

古代中国当之无愧是"诗之国度",诗一直占据着中国文化中的崇高地位。那么,这个"诗之国度"的精神智慧中什么最令人感动?那就是"诗境"！。

所谓"诗境",即"诗一般的意境"或者说"诗的意境",其含义是指用简练优美而又饱含意趣的诗一般的手法所表达的"意境"。而所谓"意境",直观理解就是只可意会、难以言传的某种精神意象中的境界。此处"诗一般的意境"应是一种高层次的意境,比通常的"意象境界"更具升华超脱的艺术感染力。这种境界,在人的相互交流中,若一定要用语言或文字来加以传递,那只有诗一般的表达方式才可以在某种程度上实现。因此,"意境"与"诗境"在审美上是一致的,相通的。我们要反映和表达这种审美文化信息以便让更多的人可以体验和感受到,只有用诗一般的方式手段,相对来说,"诗境"更鲜明、更突出、更概括、更精纯,最终更利于"意境"的表达,这也是提出"诗境"论的目的所在。

因为对于"诗境"的理解离不开对"意境"探讨,故此必探究"意境"的来龙去脉。

## 2.2.2 意境的缘起与认知

说到"意境",必定提到中国诗学及其背后的中国哲学,"意境"的直接源头乃是中国诗学,它也因此在相当程度上为中国文化所独创和特有;反过来说,"意境"可谓中国诗学文化的核心和智慧结晶,在中国诗学中处于关键性地位。另外,"意境"最终也并不仅限于诗学领域,而是中国文化艺术的一个重要特征,成为中国古典美学的一个重要概念。所以,"意境"探究是认识中国思想文化与艺术精神的必由之路。

### (1)意境的缘起

"意境"之所以在中国文化土壤中产生,可以追溯到如下几个方面:

1)中国诗学"诗言志"和"诗缘情"的主张奠定了"意境"形成的基础

儒家是中国文化思想的主要代表,其"诗

言志"[1]之主张是中国诗学的开山纲领，曰："诗者，志之所之也，在心为志，发言为诗，情动于中而形于言"[2]。而《楚辞》中诗歌的言志(抒情)更为突出，指出"志憾恨而不逞兮，抒中情而属诗"[3]。

魏晋南北朝时期追求真性情的个性解放，明确提出"诗缘情"[4]之主张，出现谢灵运、陶渊明等山水田园诗人，有了"达人贵自我，高情属天云"[5]这样走向自觉、自由的诗句。文论家刘勰[6]赞赏诗抒情性曰："人秉七情，应物斯感"[7]；诗论家钟嵘[8]也在《诗品序》中说："故摇荡性情，形诸舞咏"[9]。

广义来看，"志"包含"情"，或者说实际上"志、情"皆从"心"，都属"意"的范畴，无论"诗言志"或"诗缘情"，都肯定诗的表意抒情性质。魏晋南北朝后，"情""志"合一、以"情"释"志"在中国文化艺术思想中达成共识。"诗言志"以及特别是强调了真性情的个性追求和艺术自由想象的"诗缘情"，它们为后世意境概念的形成奠定了基础。

2)中国诗学的"比兴"修辞提供了孕育"意境"的方法

"比兴"乃是中国诗学的基本修辞方法，最早来自儒家诗论之"六义"——"风、赋、比、兴、雅、颂"[10]。其中，"比"是以其他物象作比喻和联想，"比者，以彼物比此物也"[11]；而"兴者，先言他物以引起所咏之物"[12]。在诗论中，"比兴"常连在一起作统称，是指人心与自然物象之间比拟照应之后的一种兴然而发的感应与相通，它强调了主体与客观世界的互动关系，蕴含着心物相感，使人的情感与环境关联起来。

魏晋南北朝时，士人对自然山水有特别爱好，这不仅是一种生活方式，也是一种思维方式，对于"比兴"有更深的认识，例如"比者，喻类之言也；兴者，有感之辞也"[13]，又如"比者，附也；兴者，起也。附理者，切类以指事，起情者，依微以拟议。起情故兴体以立，附理

故比例以生"[14]。此时的"比兴"包含了人与自然、情与景的关系，如"感物吟志，莫非自然"[15]。钟嵘阐明巧妙运用赋、比、兴三种手法，以艺术想象的自由使创作主体感情与客观世界环境互动感应，结果是达到"诗之至"的境界[16]，意境已见端倪。唐代明确指出了"比兴"实质上是情附于物、情景交融，这与意境含义更加贴近。实际上可以发现，"比兴"所表现出的正是一种中国传统的人文心态，即对人心与自然之相通抱有一份关注的兴味，对人心由自然物而触发抱有一种不言而喻的意会，最终"比兴"开辟了一条通向意境生成的思维道路。

3)"与物同化"、"绮丽幻想"开始和开辟了通向"意境"的思维道路

在著名的"庄周梦蝶"寓言中，庄周(庄子)与蝴蝶本来各自不同，他以"物化"[17]方法使得自己同蝴蝶主客融为一体，即放下红尘俗念，轻松自然地进入梦境，恍兮惚兮不知我之为物，抑或物之为我的蝴蝶般舒畅快适，达到了美好至乐的境界。这种"物化"就是与物同化、与大自然合一，它促使诗人养成诗心、精炼意魄、培养壮阔幽深的宇宙意识和生命情调，牵引着后世诗人追求情景交融、物我与共的境界，由此开始了通向"意境"的道路。

在中国早期诗歌中，以屈原《楚辞》的"骚体"更多地反映了诗的意境，它所描绘的空间环境达到了梦幻幽邃的境界，完全体现了老、庄哲学的文化精神，开创了一代诗风，对后世影响极大，当时虽未出现"意境"一词，而实际上已运用了"意境"表现手法，《楚辞》中的"绮丽幻想"可谓开辟了通向"意境"的思维之路。

4)老、庄思想提供了"意境"生成的哲学底蕴和最高标准

老、庄道家的哲学思想强调人与自然的和谐关系，即"天人合一"。老子认为"人法地，

地法天、天法道、道法自然"[18]，而庄子更认为"天地与我并生，万物与我为一"[19]，特别以人与自然万物融为一体为乐、为荣，这给"物我与共"、"主客为一"、"情景交融"的意境理论提供了哲学底蕴；同时，老、庄哲学也为后世的意境论提出了最高的规范和要求，意境论千余年的发展，始终是沿着老、庄哲学所强调的人与自然关系和谐的"天人合一"这个方向，按着这个基本要求，坚守着这样的哲学底蕴来发展的。

### （2）意境概念的形成

#### 1）"意象"审美观念的产生

在意境论的形成过程中，"意象"作为美学概念的确立是关键的一步。中国文化一直探究心与物、意与象的关系，意象概念在意境概念前一千年的先秦各派学说就已初步成型。"圣人立象以尽意，设卦以尽情伪，系辞焉以尽其言"[20]，把"言、象、意"几个概念理顺，成为"意象"概念的哲理基础，另外道家还探究了言外之"意"等，最终产生了创作主体与客观物象结合的审美世界——意象。

南朝刘勰是将"意象"作为中国文论审美基本特征的第一人，他说："文之思也，其神远矣……独照之匠，窥意象而运斤"[21]。这是"意象"一词在古典文献中最早的出现。其"象"是客观的审美对象，其"意"的主观的审美感受。客观审美对象是形与神的兼备，主观审美感受是情与理的融合。此时"意象"已是审美意义上的概念，它作为审美概念进入文论，进而确定在中国文化艺术中的基础性地位，"意象"审美概念的确立架通了走向"意境"的桥梁。在南北朝出现的山水诗、山水画以及谢赫的"画论六法"中，"意象"主客观审美的相互作用及结合成为新的审美情趣层次与手法，在这个历史时期被大量运用已近于"意境"了。

#### 2）"意境"概念在诗的高潮和文化的高峰中形成

唐代是我国诗学史上的高潮，并宋代一起，是中国古代文化发展史上的高峰，意境概念就在这个诗的高潮和文化的高峰中产生形成。

"意境"作为独立词汇出现是意境论的正式形成的标志。"意境"一词，最早见于唐代诗人王昌龄论诗："诗有三境一曰物境……二曰情境……三曰意境……"[22]。这里的"三境"是三种不同的审美体验，首先是身心入境，缘情体物之"物境"；而后是设身处地体验而产生的情怀，此为"情境"；最后是中得心源之"意境"。物、情、意三境并立，概括了艺术创造与审美思维的境象和意蕴。以此为开端，唐人权德舆[23]说："凡所赋诗，皆意与境会"[24]，司空图[25]说："思与境偕，乃诗家之所尚者"[26]。以王昌龄《诗格》、皎然[27]《诗式》以及司空图《诗品》为代表，系统而深入地论述了意境的内容和理论的基本构架，表明了意境概念的正式形成。

"意境"概念的形成，使中国文化艺术由以"意象"为重心转向了以"意境"为重心。此后，"意境"、"境界"、"境象"等名词，见诸于不同的人与书，实际上含意相近，都是以"意境"为基本的美学概念。

### （3）意境概念的发展

"意境"概念的形成促进中国古典诗学的繁荣，诗学繁荣反过来又促进了"意境"概念的发展和深化，成为中国传统诗学的基本特征。而后，"意境"超出了诗学，贯穿了唐宋以后中国传统艺术发展的整个历史，包括绘画、音乐、园林、建筑与城镇营造等。直到明清，意境概念在诗歌美学、书画美学、建筑美学、园林美学等几乎所有的艺术领域都占据十分突出的位置。

晚清文学家林纾说："意境者，文之母也。一切奇正之格，皆出于是"[28]，王国维论戏剧说："元剧最佳之处，不在其思想结构而在其文章。其文章之妙，亦一言以蔽之，曰：有意境而已矣"[29]。这些论述都归结到一点，即"意境"不仅是诗词的必需，也是一切文化艺术的必需。

从此，追求"意境"不但成为诗作的自觉，更是一切文化艺术的自觉，"意境"最终成为华夏民族审美的最高范畴，成为中国美学中最具民族特色的中心概念，并以它作为衡量一切文化艺术的最高审美标准。

### （4）对"意境"概念的认知

"意境"是指人通过视听等知觉接受景物环境所给予的感受和意念，从而唤起情感回忆与联想散发，进入审美情趣的更高层次。不过，这并非"意境"的标准定义。实际上以唐代"意境"一词的出现为标志，它产生了千余年也争论了千余年，并不断得到深化发展含义丰富多彩。因此，对之难以作出一个十全十美的终极定义，当然这也恐怕正是"意境"的魅力所在。

1）已有的认知综述

中国思想文化一直关注心、物之间，因而都认为中国早期哲学的一个基本概念"意象"同时也是中国诗学（美学）的第一块基石。如果粗略以待，"意境"可以类同乃至等同于"意象"，但更多的时候是将"意境"看作对"意象"的继承与发展，所以认知"意境"往往在与"意象"的对比联系中进行，并认为是对"意象"的超越，具体有如下几种超越关系：

①从"象"超越到"象外"

唐代诗人刘禹锡指出"境生于象外"[30]，意为"意境"产生自"意象"又超越于"意象"，"在中国文学史上首次明确地把意境与象外联系起来"（游国恩.1964）；唐僧人诗论家皎然云："须绎虑于险中，采奇于象外"[31]，这里的"象外"是指人的思想感情与现实世界感应、交融而营造的艺术世界，也就是"意境"了；唐朝诗论家司空图提出"象外之象"的概念[32]，

指出它是"突破有限形象的某种无限的'象'，是虚实结合的'象'"（叶朗.1988），此外他还研究了"味外之旨"、"韵外之致"等；也有人从"言外"角度论述意境，例如宋代诗人梅尧臣说诗"含不尽之意见于言外"[33]，宋代诗论家严羽说"言有尽而意无穷"[34]等。象外、味外、韵外、言外、景外……种种不同角度的研究，使意境论有了极丰富发展。

②从"局部"超越到"整体"

认为"意象"是局部的、个别的，而"意境"是整体的、综合的，所以"意象"是"意境"的中介环节和元件等。如当代学者陈良运说："意象的创造仅作为意境创造的中介环节，而完成'意境'的创造是由'意象'的有机组合所致"，从局部性的"意象"超越到整体性的"意境"，标志着中国诗学（美学）进入对主、客观交融的整体境界的关注。

③从"普通意象"超越到"高格上品"

认为"意境"不是普通的"意象"，而是由普通意象升华达到"上品"水平的意象。例如，当代学者张少康说"并不是凡有艺术形象，能做到情景交融，主观客观统一的作品就一定有意境"，他引王国维"词以境界为上，有境界方成高格"的说法，认为"意象"达到"上品"、"高格"才是"意境"。

2）本书的进一步见解

本质上说意境与意象内涵接近，区分它们的不同要置于中国诗学（美学）的文化背景下理解，即"意境"与"意象"的区别还在于"境"与"象"的微妙差别——相对于"象"，"境"一方面可以是更加抽象的精神境界，所以"意境"超越"意象"；另一方面，"境"又可以是比"象"更加直观可感的实境，故"意境"既是对"意象"的超越，也是反拨，二者各有所长，例如宋代诗人张舜民提出："诗是无形画，画是有形诗"，表明了"诗画一体"作为中国传统审美的准则的同时，体现着一种"意象"和"意境"的和谐统一。正因为

"境"既是一种"象"的精神超越，又通常返回到大地自然实境，这与中国诗学（美学）的特质及其关照对象非常切合，故"意境"概念一经提出，很快就成为中国诗学（美学）的核心。

进而，从对传统诗学（美学）考察中，可以理出一个较为清晰的脉络，那就是——"意境"的本质是中国传统意象思维面向与环境审美相关即人与自然相互关系方面特殊投射的一种审美情趣品味和格调层次。

所谓"意境"，即"境生于象外"，追求审美联想的"象外之象""景外之景"。这样的境界也就是老子在《道德经》中说的"大象无形"美学观的反映。意境美也就是内在美，含蓄美或"恍惚美"，"朦胧美"，只可意会，不可言传。老子《道德经二十一章》，"道之为物，惟恍惟惚。惚兮恍兮，其中有象"；"恍兮惚兮，其中有物；窈兮冥兮，其中有精。"《道德经十四章》又说，"是谓无状之状，无物之象，是谓恍惚。"即在进入意境美的审美过程中，由"象"到"精"的恍恍惚惚中，在"恍惚美"中去体悟"道"的最高境界，也就是"意境"的审美境界。

一般来说，对于词语的理解不能望文生义，但是当词语被赋予越来越复杂的涵义时，回到词语文字本身，往往又能找到其最原始本质的概念："意境"一词，从文字的结构中可以看出：意——从"心"，乃"心上之音"，表达精神、情感、义理范畴；境——从"土"，表达"大地自然"这一人类栖居的基本物质载体。是故，对"意境"的理解总是离不开"意"与"境"两个方面的意义及其相互关系。

在中国诗学（美学）领域，这种"意"与"境"关系通俗地讲是"情"与"景"的关系，即情、景关系是意境的核心内容。"情"广义地讲也包括"志"[35]，情（志）属"意"之范畴，是创作主体丰富的内心世界、审美要求和审美情趣；而"景"类属"境"的概念，是指与创作主体相对的客观自然世界。情、景关系实际上表明了审美创作活动中主体与客体间互动的辩证关系。宋代范晞文云："景无情不发，情无景不生"[36]，宋代著名词人姜夔《白石道人诗说》云："意中有情，景中有意"[37]，明代诗人谢榛说："作诗本乎情景，孤不自成，两不相背"[38]，清初思想家王夫之说："夫景以情合，情以景生，初不相离，唯意所适。截分两橛，则情不足兴，而景非其景"[39]。中国诗学（美学）一直强调情、景不可分，特别重视"情景交融"，直到后世王国维作出"一切情语皆景语"、"一切景语皆情语"[40]的审美判断。

用现代美学观来审视，中国古典美学中的"意境美"就是通过审美的联想、移情、隐喻的审美过程，触景生情，由情生意，由意生德，也可以说审美是由实而虚，再由虚而幻、由幻而醉，即陶醉其中进入"恍惚美"的审美境界，达到物我而忘、净化心灵、升华人品的审美情趣享受，获得审美的最终追求，使人在审美中不断提升美学修养水平和人品人格的陶冶。所以，意境美是中国审美文化的一大特色，是对人类文明和美学的一大创造性贡献。

### 2.2.3 诗境的语言学表意特征

全面理解"诗境"也离不开对"诗"这种言表方式的探讨。从文字结构上看，"诗"从"言"，是一种言表形式。这里探讨"诗言"之意义从下面两个角度进行，即：一个涉及中国古代文（诗）论、同时也是中国古代哲学的重要论题——"言意之辩"，一个涉及西方现代哲学的"语言学转向"。

#### （1）从"言意之辩"认知"诗言"

先秦诸子等中国古代哲学对于思想的"言表"方式进行了积极的探讨，形成了老庄"道不可言"、《周易》"书不尽意，立象以尽意"的观点。魏晋之际，浩荡的名理之学催生了"言意之辩"，至今已持续两千多年，涉及哲学、文学、美学等诸多领域。

1）"言意之辩"重在崇尚"意"

中国古代哲学早已注意到言之不足而追求言外之意的超越，古代诗学和文艺美学也是如此，故在"言意之辩"问题上皆崇尚"意"[41]。儒家提出"诗言志"[42]的观点，而志即意也[43]；道家说"语之所贵者，意也"[44]；唐代诗人杜牧曰："凡为文以意为主"[45]；王夫之云："意犹帅也"[46]；宋诗论家严羽提出"别材"、"别趣"说，提倡"吟咏情性"、"言有尽而意无穷"[47]；明代以王阳明为代表的"心学"更突出了"意"的地位；明代李贽的"童心"说、公安派的"性灵"说等都是对"言、意"关系中"意"的丰富与拓展。

"言不尽意、意在言外"在中国文艺历史中，特别是在魏晋南北朝后为多数人所首肯，刘勰"物色尽而意有余者，晓会通也"[48]，陶渊明"此中有真意，欲辨已忘言"[49]，都表达同样的价值取向。可以说，崇"意"一直是中国文化的传统，没有崇"意"的一脉始终，就不会有"意象"和"意境"的产生与发展。

2）"诗言"与"形上道说"（意境）的巧妙关联

"言意之辩"在崇"意"的同时，对"言"也有深入的研究。哲学家表述意义和诗人表现意境都必须借助言词，言词是"意"的载体。

本来道家认为"知者不言，言者不知"[50]，质疑至道之言会被俗言遮蔽，因此道家置"言"于"形而下"的"器"之地位。但道家没有离开"言"，老子哲学的基本范畴及其论证方式，都是在"形而下"（言）的暗示下传达"形而上"（道）的感受与见解，对此刘勰说："老子疾伪，故称美言不信；而五千精妙，则非弃美矣"[51]；儒家一方面认为"不言，谁知其志。言之无文，行之不远"[52]，另一方面反对不必要的文饰，

主张"言近而旨远"方为"善言也"[53]。

中国古代哲人和诗人明知"言不尽意"却极力以言表意，这就形成一种妙然的张力，在寻找表意之最佳方式中发现诗类语言最接近理想，"诗"貌似纯粹文字语言，却与"形而上"的"意"相连，"诗言"是对不能言表之意境的最佳言表方式。中国历代诗人追求意境正是依靠"置字练句"[54]，即对"言"的加工以达到对"言外之意"的感悟和把握。

这里也与汉字语言的独特品格有关，以汉字语言为"材料"构筑的中国诗学对于表达意境有独到之处，正如周汝昌先生说："中国诗的'源头'有两大端：一是中华民族的'诗性'与'诗心'，二是汉字语文的'诗境'与'诗音'"（周汝昌.2000）。鲁迅先生说汉字语言蕴涵形、音、义三美："意美以感心，一也；音美以感耳，二也；形美以感目，三也"（鲁迅.1990），因此汉字语言中的诗味浑然天成。所以，意境这个中国文化的奇葩正是从中国诗学（诗言）中走出，其孕育、产生和发展始终与中国诗学有不解之缘。

总之，诗学意境的重要发展动力之一就是这言和意的辩证统一，中国古人正是通过"诗（性人）言"来与"形上道说（诗学意境）"建立了一种巧妙的关联。

**（2）从现代西方哲学的"语言学转向"认知"诗言"**

为更清晰地了解"言"与"诗境"的关系，这里再置于当代西方哲学的"语言学转向"作个说明。

20世纪初以来西方哲学转向对人类自身的语言的机制和功能进行反思，原来仅被认为是传达意识和观念之工具（即中国传统哲学所说的"器"）的"语言"，恰恰规定了意识和观念的内容，即意识和观念受制于语言，哲学本身是用语言表达的，因而也受制于语言的特性，于是哲学研究的首要任务转向了语言研究，

海德格尔认为"语言是存在的家园"[55]。进而，语言被视为是所有理论的出发点，基于此认识，渗透到整个人文学科便形成了具有整体效应的"语言学转向"（the linguistic turn）。

"语言学转向"到了解构主义哲学那里导致了哲学叙事还原为文学叙事，这被认为是西方20世纪最有启发性的思想成果之一。西方传统认为唯有哲学所使用的纯逻辑化的指称性语言才能表达真理，即哲学话语才是真理的叙事，而文学话语存有隐喻性和非指称性，故只是一种修辞性叙事，最多可以审美而不能表达真理。解构主义哲学代表人物德里达（Derrida,1930—2004）颠覆消解了西方这一传统偏见，在其著名论文《白色的神话——哲学文本中的隐喻》中，指出隐喻并不是用以说明概念的辅助性工具，而是哲学话语得以成立的深层结构，哲学表达的基本结构也是隐喻性的，因为任何抽象观念的表达都不能摆脱"语言"机制上潜在类推和类比，并且一些基本的哲学语词，诸如"理论"（theoria）、"理念"（logos）等都有其古老的隐喻来源，并在哲学表达中起作用。在此意义上，哲学话语就是文学话语，不同处仅在于，文学是一种公开的隐喻性神话，哲学是处于遮掩自欺中的隐喻性神话（德里达称之为"白色的神话"）。为此，乔纳森·卡勒说："哲学依赖于比喻"，"哲学因而被视为一种特殊的文学类型"，德里达称之为"原型文学"。于是事情发生了倒转：不是文学凭借哲学来理解自身，而是哲学凭借文学来发现自身的真理。

以上表明了作为最具文学语言特色的诗言，本文对之的强调不仅只限于修辞上的需要，也有着有哲学本体论意义上的诉求，"诗（言）"是另一种真理的述说！

### 2.2.4 "诗境"的文化内涵

由上可知，"诗境"是一个"言、象、意"相互渗透综合构成的整体系统。这里所谓"言"，是经过炼字度词的诗句，是诗性之言辞；所谓"象"，既是客观，也是主体化了的物象环境；而所谓"意"，就是面向环境，即客体化的主体情思。

"意"（情）与"境"（景）的相互作用构成升华了的精神心灵境界，故意境就是指情、景关系系统以及由其所诱发和开拓的审美想象的心灵境界。所以，在诗学体系内，可对"诗境"作这样的表述："诗境"是用诗一般的语言及手法所表现的一种情感氛围和心灵境界。对诗的境界在理解上一是用诗的语言来描述，另一也指即或没用诗句，但也有如诗一样表达手法高度艺术而精炼的描述某种景象而达到一种超凡艺术境界，即诗一般的境界。结合到中国诗学（美学）的审美特质，则可以这么说：诗境是以中国传统"意象思维"和"天人合一"整体哲学观为基础，在炼字造句中追求人与自然的和谐、人与社会的和谐及与人自身和谐的最高审美理想。

另外，作个延伸的补充说明：相比西方哲学"语言学转向"后的哲学观之种种"颠覆与消解"，中国文化通过"言意之辩"早就对语言意义的生成机制有了相当的认识，"言意之辩"表明得言、得象、得境、得意的过程中始终从言而又超言，是一种共鸣系统，由言、意内在矛盾走向整体和谐。不管怎样，所有这些都给本文的核心概念"诗境"以关键性的肯定，即本文在规划设计专业领域中所提"诗境"是基于哲学本体论意义的深度之上的，所追求的是一种带有人类历史纵贯性的价值系统，"诗境"既是一种文学修辞式的词语表达，更是一种对人之生命意义的本真表述和对规划设计本质意义的形而上的寻求。

## 注释

［1］尚书·尧典.

［2］语出自《毛诗序》.《毛诗序》又称《诗大序》，是汉代基于儒家视角的诗学理论重要专论.

［3］汉·庄忌.哀时命.转引自郭建勋.新观念.新领域.新视角——论骚体文学研究在当代楚辞学中的定位 [J].淮阴师范学院学报,2003(1):40.

［4］西晋文学家、书法家陆机在《文赋》中提出："诗缘情而绮靡".

［5］东晋·谢灵运.述祖德经诗二首之一.全宋诗卷一二.

［6］刘勰，南朝文学理论家，著有《文心雕龙》，奠定了他在中国文学史上和文学批评史上不可或缺的地位.

［7］南朝·刘勰.文心雕龙·明诗.

［8］钟嵘,南朝文学批评家,有诗歌评论专著《诗品》(原称《诗评》),提出了一套比较系统的诗歌品评的标准.

［9］南朝·钟嵘.诗品序.

［10］见《毛诗序》从《周礼·春官》继承下来曰："故诗有六义焉：一曰风，二曰赋，三曰比，四曰兴，五曰雅，六曰颂".

［11］、［12］明·朱熹.诗经集传.

［13］西晋·挚虞.文章流别.

［14］南朝·刘勰.文心雕龙·比兴.

［15］南朝·刘勰.文心雕龙·明诗.

［16］见钟嵘.诗品序："诗有三义焉：一曰兴，二曰比，三曰赋.文已尽而意有余，兴也；因物喻志，比也；直书其事，寓言写物，赋也.宏斯三义，酌而用之，干之以风力，润之以丹彩，使味之者无极，闻之者动心，是诗之至也."

［17］《庄子·齐物论》："昔者庄周梦为蝴蝶.栩栩然蝴蝶也，自喻适志欤？不知周也.俄然觉，则蘧蘧然周也.不知周之梦为蝴蝶欤？蝴蝶之梦为周欤？周与蝴蝶则必有分矣，此之谓物化."

［18］老子.道德经.

［19］庄子·齐物论.

［20］周易·系辞上.

［21］南朝·刘勰.文心雕龙·神思.

［22］唐·王昌龄.诗格.过去有学者认为《诗格》乃伪托王昌龄之名所作，现在有学者如顾祖钊在《艺术至境》中通过日本等海外文献证明《诗格》为王昌龄所著是可信的.

［23］权德舆，唐代诗人与政治家.

［24］唐·权德舆.左武卫胄曹许君集序.

［25］司空图，晚唐诗人、诗论家.自号知非子、耐辱居士.著有《诗品》、《司空表圣文集》.

［26］唐·司空图.与王驾评诗书.

［27］皎然，中唐著名的诗僧，著有《诗式》，是唐代诗歌理论的重要著作.

［28］清·林杼.春觉斋论文.应知八则.

［29］王国维.宋元戏曲考.

［30］唐·刘禹锡.董氏武陵集序.

［31］唐·皎然.诗式.

［32］唐·司空图.二十四诗品.

［33］宋·欧阳修.六一诗话.

［34］宋·严羽.沧浪诗话.

［35］儒学最早提倡"诗言志"，魏晋南北朝时提出"诗缘情"，即在道德教训与美学追求之间寻找微妙的平衡.唐宋以后志与情两种意义开始糅合，到了明清诗学，"情"既包括七情六欲，也包括壮志追求.

［36］宋·范晞文.对床夜语.

［37］宋·姜夔.白石道人诗说.

［38］明·谢榛.四溟诗话.

［39］清·王夫之.姜斋诗话.

［40］清·王国维.人间词话.

［41］需要指出的是，相对哲学之"意"，诗学和文艺美学之"意"更偏重于"情（也包括志）".

［42］尚书·尧典.

［43］许慎.说文解字.

［44］庄子·天道.

［45］唐·杜牧.樊川文集卷十三.

［46］清·王夫之.姜斋诗话卷二.

［47］宋·严羽.沧浪诗话·诗辨.

［48］南朝·刘勰.文心雕龙·物色.

［49］东晋·陶渊明.饮酒.

［50］老子.道德经.

［51］南朝·刘勰.文心雕龙.

［52］左传·襄公二十五年.

［53］《孟子·尽心下》："言近而旨远，善言也".

［54］宋·陆游《梅圣俞别集序》："方落笔时，置字如大禹之铸鼎，练句如后夔之作乐，成篇如周公之致天下".

［55］德国现代哲学家海得格尔的最著名的论断之一.

# 2.3 诗境的美学意义

## 2.3.1 诗境的自然美

"诗者，天地之心"[1]，诗以天地自然为师，所以"诗境"首要的美学意义在于"自然美"，它是诗境美学意义的基础性构成而成为诗境之美的总源泉，其基本涵义是尊重与保护自然，进而达到人与自然相和谐的"天人合一"。

### （1）"自然而然"的美学精神与"天人合一"的哲学观

"自然"在中国是一个极其重要而又富有美学（哲学）内涵的概念，"诗境"之"自然"以肇端于老庄的自然态度和自然而然的思维模式为底蕴，故欲明了诗境之精诣，必先明了"自然"在中国文化语境中之美学精神含义以及与之相应的哲学观。

老、庄哲学中，宇宙万物的本源之"道"至淳、至朴，其最本质特征就是"自然"。"妙造自然"[2]、"妙悟自然"[3]、"同自然之妙有"[4]等命题，以及"度物象而取其真"[5]，"澄怀味象"[6]，"外师造化，中得心源"[7]等等，无不说明"自然"这一概念在中国文化中的基本地位。把握好"自然"这一概念，无疑就把握了中国美学精神、哲学观及文化艺术之特点和本质。

"自然"在中国文化语境中，其意义不完全等同于现在我们将之作为研究对象的自然界，其原始含义正如其名称本身——"自然而然"。老子曰"涤除玄览"[8]，庄子曰"忘己"[9]、"吾丧我"[10]，表明了中国文化对"自然"的理解采取"自然而然"的直观认同，而不是以主体抽象的、超验的概念决定外在的物质世界，并以主体的弱化甚至缺席，最后以"与物为春"[11]、"心物交融"的方式来实现"万物并

作"[12]的"自然而然"。

这里也表明了与西方传统所不同的，中国先哲认为天地自然本身是一个统一、和谐的整体，因而不注重追问"自然是什么"，而是以"自然而然"的顺应态度来理解"自然"，这样的态度难以产生现代自然科学，但却剔除了人的属性，确保了"自然"的非对象性，避免了人与自然的二分对立而最终陷入盲目征服自然的迷途。

因为"自然而然"的态度，老、庄哲学在面对自然万物时，不以主体自身的尺度作为万物之尺度，而是以自然自身为尺度，并将之视作人存在的皈依。古人把自然作为人生思考的比照，先哲们注意到了人与其赖以立足的大地之间关系。老子从大地的山岳河川这个现实中，感悟出"道法自然"[13]这一万物本源之理，提出了崇尚自然的思想。庄子进一步发挥了这一思想，认为人只有顺应自然规律才能达到自己的目的，主张一切纯任自然，并得出"天地有大美而不言"[14]的"自然而然"的美学精神观念。

如此也确立了人与自然的一种互为映镜、和谐共生的同一性关系，即中国文化中所说的"天人合一"。"天"即"自然"，天人关系是中国传统文化重点关注的问题，司马迁"究天人之际，通古今之变"[15]的精神流芳千古，古代大凡有作为的学者无不"学不际天人，不足以谓之学"[16]。而古人对天人关系的关注，不管道家、儒家、墨家、杂家还是后来的佛禅，最终都指向"天人合一"，即天（自然）与人是和谐的整体，这是中国文化语境下的自然哲学观的总结性表述，也与今天的生态伦理观有相当的契合。

与西方笛卡儿"我思故我在"式的追问思维与存在谁才是第一性有所不同，中国哲学的基本问题，乃至文化的基本立足点都是人和自然的调适共处问题。在这个调适共处过程中，"天人合一"强调"以人合天"，采取"人为"尊重"天道"的方式而与自然融为一体，于是人生的意义就在于顺应自然的"道法自然"，养自然之神、保自然之性、全自然之形、修自然之道。中国传统文化始终立足于"天人合一"哲学观这一坚实基础，并在自己的文化历程中表现了极早的智慧，也就是对人在自然中适当地位的关注和对人的终极命运的预见。这也是中国传统文化具有早熟特征和富于哲理智慧的生动体现，同时也是用诗一般的形象语言表达"诗境"的艺术手法的生动体现。

### （2）"诗境"生动地反映了"自然而然"美学精神和"天人合一"哲学观

中华诗学艺术活动与"自然而然"美学精神和"天人合一"哲学观有着深刻的亲和性和内在一致性。传统诗歌中引自然作"比兴"或直接面向自然的比比皆是，一方面反映自然之美，另一方面反映人与自然的亲切交流，蕴涵着丰富的自然哲学观和生态伦理思想。"比兴"是中国诗学的基本修辞方法，它关键在于通过感性的形象来表达深层的意念，以此激发自己内在的生命冲动，例如早在《诗经》中："昔我往矣，杨柳依依，今我来思，雨雪霏霏"[17]，以杨柳、雨雪这些自然植物和气象来表达无尽的情思。可见，"比兴"其实就是心与自然之一种相通共振，是根源于"天人合一"，即人与自然宇宙乃是一种生命共同体的认知。而以"比兴"为基本修辞方法的中华诗歌，揭示出的是一颗"天地诗心"，即人心与自然的有意无意的感应，进而发展为人心与自然交融相通，并集中通过诗之意境体现出来。

其实，在中国文化语境下的"谈诗"往往就是谈人与天地之气相通[18]，而人心与自然之间的相通感应的过程正是"诗境"之孕育与发展过程。人心投向、亲近自然界而"天人合一"即为"诗境"之底蕴与涵义。如王夫之云："君子之心，有以天地同情者，有以禽兽草木同情者……"[19]，黄宗羲云："诗人以月露风云花鸟为其性情，其景与情不可二也"[20]。于是，中国诗人不约而同地把目光投向大地自然。在诗人眼里，自然对象并非无机物质实体，而是流转不居的有机生命形态，自然就从物理的空间超脱而出，进入诗人的审美知觉之中而成为美的对象，例如"池塘生春草，园柳变鸣禽"[21]，其中一份亲近自然之"真善美"的精神，实为中国诗之共通特征；如李达三、罗钢、叶维廉等研究者所言，在诗人心中，人与自然相互理解，诗人与自然之间不存在彼我对立关系，而是与自然在共时性上和谐与共振，"物我之间，人人之间不仅互相重复，而且互为指涉"，诗人将自身移情于自然中并以之撞击主体心灵，感悟大自然丰富微妙的生命表现，在大自然的俯仰悠游中寻找表达自己内在意绪的感性符号，故而中国诗词中凡天地日月、顽石蝴蝶，皆可幻形为人；而像城陌柳色、云关雪栈、枫桥夜泊等，无不温馨恬静地与人生活相伴。

可见，中华诗歌与中国哲学（美学）一体两面。如果说哲学因其抽象性而使之难以成为日常话语，那么中国诗学可以作为中国哲学精神鲜明活泼的代言，诗学以"天人合一"为哲学底蕴，在由自然而然而自呈的"真意"、主体之"空故纳万境"以及"以物观物"书写方式中，表现出它亲近大地、皈依自然的一种"诗境"，所以说"诗境"是中国"自然而然"美学精神和"天人合一"哲学观的形象而生动的反映。诗学虽非直接是哲学，却是饱含哲理悟解之含蓄而生动的折射。

以此审视当今提出的城市建设所要求的和谐城市，以及当代规划设计无论倡导建设"生态城市"，还是建立"环境友好型"和"资源节约型"社会，无不以人与自然和谐的"天人合一"

为基本出发点，所以相信，在规划设计领域将会得到来自诗学意境的生动海益和及时营养。

## 2.3.2 诗境的情感美

"自然而然"的态度并不表明人面对自然就只能被动应对，恰恰相反，中华诗学蕴含着丰富的情感，"情感美"是"诗境"美学意义中的关键组成，它包含着如下两个方面。

### （1）诗境表达了"形而上"的审美超越意识

人们往往把精妙的语言称为诗句，把心中美的情感称为诗情，把激发人美好想象的意念称为诗意，把动人的景观称为诗景，进而把最理想的生存方式称为"诗意栖居"。总之，诗与美的情感相通，"情感美"是诗学意境的生命。

美的情感其实就是"人心"对一切事物"形而上"的"超越"，"神会于物，因心而得"、"目击其物，便以心击之"[22]，中国大多数诗人和艺术家都具有强烈的"形而上"的"超越意识"，这个"超越意识"与上品之诗作存在密切的内在互动关系。

中国诗学"尚意"为主，强调"美不自美，因人而彰"，并以之推动向作品更高层次的发展，所以一直以来对美有着不懈的追求，同时历来就重视人在艺术作品创构中的主导作用，人在天地自然间具有自身的高贵性和能动性，所以诗学是非常重视人与人生的，其中又特别突出地表现在对诗意生存境界的人文追求上，即对实体物质生活环境的"形而上"的审美超越。

实际上，整个意境的缘起与发展史，就是一部古人追求"形而上"的审美超越意识的历史——从最早肯定"诗言志"开始，抒情表现是中国文化精神的主流，从诗学扩展到"画写意"、"书如情"[23]、"乐象心"[24]等莫不如此，到魏晋南北朝时"诗缘情而绮靡"，追求个性与思想自由，所有这些正是审美超越

意识的反映；诗歌的"比兴"，尤其是"兴"，是人的内心在外界作用下而兴发感动，激荡飞跃则鸣而为诗，"兴"本身就是审美超越意识；到后来"言外之意""象外之象""景外之景""澄怀观道"等，诗人"参"天"立"地，"为天地立心"[25]，直接催化了意境的产生。

### （2）诗境沟通了"反身而诚"的审美悟道心理

在审美超越的同时，中华诗歌又培养了中国人一种"反身而诚"的审美悟道心理和倾向，即王夫之所谓"含情而能达，会景而生心，体物而得神，则自有灵通之句，参化工之妙"[26]，这种超感性的悟道心理和倾向让人从人生中悟道、从自然中悟道，将主体的世界导向自然的世界，又使人从当下环境与人事具象，投向广袤的宇宙、苍茫的历史及幽微的心灵，去领悟人的生命意义和精神归宿，直接促使审美之感的呈现与精神升华。所以，"诗境"折射出深层文化情感的宇宙观和人生观。

"形而上"的审美超越意，表明中国文化注重发挥人的能动性，使中国古代和西方不同，无条件服从神的学说并不占据知识分子主流；而"反身而诚"的审美悟道心理，又使中国古人对自然客体的超越，主要不是表现为那种"绝对意志"统治"客体"的思潮，故而形成了不同于西方的精神家园，代表中国文化主流的文人士大夫没有"鬼神""上帝"，也能很好地生存，而且内心世界非常丰富。

概言之，代表着"形而上"的审美超越意识和"反身而诚"的审美悟道心理的"诗境"是中国人生存的精神家园和理想的归属，而"诗境"对于建设人类自身美好家园的规划设计专业领域，也就不啻是一种绝好的指引。

## 2.3.3 诗境的创意美

"创意美"是诗境美学涵义组成中最动人

心弦的地方，这是一切文化艺术（包括设计）作品拥有感人魅力的永久动力，这也正是"诗境"具有原创精神的价值所在。

### （1）诗境追求创新思维

创新的思维与能力，是信息时代、知识经济所继续呼唤的素质，而"中华诗词以其超常而不俗的想象、新奇而巧妙的构思启迪着、开拓着人们的思维，呼唤着人们的创新意识"[27]。

的确如此，因为首先诗人观察事物的视角不愿雷同。例如同是项羽兵败乌江这一故事，杜牧以之宣扬不折不挠的精神，他说："江东子弟多才俊，卷土重来未可知"[28]；王安石则从政治家角度观察，批评项羽连年征战，他说："百战疲劳壮士哀，中原一战势难回"[29]；而李清照在经受国破家亡的重创后希望看到英雄主义精神，因而为项羽咏道："生当作人杰，死亦为鬼雄。至今思项羽，不肯过江东"[30]。

诗人表达的方式也不愿雷同，为此他们搜肠刮肚、炼字度词，为了一个精妙的表达反复思考，因而有了诗圣杜甫"语不惊人死不休"[31]的名言。同一题材的不同视角解读，或则不同表达词句，形成了不同的诗作，这就是创新的思维。诗之意境，其伟大的生命力，除了体现在自然美和情感美之外，还在于它显现出的创意美，在此诗境的驱策下，诗作决非"千篇一律"。

### （2）"诗境"显示情理互动中的真情个性创意

儒家诗教理论主张"温柔敦厚"，一开始就讲究道德教化之理，入宋以后还有理学的盛行。但同时中国诗学历来对作者的真情个性是给以肯定的，真性情是中国诗学十分看重的美学品格。魏晋南北朝以后，特别注重个人真性情的表现与伸张，例如当时的文论家刘勰，其情感理论已不局限在道德范围，而是扩大到对人的心理世界的体验，表明了情性之差别，是诗作各有特点、各有风格的原因。

强调性情之真，是诗歌创作理论发展提出的境界，从此重情体性的追求使中国诗学艺术呈现灵动多姿的色彩，可谓："夫情动而言形，理发而文见"[32]。这在重情体性的追求在清代诗家袁枚等人那里，发展为影响颇大的性灵理论，性灵论的基础是真诚，只有性情真，才能创造出感动人的诗作，也才能够达到教化人的目的，即如清代李重华所言："大致陶冶性灵为先，果得性灵和粹，即间有美刺，定能敦厚温柔，不谬古人宗旨"[33]。

以情领衔，此情乃真情个性，由此，体会性情不仅是中国诗歌创作的环节，也是欣赏品味诗歌之诗境（意境）的重要方式。真情体会细致与否，个性表达是否完美，常常是衡量作品品位高下的重要标准。用词合情，善达性情之诗人，其作品当为艺术之上品。"文之善达性情者无如诗"[34]，中国优秀的诗、词、曲、文在这方面堪称表率，它们往往是在个性真情上下了很大工夫，如此散发的"诗境"给欣赏者以无尽的魅力；而情理互动，可以使艺术获得震撼人心的审美效果，也是艺术作品个性创意美的不竭来源。

## 注释

［1］诗纬·含神雾.《诗纬》是汉代《诗经》学研究的组成部分，其"诗者，天地之心"的说法从宇宙观高度对诗的性质作了重要认定.

［2］唐·司空图.二十四诗品.

［3］唐·张彦远.历代名画记.

［4］唐·孙过庭.书谱.

［5］五代·荆浩.笔法记.

［6］南朝山水画家宗炳语。"澄怀味象"就是审美主体以

清澄纯净、无物无欲的情怀，在非功利、超理智的审美心态中，品味、体验、感悟审美对象内部深层的情趣意蕴和生命精神.

[7] 唐·张璪.绘境.见唐·张彦远.《历代名画记》卷十.

[8] 老子.道德经."涤除玄览"是老子哲学认识论的主要方法，指在心灵深处以道镜自鉴自察而除去污垢.

[9] 庄子·天地："忘己之人，是之谓入于天"."忘己"就是忘了自己，不感到自己的存在，指不识不知，顺乎自然的处世态度.

[10] 庄子·齐物.庄子以"吾"来指没有主体意识而物我一体的"大我"、"本我"；以"我"指有主体意识、有欲望的"形我"、"小我"."吾丧我"就是"我"不断丢弃"小我"而达到"大我".

[11] 庄子·内篇."与物为春"是庄子美学中的重要观念，指人与自然和谐相处、毫无功利之心的审美态度和生活态度.

[12] 老子.道德经."万物并作"即万物一起生长.

[13] 老子.道德经.

[14] 庄子·知北游.

[15] 汉·司马迁.史记·太史公自序.

[16] 宋·邵雍.观物外篇.

[17] 诗经·小雅·采薇.

[18] 清·何绍基.与汪菊士论诗："此身一日不与天地之气相通，其身必病；此心一日不与天地之气相通，其心独无病乎?……但提起此心，要它刻刻与天地通尤要.请问谈诗何为谈到这里？曰：此正是谈诗".

[19] 明·王夫之.诗广传.

[20] 明·黄宗羲.南雷文案·景州诗集序.

[21] 南朝宋·谢灵运.登池上楼.

[22] 唐·王昌龄.诗格.

[23] 《说文》："书者，如也".刘熙载《艺概·书概》云："书者，如也，如其学，如其才，如其志，总之曰如其人而已".

[24] 《礼记·乐记》："乐者，象其德也".

[25] 语出自宋·张载.天地生化万物，只是生生之德的自然流露，并非有意生出这样一个大千世界."为天地立心"则使天地"无心"而成化"有心"，这是人对天地生生之德的亲切理会，通过人的理会指点，天地生化万物的心便显立了.

[26] 明·王夫之.姜斋诗话.转引自王超.从在者之思到共在之域——论交感诗学思想在中国文论中的嬗变与转型 [J].江西社会科学,2005,11:82-85.

[27] 杨叔子教授语，杨叔子是机械工程专家，曾任华中科技大学副校长，作为工程专业出身的教授一直倡导在理工科高等院校开设中国诗学类作为大学公共课程，强调以中国诗学来提高素养和培养创新精神、强调理工和人文学科的相辅相成.（参见杨叔子.让中华诗词走进大学课堂.高等教育研究,1999,2:17）.

[28] 唐·杜牧.题乌江亭.

[29] 宋·王安石.叠题乌江亭.

[30] 宋·李清照.夏日绝句.

[31] 唐·杜甫.江上值水如海势聊短述.

[32] 南朝·刘勰.文心雕龙·体性.

[33] 清·李重华.贞一斋诗话.李重华，字实君，号玉洲，吴江人，清雍正甲辰进士.

[34] 明·顾曲散人.太霞曲语.顾曲散人即冯梦龙，明代文学家、戏曲家，字犹龙，又字子犹，号龙子犹、墨憨斋主人等.

3

中国传统建筑规划的诗境营建

# 3.1 诗境表现的中国传统建筑

中国传统建筑、园林、聚落与城市往往有诗同在。于建筑来说，建筑与诗文互证互显已成为久远的传统；于园林来说，园林兴造与欣赏就是诗的建构与感悟；于聚落和城市来说，传统聚落和城市如同一首首写在大地上的诗篇，九州大地处处留有聚落与城市的诗意图景。这就是"中国式"规划设计营建，其可贵品质在于它那无尽的"诗境"之美，也反映了在诗学文化精神的浸润下，中国人对于诗意栖居的生存空间之不懈追求。

虽然建筑所用材料本身没有精神性，它们被用来建造建筑时主要依据的是"重量规律"[1]，但是，材料在人的运用下所形成的建筑在基本功能要求满足的条件下，还被赋予了人类精神内容和情感需求，这在中国建筑中表现得非常充分，中国建筑特殊魅力在于它那丰富的"诗境"表现。

## 3.1.1 传统建筑的诗学表达

中国传统建筑的一个重要表现就是它的诗学表达，其实反映的就是中国建筑丰富的情感与美学意义的展现。中国建筑这种与诗文歌赋的紧密联系，是中国建筑鲜明的一道人文现象和一贯的文化传统。一方面，中国传统建筑以其特殊的艺术营造、环境特征、历史纵深感等，与中国人的诗学情怀相遇而留下了大量的脍炙人口的诗文名篇，它们或以建筑营造为主题，或以建筑形象为品评，或以建筑空间作为场景，或以建筑作比喻和隐喻，生动地记录了许多建筑和相关的生活环境，表达了在建筑空间中的种种微妙感受；另一方面，透过文人墨客以诗词歌赋的形式对建筑的品评描述和点化烘托，向我们展现出中国建筑无比丰富的哲理世界和特殊意境，许多建筑与诗文永生。下面举数例

图 3.1 "如翚斯飞"的渝东南山地民居

诗文，透过诗文观察中国建筑特有的环境美学与丰富意涵。

（1）《诗经·小雅·斯干》与中国传统建筑的基本原则和本质：

秩秩斯干[2]，幽幽南山。如竹苞矣，如松茂矣……约之阁阁，椓之橐橐[3]。风雨攸除，鸟鼠攸去……如跂斯翼，如矢斯棘，如鸟斯革，如翚斯飞[4]……殖殖其庭，有觉其楹……乃安斯寝……乃占我梦。……乃生男子……乃生女子……

中国现存最早诗歌总集《诗经》中的这首《斯干》是一首歌咏王妃新宫的诗，其中揭示了从总体布局到具体营建，从山水大场景到居家小镜头，从建筑形象到居住心理和生活憧憬等诸多方面，反映早在周代起中国传统建筑的诗意之美。

诗中我们看到中国传统建筑的"五原则"。其中有现代建筑"坚固、适用、美观"的三原则：如"约之阁阁……风雨攸除……"，表明建筑坚固，质量可靠，防风避雨免鼠虫之害；布局主次分明的"庭、正、冥"，表明房屋不同的空间特征和功用区分，在"适用"的原则上还体现人文伦理；而"如跂、如矢、如鸟、如翚"等则生动地反映建筑翼角飞动、檐阿宏敞、优美华丽的形象，这种形象后来成为上至都城皇宫，下至深山民居的共同追求（图3.1）。

特别令人惊异的是早在三千年前，中国人就提出了建筑的"环境原则"且置于首要位置。诗开篇"秩秩斯干，……如竹苞矣"，表明建筑选址于后靠南山、前绕溪水的风水宝地，周围"竹、松"等植被茂盛，居住环境融于自然山水环境，这是理想宜居之所，反映了中国建筑很早就有风水选址及其背后"天人合一"的山水美学环境观（图3.2）。

该诗还清楚地表明了中国建筑的第五项原则——"健康原则（包括心理健康）"。诗中"乃安斯寝"等连续几个"乃"字头诗句，道出健康宜居而繁衍儿女、生生不息的可持续生

图3.2　"幽幽南山，如竹苞矣"的建筑环境

态梦想追求。

总的来说，这首诗充分展示了中国久远以来的人居环境理想模式的追求，反映的是原生态的、没有被异化的建筑观，质朴而全面地体现了建筑的本质意义。

（2）《阿房宫赋》建筑群体之恢宏魅力：

"……骊山北构而西折……二川溶溶，流入宫墙。五步一楼，十步一阁；廊腰缦回，檐牙高啄；各抱地势，钩心斗角……蜂房水涡蠹不知其几千万落。

长桥卧波，未云何龙？复道行空，不霁何虹？高低冥迷，不知西东……

一日之内，一宫之间，而气候不齐……"。

唐朝诗人杜牧的这篇《阿房宫赋》对于阿房宫雄伟的构制，作了极为生动的描绘，气势豪放、夸张浪漫，亦骈亦散，夹叙夹议，堪称典范。该文充分表现了中国皇家建筑的规划设计特点——园林式宫殿建筑群的宏大气势和非凡建筑艺术魅力，具体表现在依山借势的建筑选址、院落式的群体布局和争奇斗艳的建筑创新形象组合上。

作者一开始即高屋建瓴，以散点透视的宏

观鸟瞰手法，展现阿房宫依托山势走向，"骊山""二川"的字眼，表明阿房宫总体选址布局充分地结合和利用了自然山地和水系，气度不凡的山水势态跃然而出；并且宫内楼阁"各抱地势"，表明建筑营造依山借势、顺应地形，自由巧妙地与自然山水起伏流转融合在一起。

院落组合是中国建筑的一个重要特点，皇家建筑更表现为大规模的院落群体组合，还有"廊腰"、"长桥"、"复道"等，最终构成阿房宫"五步一楼，十步一阁"的"蠹不知其几千万落"之宏大气势。

阿房宫建筑争奇斗艳，尽显非凡的艺术魅力：建筑"檐牙高啄"、"钩心斗角"，这是建筑的艺术表现，长廊相连，亭台楼阁交相辉映；"复道"，即立交桥式的双层长廊，这是极富创意的营造，它们"高低冥迷"交错行在空中，产生霓虹的幻觉。"一日之内，一宫之间，而气候不齐"，让人进入一个景象万千的境地（图3.3[5]）。

（3）《滕王阁序》的艺术境界及人生感悟

阁以文传，文以阁名，滕王阁的千载盛名，并非它最初是由唐代滕王创建，更主要是在于初唐诗人王勃的那个千秋传诵的旷古名篇——

图3.3　廊腰缦回，高低冥迷——唐代皇家华清宫

《滕王阁序》[6]所传达出的艺术境界和人生感悟。

唐上元二年（675年），"初唐四杰"之首的王勃登上滕王阁，凭栏遥对西山，远眺赣水东流，云天苍茫，一览胜景，一挥而就，当场写下那凝练奔放、对生命感触与深悟且意境超越的《滕王阁序》：

……星分翼轸，地接衡庐。襟三江而带五湖，控蛮荆而引瓯越。

……潦水尽而寒潭清，烟光凝而暮山紫……层峦耸翠，上出重霄；飞阁流丹，下临无地……披绣闼，俯雕甍。山原旷其盈视，川泽纡其骇瞩……虹销雨霁，彩彻云衢。落霞与孤鹜齐飞，秋水共长天一色。渔舟唱晚，响穷彭蠡之滨，雁阵惊寒，声断衡阳之浦。

……天高地迥，觉宇宙之无穷；兴尽悲来，识盈虚之有数。……

该序以骈体文形式，语句对偶，平仄节奏，情感起伏跌宕、遣词用句奇丽，运用典故、传奇、神话，文史知识、天文地理无一不具，文化内涵无比丰富。从景到情，从情到志，从志到德的修养，可谓宴之盛、景之美、情之真、志之切，文学意境烘托建筑意境，自身成为千古名篇，也造就了千古名阁，在中国传统诗文作品中成为表达建筑及其环境之意境美的一个典范。

在建筑环境上，"襟三江……"之句表明滕王阁的营造以大环境的手法融入千里江山之中，形成了从远到近，又由近及远的远、中、近景丰富叠加的意境美图画，特别是"落霞与孤鹜齐飞，秋水共长天一色"的着力渲染，达到了无限风光、无尽秋色，时间延伸、空间变换的全方位广角"江山一览"长卷和意境高峰。

在建筑形象上，《序》抽出了建筑特点和精华加以渲染，如"披绣闼，俯雕甍"表达了建筑的装饰与雕刻艺术；"下临无地"形容建筑高大宏伟和巧用地势之利；"飞阁流丹"显现了建筑的飞动华彩和高贵气质。

借此文采，滕王阁成为风景建筑的代表作，这里我们看到，诗学作品增加了建筑及其环境的文化内涵，提炼和渲染了建筑及其环境的艺术感染力，诗学与建筑相互促动而使建筑意境升华。

因为这不朽的"诗学意境"，滕王阁历经20多次的损毁与重修，始终在人们心目中顽强地生存。滕王阁最后一次损毁是民国15年（1926年）的兵燹，民国31年（1942年）时，梁思成先生和助手莫宗江路过江西，时任国民政府江西省建设厅厅长杨绰庵诚恳地希望梁思成绘一套图以备抗战胜利后重建滕王阁。拳拳爱国之心的梁思成当即偕助手查阅文献，根据旧藏宋画，参以唐式，绘制了包括彩色透视图的《重建滕王阁计划草图》共八幅，遗憾的是当时建阁宏愿未能完成。这个宏愿终于在60多年后实现，1989年滕王阁第29次重建，再次傲然屹立于赣水之滨。

滕王阁历千载而盛誉不衰，这是中国建筑耐人寻味的人文现象。楼之形、文之神、诗之境，编织成独特的经纬。凭登斯阁，环视江山如画，纵览人文荟萃。阁楼越千秋，诗境贯古今，蕴藏于此楼的，不只是一幢建筑、一篇骈文和几段故事，而是陶冶过各个时代的心灵意念，寄托着一个民族的风雅诗境（图3.4）。

### （4）《岳阳楼记》的环境氛围与意境升华

岳阳楼并不高大，却"一楼风月，千古文章"，盖因岳阳楼有着与"西面洞庭，左顾君山"融合的环境特征，始终融入洞庭湖的大湖山水环境之中，并与历代诗人不懈的人文意念相遇，成就了岳阳楼一重又一重的诗意境界（图3.5）。

且看"吴楚东南坼，乾坤日夜浮"[7]，如此意境沉郁雄浑的诗句，是诗圣杜甫以自身处境和对国家的忧思，对处在岳阳楼之旁划开吴楚疆界的八百里洞庭湖其浩瀚无边的伟丽景

象有感而兴、挥就而成的。诗仙李白也登上岳阳楼，远望天岳山，好一番沉醉幻想联翩和超脱豁达逸志，发出叹咏："楼观岳阳尽，川迥洞庭开"[8]。更有那孟浩然的大气磅礴、感人肺腑之绝唱："气蒸云梦泽，波撼岳阳城"[9]。另外，许多著名诗人词家，像张九龄、韩愈、白居易、元稹、贾岛、刘禹锡、李商隐等，都为洞庭湖和岳阳楼的奇伟、绮丽的风光所吸引而先后来游，并且触景抒怀、感物咏志。

宋代庆历四年（1044年），谪守巴陵的滕子京重修岳阳楼，竣工之日，感慨万千，向好友范仲淹求记，于是就有了这篇千古名文——《岳阳楼记》：

"……衔远山，吞长江，浩浩汤汤，横无际涯。朝辉夕阴，气象万千。此则岳阳楼之大观也。……若夫霪雨霏霏，连月不开，阴风怒号，浊浪排空，日星隐曜，山岳潜形……感极而悲者矣！至若春和景明，波澜不惊，上下天光，一碧万顷。沙鸥翔集，锦鳞游泳。岸芷汀兰，郁郁青青。而或长烟一空，皓月千里，浮光跃金，静影沉璧……登斯楼也，则有心旷神怡，宠辱皆忘，把酒临风，其喜洋洋者矣……不以物喜，不以己悲……其必曰：先天下之忧而忧，后天下之乐而乐欤！"

《岳阳楼记》中岳阳楼的审美依然是从洞庭湖大环境入手，故有"衔远山、吞长江"之句；游岳阳楼、观洞庭湖会有建筑环境艺术的悲、喜两种感动对比：前面"霪雨霏霏"，带

图3.4　落霞与孤鹜齐飞——江西南昌滕王阁

图3.5　先天下之忧而忧，后天下之乐而乐——湖南岳阳楼

着伤愁的心情；后面"春和景明"，是欢乐喜悦的心情。与心情相应的是其中的环境色彩对比，当"霪雨霏霏"之时，所对"怒号"、"浊浪"、"日星"、"薄暮"，是一幅浓墨重彩之泼墨画；当"春和景明"之日，所见"碧"、"沙鸥"、"锦鳞"、"芷"、"兰"、"郁郁青青"、"浮光跃金"，又是一幅五彩纷呈的春水图。

总之，在环境空间的文化内涵提升方面，《岳阳楼记》是极好的范例。它情景结合，内蕴博大，哲理精深，骈散相间，清绮壮美，艺术表现与思想情操高度统一，尤其是由景之对比到其主题思想——即"忧乐"的名句——所体现的高尚情操，可说是前无古人，后无来者，充分体现了诗书学人忧国忧民、宠辱不惊的高贵品质，表达了登岳阳楼而感悟人生、荡气回肠的一个高级境界，不愧为千古绝唱，使岳阳楼达到了由景—情—志—人生道德修养—人格升华的高度美学境界。最终，岳阳楼建筑由其空间环境的特征引发，经士大夫文化思想上的精神追求，成就了岳阳楼的文化品格提升和审美情感的升华。

### 3.1.2　建筑群体对诗词格律的感应

中国诗歌很早就注重"声依永，律和声"[10]的韵律与节奏之美，自南朝齐、梁以后，讨论声律规则之著作车载斗量，为唐诗的繁荣奠定了基础，也形成了中国诗学特有的诗词格律。虽然中国诗学不主张过度讲究格律而损害诗意，但也从未忽视和放弃格律，中国诗歌正是以声韵格律这种独特方式和技巧，给人以形式和内涵的双重美感，就在这诗词的形式美学和音韵律动中感受意境，它也反映了情理相依的中国诗学和中国文化性格。

中国传统建筑通常呈纵深几进院落的有秩序的群体组合布局，既反映了长幼尊卑等的礼制伦理，又感应着中国诗词的韵律与节奏。诗词文赋有起、承、转、合等铺叙、递进、高潮和呼应，建筑群体院落组织有开、闭、张、合等排列、纵深、重点和搭配；诗的格律曲牌有对仗、平仄，建筑有中轴对位平衡、宫殿厅堂与亭台楼阁廊轩大小高低间配等（余卓群，龙彬.2002）。中国传统建筑群体，无论处于平原还是山地，都同步感应诗词格律的形式美学和音韵律动，在这个秩序有形而又虚实相生、错落有致的韵律节奏中透出"诗境"。

### （1）平原建筑群体呈现律诗般的韵律组合协同之美

律诗是中国诗歌中的显类和大宗，艺术上讲究均齐对仗形式中的平仄律动。律诗有着字的对仗，有节的匀称、句的均齐，表明了中国人追求珠圆玉润的平稳和谐之美；同时，在这珠圆玉润的均齐形式结构中又饱含弹性和张力，通过声调流转起伏而有着疏密、浓淡、虚实、动静的转换，最终于井然秩序中获得一种生命的律动。

处于平原地区的中国传统建筑群体布局，正如梁思成先生所说："以多座建筑合组而成之宫殿、官署、庙宇，乃至于住宅，通常均取为左右均齐之绝对整齐对称之布局……"[11]，即以中轴为主线，建筑布局定位秩序井然，表现出儒家理性，凝固了礼制精神，显现平稳和谐的"均齐"之美。闻一多先生将之与诗的美感联系起来，他说："中国艺术最大的一个特质是均齐，而这个特质在其建筑与诗中尤为显

图3.6　曲阜孔庙——均齐中藏虚实、对仗中含律动

著。中国这两种艺术的美可说是均齐底美——即中国式的美。"[12]其实准确地说，平原地区的中国传统建筑群体不仅是均齐，更有均齐形式背后通过楼阁重檐高起、廊道亭台平延等表现出乐的意蕴与充满张力的生机，可谓疏密跌宕中见气韵，回旋转合中显空灵，与律诗有内在一致的脉动协同。

例如曲阜孔庙（图3.6），布局中轴对称和均齐，如同格律诗之句数成偶、字数相等和语言对仗。对称和均齐之中，有层层递进的几进院落和收收放放的空间转换，以及不同类型的建筑体量不一、高度参差，如同律诗般的形式和韵律。

最典型的当如北京故宫，是中国建筑群体布局的精粹和代表，集中体现了我国古代

建筑的优秀传统和独特风格（图3.7）。它以一条南起永定门、北至钟鼓楼、长达7.5公里的中轴线贯穿始终，并以"三朝五门"之别穿越中轴线的太和殿、中和殿、保和殿三大殿，以及内外金水桥、正阳门、天安门、端门、午门、太和门等中心建筑，三大殿建于三层汉白玉台基之上，体型宽阔，气势宏伟，雕梁画栋，其中三大殿又以太和殿最为壮观，其他建筑在中轴线两侧呈平衡布局，造型庄重，结构严谨，一环扣一环的进深空间，各种院落的交替、景色的转换，随之各种趣味的变化逐次展开，展现了律诗般的韵律组合协同之美（图3.8）。

## （2）山地建筑群体渗透着词曲般的韵致

处于山地（包括坡地、临水台地等）的建筑群体，如佛寺、道观等寺庙建筑组群，或据山而设，或置于山巅，或深入山坳，或隐入沟壑，或濒临江湖，它们因应具体的场地和地形等因素，则不拘泥于对称齐均模式，而是按山水总体风骨走势来经营着水平和竖向的空间组合，以顺应场地开合和地形之起伏来进行总体布局和组织建筑群外轮廓形象的高低错落，显示出活泼生动的艺术魅力。山地若僵化地遵循对称齐均模式，势必大规模地改造自然地形，此为中国文化传统所不取。诚如乾隆皇帝在《塔山四面记》一文中所说："室之有高下，犹山之

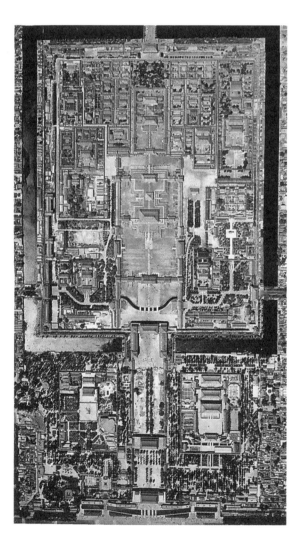

图3.7　北京故宫总平面——律诗般韵律组合协同之美

图3.8　朱甍秀瓦依斜曛，玉铺金砌辉月明——北京故宫

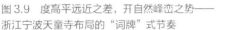

图 3.9　度高平远近之差，开自然峰峦之势——
浙江宁波天童寺布局的"词牌"式节奏

图 3.10　都江堰（灌县）二王庙鸟瞰与总平面图——"词曲"般节奏之美

有曲折，水之有波澜。故水无波澜不致清，山无曲折不致灵，室无高下不致情。然室不能自为高下，故因山以构室者其趣恒传"[13]。所以，山地建筑群体面对场地和地形限制，并非消极地迁就，而是积极地把握其特点，综合协调场地窄小与地势起伏的利与弊，扬利抑弊。如此情况反而为高超的设计和营造者提供了表现智慧的机会，通过设计和营造者的艺术处理，因地制宜，随势赋形，以轴线的偏移和转折使建筑群体随场地纵横延展，以阶梯式或变层式获得建筑群体与山林环境密切结合，在场地和地形的一宽一窄、一高一低、一转一折中获得非对称而又巧妙的动态平衡，造就了独特的山地建筑群体组合境界。这其中也包括建筑群体中的主体建筑和配体建筑之间的相互配合，例如山地寺庙多以主殿堂为主导，其他诸如门、楼、廊、塔、幢、碑、碣、香炉之类的建筑与小品，首尾呼应，形成一种节奏的跳动，从而赋予山地建筑群体以不可思议的绝响。

例如，浙江宁波的天童寺，位于太白山麓，全寺建筑依山就势，建在几个不同标高的台地上。中轴线上，自低而高有万工池、天王殿、大雄宝殿、藏经楼、先觉堂等主体建筑，层层递进与抬高，配合每一进庭园有秩序地布局；中轴后部的罗汉堂及两侧的配殿，则随其地形灵活安排，高低错落。这样整个建筑群体可谓"度高平远近之差，开自然峰峦之势"，其主体建筑与配体建筑相辅相成，并与天然地形环境契合（图 3.9）。

又如，四川都江堰二王庙建筑群体（图 3.10），它坐落在临江陡急的山坡上，东山门、花鼓楼、观澜亭、灵官楼等建筑组群因势利导、依山顺势而布置，随着地势的高下和轴线的三次折转，建筑群体形成了曲折迤逦的转合空间序列，每一转合都有起景、收景，构成建筑空间旷奥、明暗、高低、开合、平陡等的鲜明对比，创造了极富节奏感意趣、词曲般的空间效果。

总之，山地建筑群体高低曲折，参差错落，量体裁衣，烘云托月，点染着人心起伏的艺术情趣，渗透着一种词曲般的空间韵致。因此，山地建筑群体与中国词曲有异曲同工之妙，蕴涵着词的意绪与曲的气质，既迂回曲折又

图 3.11　"如跂斯翼"山西万荣县飞云楼

首尾呼应，在抑扬顿挫的长行短句中见均衡，在圆柔含蓄的一唱三叹中品余韵，酝酿和蓄积起特殊的情意，激发和催生了心灵的共鸣，令人回味无穷。

### 3.1.3　建筑营造的浪漫诗意与匠心巧思的技术理性

中国传统建筑的营造既为了空间实体的目的，也在中国文化精神关照下被赋予一种特殊的意义和追求。具体地说，传统建筑被注入一种比兴、联想的浪漫诗意，又通过匠心巧思的技术理性来营造实现。

下面以传统建筑最具代表的屋顶为例阐述其营造与浪漫诗意的互动关系。

#### （1）浪漫诗意牵引建筑营造

先看山西万荣县东岳庙飞云楼（图3.11），翼角翘起，如鸟凌空，展翅欲飞，全楼共有32个翼角，与平坐、栏杆以及绚丽多彩的装饰绘画相映生辉，每当晴空日照时，飞云楼层层屋檐、凹曲的屋面、翘弯的屋角优美地镶嵌在大自然中，当地民谚云："万荣有座飞云楼，半截插在云里头"。

实际上传统建筑之屋顶，莫不曲线上扬，檐部如翼轻展，这种飞檐翼角的匠心独创，将建筑本来的静态化为动态，显得轻盈俏丽、翩翩欲飞。前文曾举《诗经》句子："如跂斯翼，如矢斯棘，如鸟斯革，如翚斯飞"[14]，就明确而传神地表达了早在《诗经》时代，中国建筑就已具备并且始终传承的一个显著特征——"飞动"之浪漫诗意（图3.12）。

"飞动"之所以成为中国建筑的一个始终传承的特征形象，有学者论证它是源自中国先民远古以来的凤鸟崇拜意识[15]，《山海经》中就有"凤鸟自舞"之类的传说，这种崇拜可追溯到周代以前殷人，殷人是古少昊族的后裔，少昊族族徽是太阳与凤鸟复合纹样，周人因袭

图3.12　山西繁峙县岩山寺金代壁画中的"飞动"屋顶组合

殷人的崇拜，视凤鸟为神灵。最终，古人通过建筑寄寓对于"人凤合一"[16]（王鲁民.1997）的无限诗意向往。

文人墨客也将敏锐的目光萦绕于建筑的"飞动"形象上，特别是为那种优美而有力度的飞檐翼角所感动，化作了许多脍炙人口的诗文名篇，例如《阿房宫赋》中"檐牙高啄""钩心斗角"，形象地表达了建筑亭台楼阁的屋檐翼角高低错落的群体组合而交相辉映；又如"亭"建筑，宋代欧阳修以"翼然"形容之，他在《醉翁亭记》中写道："峰回路转，有亭翼然临于泉上者，醉翁亭也"[17]，说的就是亭凌驾于悬崖飞泉之上，亭的屋檐翘角有如鸟翼般的展开，为作者平添一分飘然的醉翁之意。

#### （2）技术巧思实现浪漫诗意

"飞动"诗意主要由中国传统建筑那美轮美奂的曲线形屋顶传达出来，正如梁思成先生所说的"翼展之屋顶"。对之他从功能、技术与审美的角度给予高度评价："这种屋顶全部的曲线轮廓，上部巍然高崇，檐部如翼轻展，使本来极无趣、极笨拙的实际部分，成为整个建筑物美丽的冠冕，是别系建筑所没有的特征"。

表现"飞动"诗意的"翼展之屋顶"主要

图 3.13 汉代陶楼屋顶脊饰起翘造型

图 3.14 翼角最早的木构实物——五台山南禅寺

与"反宇"并列提及，"反宇飞檐"的做法使屋顶犹如一张展翅的凤鸟。

翼角：是指屋檐的转角部分向外突出和翘起，舒展如鸟翼，故有此称，它使建筑充满一种线条的美感和力度，强化了建筑飞腾的意象。"翼角"的大型木构建筑实物最早要推五台山南禅寺大殿（图 3.14），而翼角的明显增多是宋代以后，北宋时角梁向外加长，角椽也随之逐渐加长，屋角的水平投影呈尖角状，宋《营造法式》中称为"生出"，清代称为"出"或"冲"。在南方，翼角翘得更高，弯卷如半月，给建筑增添了许多风韵（图 3.15）。

通过以上屋脊两端上翘、举折、反宇、飞檐和翼角等几个方面的营造手法，中国建筑"翼展之屋顶"从初创到定型，同时也从早期的图腾崇拜走向审美的精神寄托，这种化静为动、化重为轻、化硬为柔的形式，化屋顶的压抑感为极富表现力，造就宏伟雄浑而又飞动飘逸，最终达到人、凤、建筑融为一体的诗意向往。透过屋顶，让人看到中国传统建筑通过技术理性和审美意念的和谐统一，使建筑具备在深厚的文化情感之上的诗意特征。

通过以下几个方面巧思营造实现：

屋脊两端上翘：从史料看，在屋面举折法以前，已广泛采用屋顶正脊和垂脊端头翘起的做法，使建筑与凤鸟升腾的形象建立联系，这是凤鸟崇拜的古人所追求的一种美的形式（图3.13）。

举折：配合着"飞动"的诗意，后来以"举折"的方式使得屋面弯曲以呈现建筑飞腾的形象。

反宇：这是一种特殊的檐下做法，是"屋脊弯曲屋顶的补充形式，它的存在可以使建筑檐下呈一反上曲线，从而在形象上与庙底沟凤鸟图形更加接近"（王鲁民.1997）。

飞檐：是在建筑的檐椽之上再加一层"飞子"的构件，由于使用了两层椽子，屋檐与张扬的凤鸟翅膀很相似，"飞檐"在文献中往往

图3.15 岳阳楼高翘的翼角

## 注释

[1] 哲学家黑格尔曾说"所用的材料本身完全没有精神性，而是有重量的，只有按照重量规律来造型的物质".(参见德·黑格尔.美学(第三卷上册)[M].朱光潜译.北京：商务印书馆,1981:17).

[2] 干：水涯，水边.

[3] 绑束得井井有条，用杵"橐橐"地夯实.其中，约：绑束；阁阁：历历可数、井井有条；柝：杵，建筑用的木棒工具；橐橐(tuo)：木棒夯实时发出的声音.

[4] "趹"是"鸠"的通假字，鹊的同类鸟；"矢"是"雉"(野鸡)的通假字；"棘"是"翮"的通假字，从羽，鬲声，本义是羽毛中间的硬管；"革"是"革羽"的通假字，指鸟的羽翼；"翚"(huī)，一种五彩的野鸡.

[5] 阿房宫早已不复存在，这里提供摹自《陕西通志》的唐代皇家华清宫图，可以感受秦汉时宫苑胜景.

[6] 全称《秋日登洪府滕王阁饯别序》.

[7] 唐·杜甫.登岳阳楼.

[8] 唐·李白.与夏十二登岳阳楼.

[9] 唐·孟浩然.临洞庭湖赠张丞相.

[10] 南朝·钟嵘.诗品序.

[11] 梁思成.中国建筑史.梁思成全集[卷四].[M].北京.中国建筑工业出版社.1985.13.

[12] 闻一多.律诗的研究.转引自王振复.中华古代文化中的建筑美[M].上海：学林出版社,1989:126.

[13] 清·朱彝尊撰.钦定日下旧闻考(卷26)

[14] 诗经·小雅·斯干.

[15]、[16] 语出自王鲁民.(参见王鲁民.中国古典建筑文化探源[M].同济大学出版社,1997:6.)

[17] 宋·欧阳修.醉翁亭记.

# 3.2 诗境化身的中国园林

"咫尺之内再造乾坤，苏州园林被公认是实现这一设计思想的典范。这些建造于11～19世纪的园林，以其精雕细琢的设计，折射出中国文化中取之于自然而又超越自然的深邃意境".[1] 这是中国园林以苏州园林为代表获得的世界遗产委员会的评价。中国园林根植于华夏文化背景，以诗学为宗、画意为尚，本着"天人合一"的底蕴，通过对山石、池水、植被、建筑等园林物境要素进行巧妙组织，追寻山水清音的理想境界，由阔大至具微，由雄奇至精丽，本于自然又高于自然，在自然物境的基础上表达出了丰富的精神内容，成为"诗意栖居"的文雅实物见证。

图3.16 门庭虚掩内景象万千(十笏园一景)

图3.17 蜿蜒小径的含蓄(沧浪亭一景)

图3.18 阁亭隐约欲飞(环秀山庄一景)

图3.19 奇石玲珑一角、箸竹婷婷数丛(狮子林一景)

### 3.2.1 诗情画意的艺术天地

走近中国园林，只见门庭虚掩，暗示其内令人期盼的景象万千（图3.16）。探身进门，一道窄巷之后是蜿蜒小径，随走几步，开始领略含蓄中的丰盈（图3.17）。深入园内，不时

有横墙隔而不断，其上漏窗透着另一边幽竹窈窕探身和阁亭隐约欲飞的景象（图3.18），让人感悟内敛而圆通。路边墙际，有芭蕉妩媚，株株玉立，在快雨点点中脱俗欲仙；屋角檐底，

图 3.20 粉墙配黛瓦,清池映廊轩(网师园一景)　图 3.21 以石见山,以亭驾云(耦园一景)

有竹枝纤柔,丛丛抹绿,于阵风徐徐中清雅天成。再续前行,又见奇石玲珑一角、箸竹婷婷数丛(图 3.19)、香梅斜横几枝。就这样徜徉走转,一处庭院豁然出现。

庭前有池,纳实涵虚,园林之水使凝重融化,使沉浊清洗。四周环顾:粉墙配黛瓦,黑白分明;清池映廊轩,虚实相生(图 3.20)。池端有溪,溪上有桥,过桥是山,山中有路。拾级而上,俯仰其间,只见以石见山,以亭驾云,以桥凌波,以树显林(图 3.21)。但看全园,青石嶙峋,花树嘉繁,梅影袅娜,柳烟飘逸。入得房内,门有雕花,墙挂字画,案备笔墨,侧置盆景。

绕过屏风出后门,则碧绿更翠,嫣红更浓。

只见菊花宁黄,茶花雅丽,玉兰高洁。老树枯枝向苍天,凌空遒劲;新藤嫩绿攀朱阁,轻曼舒卷。院廊下慢行,各式门洞框中见如画风景,景中风吹影动,浮在粼粼波光中。蓦然回首,方觉自己早已在画中。几番出画入画,流连忘返于园林风情……所谓风情,有风自有情;所叹风月,清风徐徐而云去月来。溶溶月光下,看幽竹疏狂,听青松长啸,闻暗香潜至,叫人心清而又神醉。

以上分明看到,中国园林的园景主体是浓缩的自然景致,配以亭台参差、廊房婉转,创造了一个可居、可游、可赏的诗意栖居空间,在有限的范围内通过凝练景境的空间意匠,取得"视觉无尽"的效果而喻指无限,配合一年四季的景色变换和空间上的步移景异,达到一个诗情画意的艺术天地(图 3.22—图 3.28)。

### 3.2.2　诗韵浸染的园景领悟

中国园林之美,美在余韵不尽的"诗学意境"。游赏中国园林,可探得"蝶欲试花犹护粉,莺初学啭尚羞簧"[2]的细致,探得"苍

图 3.22 青石嶙峋,花树嘉繁,梅影袅娜,柳烟飘逸

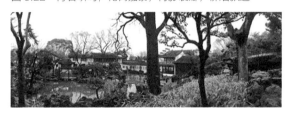

图 3.23 可居可游可赏的生活空间,诗情画意的艺术天地(留园一景)

图 3.24 碧绿更翠,嫣红更浓

图 3.25　以桥凌波，以树显林（拙政园一景）

图 3.26　老树枯枝向苍天，凌空遒劲（沧浪亭一景）

图 3.27　门洞框中如画风景（艺圃一景）

图 3.28　亭台参差、廊房婉转（拙政园一景）

松翠竹真佳客，明月清风是故人"[3]的分明，探得"江山如有待，花柳更无私"[4]的真切，探得"美人无凡骨，顾影清溪曲"的深刻。流连于"涵青亭"[5]，回味"拥翠"[6]题刻的主题；忘返在"浮翠阁"[7]，浮想"墙外青山横黛色"[8]之意境；蹬踏"一梯云"[9]，意想踩云驾风；步及"闲吟亭"[10]，可以闲庭咏吟。"吾爱亭"[11]边伊人无觅，"舒啸亭"[12]里洒脱有凭。"与谁同坐轩"[13]中，此时能与谁相坐同看明月、共听清风？园林之美飞舞在"闻香问梅、待云听雨[14]"的遐想中，奔流在"风月无价、山水有情"[15]的感怀中，凝结在"集虚观静[16]、通幽入胜"[17]的哲思中……

中国园林志清意远，感古怀今。在"兰雪堂"前想李白之"独立天地间，清风洒兰雪"[18]；于"远香堂"边思周敦颐之"香远益清，亭亭净植"[19]。坐"山水间"阁，回忆欧阳修《醉翁亭记》[20]；见"闹红一舸"景，吟诵姜夔《念

奴娇》[21]。心情悠悠，感受"闻妙香室"里杜甫曾"灯影照无睡，心清闻妙香"[22]，感受"雪香云蔚亭"里苏轼曾"花间置酒清香发，争挽长条落香雪"[23]，感受"受月池"边李商隐"池光不受月，野气欲沉山"[24]的落寞，更想象李白"举杯邀明月，对影成三人"[25]的小酌和张若虚"江畔何人初见月，江月何年初照人"[26]的感慨。

再回头游赏，看那竹青倚粉墙，落红坠白石，轩屋窗前闻菊，书房门外听荷，谁知其中究竟几分天意？几分人情？于是，中国园林的美在"庭院深深深几许"[27]的幽邃中蕴含，在"小园香径独徘徊"[28]的独处中领会，在"掬水月在手，弄花香满衣"[29]的行为中释放。

中国园林"本于自然"又"高于自然"，与中国诗学意境相同脉搏。"诗境"本于自然，则在造园中讲究"师法自然"，追求宛若天开，故石有参差、树有疏密、藤有屈伸、路有曲折……"诗境"高于自然，则造园"师法

自然"绝非照搬自然，而是石之参差含法理、树之疏密藏意蕴、藤之屈伸有节律、路之曲折显静幽……有的园林仅尺幅天地，也同样生机盎然，一切皆因园林兴造乃是天生丽质又加粉黛巧施，是有比兴与寄托的艺术，是诗心人意拟合天然的幻化，故令人浑然忘我。

中国园林，在"与菊同野、与梅同疏、与莲同洁、与兰同芳、与海棠同韵"[30]的诗意神交中寻到了自己的心迹，正是有了诗的情怀和哲思才造就中国园林这个代代相传的美的家园，就在那丘壑草木的感染中，展示出中国人的独特诗意气质从来一脉相承，中国园林之美就是这无尽的"诗境"。

### 3.2.3　诗境伴随的园林发展

中国早期园林是皇家帝王园林园囿，以"娱神"和"游猎"活动为主，至先秦两汉时期表现为宫室楼阁为主的皇家帝王宫苑。然而，特定文化意义上所讲的中国园林始于魏晋南北朝时期富于诗情画意的"文人园林"之产生。

#### （1）魏晋山水诗和山水园融合，开启了中国园林"诗词意境"的自觉追求

魏晋南北朝时期，士族大夫高逸清谈，向往自然野趣，于是在自然山水间修建宅园，宅园中凿渠引水、穿池筑山，成为山居别业。士族大夫从此成为造园的主流，他们于其中避嚣烦、寄情赏、啸傲烟霞，产生对自然的审美自觉。此种山水审美意趣也影响到寺庙园林，如东晋慧远在庐山创建东林寺，在寺内"清泉环阶，白云满舍。……森树烟凝，石径苔生"[31]。

士族大夫以及为其造园者多有着高深的文化修养和艺术审美能力，在游览中竞相吟咏，自然山水作为审美对象成为诗歌散文的创作题材，导致山水诗（画）文化的兴起，这是一个"文学的自觉"[32]时代。文思与山水审美自觉同步，山水诗赋兴起，谢灵运《山居赋》、石崇《金

谷园序》、潘岳《闲居赋》等，对后世的造园创作艺术和思想发展都有很深的影响。

山水诗赋兴起，山水园林也并行而出，以山居别业为代表渗入山水诗赋文化，幽远清悠的山水诗（画）和潇洒玄远的山水园林互渗，使自然和文化在园林中紧密地结合，突破了以前园林主要是帝王宫苑的藩篱，从此开创了中国园林讲究"诗词意境"的新时期。

#### （2）唐宋诗词歌赋与园林结合成为中国造园的普遍法则

唐、宋时期是中国文化的极盛期和成熟期，也正是历史上诗词艺术发展的高峰期，有丰富的成果流传于世。相应地，当时的园林主要是为园主邀朋会友、饮酒赋诗的一种赏心悦目的活动场所，园林里充满了思想哲理和浪漫诗情，如王维的"辋川别业"、裴度平的"桥庄"、白居易的"庐山草堂"等。

"辋川别业"是其中的典型，其主人是唐代山水诗杰出代表王维，他诗、画、园兼长，有"空山新雨后，天气晚来秋"[33]等名作，被后世苏轼赞誉"诗中有画、画中有诗"。在"辋川别业"中，他借斤竹岭、辛夷坞、华子冈等山川景物抒情，"飞鸟去不穷，连山复秋色"[34]，又如："檀栾映空曲，青翠漾涟漪"[35]，使园居构成了一种寓情于景、清涵脱俗的韵味，以主人的诗歌笔墨使居住园林表现出非局限于园林本身面貌的人的心灵境界和生命情调。除此之外，"辋川别业"内部的园林建筑营造也颇富诗化意境，例如其中有个"竹里馆"诗曰："独坐幽篁里，弹琴复长啸；深林人不知，明月来相照"[36]。这里已经可以看到诗、园相融影响到造园艺术理论，如后世计成《园冶》中的"逸士弹琴"、"竹径通幽，松察隐僻"的源头可以推溯到"辋川别业"这里（图3.29）。

另外，在唐宋时期诗词文化的影响下，寺庙园林也充满诗情词韵，文人名流们到寺院观花、赏景、饮宴、品茗的情形，于唐诗宋词中

图 3.29　飞鸟去不穷，连山复秋色——唐·辋川别业

也屡见不鲜。

　　如此等等，唐、宋时期的园林都是以情韵胜，唐、宋时期抒情写意的园林所具有的独特的审美趣味成为中国造园的精髓。这其中，诗文歌赋升华了园林的意蕴，反过来园林又承托了文人雅士们的诗作意境，园林拥有了历久不泯的影响力，诗文歌赋与造园结合已成为中国造园的自觉艺术行为，并上升为造园的基本法则和重要理论，一直延续贯穿至元、明、清的造园历史。

### （3）明清两代园林以诗画情趣意境为创造主题

　　明、清时期，造园更重诗画情趣、意境创造，成为我国封建社会造园艺术发展最后的高峰。特别是江南文人园林，以浓郁的诗情画意著称，通常是在有限大小的宅院中，凭精湛的造园技巧和雅致的艺术格调，平中求趣、拙间取华，以精炼细腻、含蓄蕴藉的写意化造景手法，赋有自然神韵，达到"芥子纳须弥"[37]式的人间别境之效果，其关键在创造一种清涵、超逸、空灵而隽永的"诗境"。

　　这都是因为江南出现一批杰出的文人雅士，他们身兼文人、画家、造园家于一体，能诗能文又能画，将大自然的山水景观提炼到诗画的高度，转化为园林空间。并且，文人雅士在城市中大量建造的这些饶有山林之趣的园林，它们园宅合一，追求的是生活中有山水林泉之乐，形成了著名的"城市山林"。留存至今的宋代苏舜钦的"沧浪亭"、明代王献臣的

"拙政园"、无锡秦耀的"寄畅园"等著名园林，都是居住在城市中又得湖山自然乐趣，此所谓"不出城郭而获山林之怡，身居闹市而有林泉之乐"，反映出人与自然相和谐的高度的居住文明。另外，清代皇帝也有较高的汉文化诗学修养，全面吸收江南文人园林之诗画意境，使清代皇家园林既具备恢宏气势，又不乏婉约优雅的韵致。

　　以上表明，清代时诗学艺术于造园中有了更大的影响，诗学艺术被大量地运用到造园艺术之中，所以今天在我国现有的园林遗产中，开启任何一座园门，莫不是诗意扑面、触景生情，诗句楹联、匾额壁题，俯仰皆是，处处流动着诗情诗韵。最终，中国园林不仅仅是物质感官层次的休憩娱乐场所，更包含了精神上心灵上深层次的文化审美信息，这些深层信息可以从中国诗词艺术中提取，诗词艺术一直伴随中国园林艺术发展，成为东方文化的一大特色。

## 3.2.4　各具旨趣的园林意境

### （1）兴意寄托、文雅清旷——文人园林

　　先看苏州同里"退思园"，园林虽小，但春、夏、秋、冬各景俱全，琴、棋、诗、画各艺皆备。"坐春望月楼"前踏月，见春花娇妍欲语；"桂花厅"中品茗，闻金桂香馨笼罩；"岁寒居"内围炉，松竹梅相伴，更有那"琴房"可供焚香操琴，"揽胜阁"上扶栏学画。水园月洞门题额"云烟锁钥"，正是对这个水园景色的冷寂清远意境的概括。"水香榭"悬挑水面，可俯视倒影，可下观游鱼。该园切合姜夔《念奴娇·闹红一舸》词之意境，有称"闹红一舸"之石舫，半浸碧波，船头红鱼游动，点明"闹红"之趣（图 3.30）；还有"菰雨生凉"轩，乃取"翠叶吹凉，玉容销酒，更洒菰蒲雨"[38]意境，周植荷花菰蒲，芦苇摇曳，轩南植芭蕉棕榈，轩内凉风习习，荷香阵阵，有"冷香飞

图 3.30　退思园"闹红一舸"石舫——姜夔词意境

上诗句"[39]之妙趣，当天雨淅沥之时，荷叶、菰蒲、芦苇、芭蕉、棕榈都成了奏乐的琴键。

以上就是中国园林的一种重要代表形式——"文人园林"之一例，其审美特点是在接近自然中寄托园主人清旷超脱的思想，在物质环境中寓藏着丰富的内心世界，格调含蓄蕴藉、清新高雅。其主人往往是兼诗人、文豪、画家、书法家等于一身的雅士。有道是园林兴造"三分匠人，七分主人"，文人雅士直接参与造园，把园林推向了饶有书卷气质的、高浓度的诗画意境，"文人园林"以饱含中国文化精神而成为中国园林的代表。

"文人园林"蕴含主人"修身治国"的理想，更是主人信守"内圣"之道的寄托场所。"文人园林"主人大都受到儒家文化的熏陶，"修身齐家治国平天下"始终是文人雅士崇高的追求，故而有网师园"天心资岳牧，世业重韦平"[40]的对联；当文人雅士们"外王"理想被现实粉碎以后，便信守"内圣"之道[41]，于城市中作"中隐"，从官场遁入"城市山林"，所以文人园林更散发出陶渊明的《归去来兮辞》

意境。

许多名园就产生于文人雅士的意境寄托。他们容膝自安、隐而自得，从而化作"半园"、"曲园"、"残粒园"等园；以松竹为友，培养云水风度、松柏精神，从而化作"留园"、"拥翠山庄"、"环秀山庄"、"听枫园"和"畅园"；或作尘外之想、壶天自春，从而化作"祇园"、"弇州园"、"壶隐园"、"壶园"；又或娱老怡亲，从而化作"怡老园"、"怡园"。沧浪濯水，乃有"沧浪亭"；江湖垂钓，又有"网师园"；春风南亩，请到"艺圃"；夫妇偕隐，则"握月担风好耦耕"在"耦园"[42]（图 3.31）。

文人园林中可以找到文人雅士们的诗兴词意。他们自嘲"拙者之为政"，便解事归田，故有拙政园东部园额"归田园居"，更可到拙政园之"与谁同坐轩"感受"清风、明月"[43]（图 3.32）；洗却俗尘，则不忘网师园"濯缨水阁"，既来到网师园，还应到"月到风来亭"处欣赏"晚色将秋至，长风送月来"[44]的美景（图 3.33），再从网师园"可以栖迟"门额[45]，追想文人雅士"衡门之下，可以栖迟"的安贫乐道。超凡脱俗，怡情山水，则到耦园"无俗韵轩"和"山水间"醉饮；心游空寂，请到留园"自在处"自由自在，还不妨在"濠濮亭"里效法梁简文帝的"濠濮间想"而向往"无名、无己"的逍遥；向佛听禅，到沧浪亭"印心石屋"里揣摩无量佛法，也可在留园"亦不二亭"

图 3.32　与谁同坐？明月、清风、我（苏轼词意境）——拙政园"与谁同坐轩"

图 3.31　握月担风好耦耕（沈秉成诗之意境）——耦园

图3.33　"晚色将秋至，长风送月来"（唐韩愈诗之意境）——网师园"月到风来亭"

里寻觅"无住、无执"的境界。

"文人园林"的魅力来自其诗境隽永。从怡园"锄月轩"的"自锄明月种梅花"[46]轩额，看到陶潜的"带月荷锄归"[47]和戴叔伦"披云朝出耕，带月夜归读"[48]；而怡园"藕香榭"楹联"古今兴废几池台，……美景良辰，且安排剪竹寻泉……；重来天地一稊米，……朝吟暮醉，又何知冰蚕语热……"的对联，不由让人寄傲养志，顿悟人生。

概括言之，"文人园是主观的意兴、心绪、技巧、趣味和文学趣味，以及概括创造出来的山水美"[49]，文人园林是具有诗、书、画三绝的中国文人所"写"的"地上之文章"[50]，它的魅力源于文人雅士的人格精神和主体情致，置身其间，"仿佛置身于深山幽谷、穿行于桃源阡陌"（曹林娣.2005）。它将自然山水浓缩于住宅之中，是园宅合一、人与自然和谐相处的典范，是可居、可游、可赏的人类理想家园。文人园林里的亭台楼阁、山水花木、曲廊小桥、陈设铺地、匾对书画，无处不浸润着文人意象、诗画意境，在诗学文化背景下创造着诗一般的美妙境界。

## （2）大气至尊、移天缩地——皇家园林

若从公元前11世纪周文王"灵囿"算起，直至最后一个皇家园林清代颐和园，皇家造园历史最久，长达三千多年，并且在"文人园林"

出现以前，皇家园林是造园活动的主流。皇家园林呈现如下特征及相应表现手法：

1）"大气至尊"的皇权风范

"九天阊阖开宫殿，万国衣冠拜冕旒"[51]诗句恰说明了皇家园林宫苑表现出的不同一般的气派与风范，因为主人的特殊，凸显至尊皇权构成了历代皇家园林的"意境"重心，主要依靠以下三种方式。

首先，建筑的典丽华美。秦代园林宫苑的富丽堂皇，可从《阿房宫赋》"五步一楼、十步一阁"的描绘中想象；汉代未央宫亦是"宫馆复道，兴作日繁"；隋唐时期的皇家宫苑的建筑更壮美华贵、金碧辉煌；至清代，皇家园林艺术发展到一个高峰，许多重要园林建筑特地以"大式"做法来突出雍容华贵的皇家地位，例如避暑山庄中的外八庙，清漪园和颐和园显要部位的前山和后山的中央建筑群。

第二，占地规模的宏大。据记载最早的皇家园林周代文王的"灵囿"方圆35公里；汉代"上林苑"广150余公里，囊括了长安城的东南、南、西的广阔地域；隋唐皇家园林有三大类，即大内御苑（长安禁苑、洛阳西苑等）、行宫御苑（曲江、九成宫等）、离宫御苑（华清宫等），都呈现空前的数量与规模，如洛阳西苑周5公里，长安禁苑南北、东西各16.5和13.5公里，显示出泱泱大国气概；北宋时的东京艮岳规模逊于隋唐，但规模仍达"山周十余里"；元代造园活动减弱，但修建的御苑"太液池"也"广可五六里"；明代在此基础上扩建成南海、北海、中海；清代以降，兴起皇家造园热潮，其中用地最大的避暑山庄达564公顷，把北国山岳、塞外草原和江南水乡的风景名胜荟萃于一体，构成巨幅山水画中堂（图3.34）；而北京的"三山五园"[52]，每个占地都在百公顷以上，它们互相借景，把"三山五园"之间的20平方公里的环境串连成整体的园林集群，形成"远近胜概，历历奔赴"[53]

图 3.34　巨幅山水画中堂——承德避暑山庄

的旷达景深，呈现出地广景繁的皇家气派，一言蔽之正可谓——"台榭参差金碧里，烟霞舒卷图画中"[54]。（图 3.35）

第三，施展浓重的象征手法寓意至高皇权。早在秦汉时期，"一池三山"的象征模式已为皇家宫苑所用；皇家园林里的配置和做法，如仙山琼阁、梵天乐土、文武辅弼、龙凤配列、银河天汲等，既是配合儒、道、释精神在造园艺术上的反映，也象征皇权；清雍正、乾隆时期，皇家园林中更广泛地运用象征手法，例如圆明园整个园林布局模仿全国版图，象征着"普天之下莫非王土"[55]，许多景点和景名如"正大光明"等都有明显寓意，特别是后湖的重点景观"九洲清晏"，以九岛环列象征"禹贡九洲"的江山一统。

2）大力提升文人式园林意境

"西窗正对西山启，遥接尧峰等咫尺"[56]，乾隆这个题诗表明，地位显贵的皇家园林其艺术思想却以文人趣味为标杆，以充满诗情画意为崇尚。早在魏晋南北朝文人园出现后，皇家园林就开始跟随转向追求文人意趣；唐代皇家造园已广泛吸取文人园林的艺术情操；至宋代，宋徽宗本人就是杰出的画家，由他主导兴建的皇家御苑"艮岳"与诗画结合得更紧密，以诗见情、因画成景；至清代，皇家造园即更广泛地追求文人园林诗情画意，表达对清幽生活的向往和对历史上隐逸高人的仰慕，如圆明园的"武陵春色"、"山高水长"、"濂溪乐处"等，承德避暑山庄的"濠濮间想"、"香远益清"、"水流云在"、"知鱼矶"等，颐和园的"意迟云在"、"邵窝殿"、"云松巢"、"兰亭"等。

皇家园林追求文人式园林意境可分为两个层次：

一是引进和仿造文人园林。清代皇家园林大量引进游廊、桥舫、粉墙、漏窗等江南园林建筑手法。有的直接仿建某江南名园，例如圆明园内的安澜园仿海宁陈氏偶园，长春园内的茹园仿江宁瞻园，颐和园内的谐趣园仿无锡惠山的寄畅园。实际上，也并非单纯仿造，而是在获得文人艺术精神后"略师其意，就其自然之势，不舍己之所长"[57]的艺术再现，例如避暑山庄湖区主景金山亭再现了镇江金山格局，西苑琼岛北岸的漪澜堂再现镇江北固山的

图 3.35　台榭参差金碧里，烟霞舒卷图画中——颐和园

"江天一览"胜概。

二是更高层次的艺术创造。即再创作如同文人园的意境主题，例如清代皇家园林里，皇帝往往通过题署"景"名来组成多样的意境，这是皇帝将自身置于江南文人精神情趣中的再创造，例如乾隆皇帝题署了圆明园的"方壶胜境"、"香远益清"等四十景，其中如"坦坦荡荡"一景吸取并再创了如同杭州西湖"玉泉观鱼"的鱼泉相戏、悠然自得的主题；而"坐石临流"一景则以三面筑山、一面引瀑为小溪的布局，再创了浙江绍兴兰亭"曲水流觞"的意境；此外，清漪园的长岛"小西泠"一带，是追随扬州瘦西湖"四桥烟雨"的意境主题的再创造。

清代皇帝深得中华诗学文化之精神涵养，有着较高的艺术审美见解，康熙曾说"度高平远近之差，开自然峰岚之势"[58]，而乾隆更以"山水之乐、不能忘于怀"而经常题墨咏诗，说"物有天然之趣，人忘尘世之怀"[59]，还阐述"山无曲折不致灵，室无高下不致情"[60]园林设计原则。在他们推动下，皇家园林大大开拓了艺术创作领域，堂皇典丽的皇家园林亦有"一树一峰入画意，几弯几曲远尘心"[61]的自然艺术魅力和清新素雅的诗画情趣，使皇家园林和文人园林获得了比以往更大程度的统一，共同表现了追求诗词意境的中华主流文化观念。

### （3）云天高远仙界、清幽空灵神境——寺庙园林

"清晨入古寺，初日照高林。曲径通幽处，禅房花木深。山光悦鸟性，潭影空人心。万籁此都寂，但余钟磬音"[62]，唐代诗人常建这首诗所表达出的清幽明净的气韵、静谧空灵之意境正是禅宗寺庙园林的写照，由此看到中国园林中独树一帜的一类——寺庙园林。

寺庙与宗教相连，中国传统三大教派"儒、道、释"中，"道"和"释"才被认为是真正的宗教[63]。"道"和"释"作为一种宗教形式，都追求"仙界神境"的宗教气氛，借高远或清幽的寺庙园林环境来描绘天堂与佛国的形象，起到澄洗凡尘俗念、收摄人心的宗教效果，故寺庙多筑于山川之中，即所谓"深山藏古寺"。例如道教以青山为神仙所居，有十大洞天、三十六小洞天、七十二福地的"洞天福地"之说，均系我国著名山岳和洞崖的雅称；"释"在中国渗入了道的避世和儒的隐逸而形成禅宗、密宗、天台宗等各种流派，也以寄情山水、崇尚自然为风雅。

中国人对于理想环境模式的表达，最早借诸神话传说，后来主要靠文学作品，现实中对理想环境模式的表达莫过于园林，由于寺庙园林具有很高的选址自由度和非功利性特征，故它是相对最接近理想环境的表达。于是，在白云深处、稠木丛中时有"碧瓦高阁"，寺庙就是利用山水绝胜之地，悉心营造特殊景致，加上从不缺席的中国诗学文化的解景和点悟（包括寺庙内各种让人濠思涧想、豁然顿悟的楹联、题额等），最终产生了"山河扶绣户，日月近雕梁"[64]的道观园林和"疏钟清月殿，幽梵静花台"[65]的佛寺园林，其情与山水交融、共云天高远，其意寻清幽空灵、求澄净心缘，其景显生趣盎然、集香客赏游，形成了别具一格的特色。

寺庙园林以特定环境结合诗学表达，大体上显示出如下三种特色意境。[66]

1) 山水交融、云天高远的仙界神境

一些寺庙，尤其是道教寺庙选取地理环境险峻奇绝之地，耸立在雄伟峰峦之上，或凌空在险胜崖畔之边，这里云雾萦绕、气象万千，形成超绝凡尘的景观。峰峦上的寺庙以建筑轮廓造型，配合园林地形起落，构成优美的天际线，自身也成为风景构图重心和从外围环境观拜的视觉与精神中心，金碧辉煌的寺庙与变幻无常的云海霞光映衬更增添神秘奇幻的气氛，就这样创造了山水交融、云天高远的"仙界神境"。

例如武当山太和宫，就建在众峰拱拥、直插云霄的武当山最高峰——天柱峰的绝顶上，依据天险，借其峻险而达到肃穆庄严、大气磅礴的效果，形成独步云天的威严，表现出"飞兔历览万山小，盘礴今看此地雄"[67]的雄壮神境（图3.36）。

又如镇江甘露寺，建于北固山后峰上，山体濒临长江，形势险固，山壁陡峭，气势雄伟，甘露寺坐落在这三面绝壁、一面临江的带状峰巅上，营造出外借（眺望）四周远景"潮平两岸阔，风正一帆悬"[68]的审美环境（图3.37）；同时从外围环境反观之，也创造出"寺镇山"[69]的整体天际线效果，形成"丹阳北固是吴关，画出楼台云水间"[70]和"川涛观海诺，霜磬入江濆"[71]的浑然画境（图3.38）。

有的寺庙为达瑰险绝胜目的，尽使奇招，如四川省江油市窦圌山云岩寺，李白少年时曾游此山，题下"樵夫与耕者，出入画屏中"诗句。在寺后三峰的峰尖上各有古庙一座，名东

图3.39 飘渺得仙梯——窦圌山顶云岩寺

岳、窦真、鲁班，风光险绝，崖下峭壁如削，三峰唯有一峰有险路可登，余下二峰皆以铁索悬桥勾连，构成了峰巅仙阁的奇险寺庙景观，因此云岩寺大殿前的槛联描绘得十分精彩：

飘渺得仙梯过眼云烟都是幻，逍遥齐物理行天日月本无私[72]（图3.39）

更有的寺庙直接横断于悬崖陡壁之侧，凌悬于嶙峋山岩之上，其险绝之势上空下虚，可谓极致，借助自然险绝，适量建构亭榭，俯视崖下，令人心障目眩，构成了奇绝景观，使人怵目惊心又心旷神怡，创造出"仙山琼阁"的宗教境界。典型的如山西浑源县悬空寺，建在翠屏山悬崖上的悬空寺是释、道、儒三教合一的寺庙，据《恒山志》记载，悬空寺原名"玄空寺"，取道家之"玄"、佛家之"空"，形貌楼阁而得名。寺院殿宇楼阁嵌在陡崖上，间以栈道相连，整个寺院，巧借岩石暗托，依崖壁凹凸，上倚危峰，下临深谷，审形度势，凌空而构，宛若"天宫楼阁"，显出独特意境（图3.40）：

图3.36 飞兔历览万山小，盘礴今看此地雄——武当太和宫

图3.37 潮平两岸阔，风正一帆悬——北固山甘露寺鸟瞰

图3.38 画出楼台云水间——"寺镇山"效果

图 3.40　凌虚构梵宫——恒山悬空寺

谁凿高山石，凌虚构梵宫，
蜃楼疑海上，鸟道没云中[73]

2）清幽空灵、澄净心缘的修行天地

不同特色的风景地貌，给寺庙园林提供了不同特征的构景素材和环境意蕴，与"云天高远"相比，更多寺庙园林采取"清幽空灵"的环境特色，选址在山深林静之处甚至洞穴之中，古木藤萝荫翳，环境深邃秀丽、清幽淡雅，以利于"澄净心缘"之修行。

如四川青城山，有"青城天下幽"的美誉，"苔深不雨山常湿，林静无风暑自清"[74]（图3.41）是其清幽脱俗的写照，道教寺庙群借此环境，隐蔽在繁茂的山林中，因山就水，寺内多池清水碧、莲映霞色、鸟鸣昼荫，使人荡气涤怀，怡神爽心，杂思顿滤，达到超脱凡境的隐居修行效果，有诗联为证："栽竹栽松，竹隐凤凰松隐鹤；培山培水，山藏虎豹水藏龙"[75]。

又如雁荡山合掌峰之中有一观音洞，被誉为雁荡山第一洞天，高113米，深76米，宽14米，在洞外观之，只见天然洞府而不见寺，实则观音寺即藏于洞府中，依岩构筑九层楼阁，寺庙藏于洞府中取得清幽氛围，又具奇诡神秘的特色，有邓拓富于佛理之诗曰："两峰合掌即仙乡，九叠危楼洞里藏，玉液一泓天一线，此中莫问甚炎凉"[76]。还有北京香山的碧云寺，掩映在浓荫蔽日的山坡上，清幽的寺庙园林环境被誉为："西山一径三百寺，惟有碧云称纤浓"[77]。

另外，如王维的"惟有白云外，疏钟闻

夜猿"[78]；钱起的"清钟扬虚谷，微月深重峦"[79]；刘长卿的"苍苍竹林寺，杳杳钟声晚"[80]；李白的"霜清东林钟，水白虎溪月"[81]；杜甫的"晨钟云外湿，胜地石堂烟"[82]……，不胜枚举的很多诗句，都显证和强化了寺庙园林的幽深空寂的修行环境特色。

3）生趣盎然、香客汇集的游赏空间

中国没有产生像印度教的梵天、湿婆之类神秘恐怖的观念和信仰，禅宗的出现更表明了信仰与生活可以统一起来，寺庙以宫殿形式建造，既显示了天尊佛祖的尊贵，形象化展现了佛国的富饶安乐，同时又从另一个角度理解，神的居所与人的居所一致，表明乐土也在现世人间。东晋僧人慧远法师在东晋太元年间（376～396年）于庐山创建东林寺，就是一个"却负香炉之峰，傍带瀑布之壑；仍石垒基，即松栽构，清泉环阶。白云满舍。……森树烟凝，石径苔生……"[83]生趣盎然的乐土环境，成为我国佛寺园林走进山林，既是仙界神境，也是生趣盎然、香客汇集的游赏空间的代表。

《洛阳伽蓝记》描述当时北魏洛阳城内外的许多风景寺庙园林：如景乐寺"轻条佛户，

图3.41　苔深不雨山常湿——青城天下幽

花蕊被庭"；正始寺"高林对牖，连枝交映"；永明寺"庭列修竹，檐拂高松，奇花异草，骈阗阶砌"。可见，在自然风景秀佳之处建寺，于寺中植卉栽葩组成生趣盎然的游赏空间的寺庙园林历代不息。

与私家园林和皇家园林不同，寺庙向广大香客信徒开放，因而寺内有诗画琴棋、书法茶道，特殊日子还有音乐舞蹈、商市戏社等。《东京梦华录》中记载了京师居民到开放的佛寺探春消夏，访胜寻幽，所见皆是："万花争出，粉墙细柳，斜笼绮陌；香轮暖辗，芳草如茵；骏骑骄嘶，杏花如绣；莺啼芳树，燕舞晴空；红妆按乐于宝榭层楼，白面行歌近画桥流水"（宋·孟元老）。故多数寺庙基本上都由宗教建筑空间和寺内园林空间两大部分组成。寺庙为兼顾广大香客的游览赏景需要，在确保主殿庄严肃穆的宗教气氛前提下，以两大部分组织成相互渗透、连续和流动的寺庙空间，使其宗

教的肃穆与人间的愉悦相结合，并且寺内又和寺外环境空间有机联系在一起。如苏州阊门外的著名寺庙西园，人们以园称寺名，因为其园著名，全寺布局东为规整的寺庙建筑空间，以体现其肃穆的宗教功能，西为园林空间，成为广大信徒香客游赏的名胜佳处。

中国园林以其万千佳韵和特殊气质，被称为是"一首凝固的诗，一幅立体的画"。中国园林之美，不仅体现在那些孤立的亭台楼阁形式之飞动典雅，树木之古朴婆娑，水石的雄秀多姿，而且更体现在它的整体空间意象的内涵和传统文化背景的魅力，一切令人尘虑顿消，这一切均是诗化了的，在中国园林中时时能发现感人之"诗情画意"，使中国园林不论是形式还是意义上均独树一帜。一言概之，中国园林就是"诗境"的化身，充分体现了中华民族优雅的生存智慧，集中蕴含了中国诗学文化的幽情与壮彩。

## 注释

[1] 此为世界遗产委员会对苏州园林的评价。引自衣学领. 苏州园林：如诗如画. 理想家园 [J]. 中国经济信息，2008,10.

[2] 苏州留园对联，语出郑板桥.

[3] 苏州狮子林立雪堂对联.

[4] 苏州拙政园与谁同坐轩对联，取自杜甫所作诗句.

[5] 涵青亭又名钓鱼台，位于拙政园.

[6] 苏州园林拥翠山庄，位于虎丘二山门内西侧，占地一亩余，依山筑园.

[7] 位于苏州拙政园.

[8] 苏州留院清风池馆有清代杨沂孙联："墙外青山横黛色，门前流水带花香".

[9] 苏州留园明瑟楼南假山，镌有"一梯云"三字，"梯云"，即以云为梯。取唐·郑谷《少华甘露寺》诗句"饮涧鹿喧双瀑水，上楼僧踏一梯云"之意.

[10] 苏州园林沧浪亭内假山的东麓有亭曰闲吟亭.

[11] 位于苏州耦园东部，当初沈秉成夫妇造园隐居，蕴涵人间连理情意长的意境.

[12] 是苏州留园西部假山上"至乐""舒啸"二亭之一，假山漫山枫林，高出云墙.

[13] 苏州拙政园西园里小轩，依水而建，意境取自苏东坡词句"与谁同坐？明月、清风、我".

[14] 分别为苏州狮子林问梅阁和拙政园听雨轩之景观意境.

[15] 苏州沧浪亭槛联诗境："清风明月本无价，近水远山皆有情"，此联更是一幅高超的集引联，上联取自于欧阳修的《沧浪亭》，下联取自于苏舜钦的《过苏州》，契合在一起相映成辉.

[16] 苏州网师园有"集虚斋"，意境取自《庄子·人间世》"惟道集虚，虚者，心斋也"，即指只有修持真道，才能至虚静空明的境界，才能使自己成为完全保持自然性的人.

[17] "通幽""入胜"，拙政园门洞题额，指渐入佳境、通向幽胜。取唐·常建《题破山寺后禅院》诗中"曲径通幽处，禅房花木深"诗句，揭示了一种静谧幽深的意境.

[18] 为拙政园东部花园一座三开间的堂屋，"兰雪"意境出自李白"独立天地间，春风洒兰雪"之句，象征着主人潇洒如春风、洁净如兰雪的高尚情操.

[19] "远香堂"位于拙政园中部花园的中心位置，前面小河种莲，后面水池植荷，风动荷开，取宋·周敦颐《爱莲说》中"香远益清"之意成为堂名.

[20] 苏州耦园在池南端构水阁，匾额："山水间"，取欧阳修《醉翁亭记》中"醉翁之意不在酒，在乎山水之间也。山水之乐，得之心而寓之酒"之逸兴.

[21] 苏州同里退思园内一船舫形建筑名"闹红一舸"，名字取自宋·姜夔《念奴娇》中词句。船舫水穿石隙，

潺流不绝，仿佛航行于江海之中，船头红鱼游动，点明"闹红"之趣．

[22] 苏州沧浪亭闻妙香室，意境取自杜甫诗句．

[23] 如宋·苏轼《月夜与客饮杏花下》之诗句，香雪，指花香、白色的梅花，古人常以"香雪"入诗，也成为苏州拙政园雪香云蔚亭的环境诗意内涵。

[24] 唐·李商隐诗句，言夜间池水映出很强的光泽，超过了月色，池光加月光，显出池水的亮丽，含此意境有苏州耦园"受月池"．

[25] 唐·李白《月下独酌》诗句．

[26] 唐·张若虚《春江花月夜》诗句．

[27] 宋·欧阳修《蝶恋花·庭院深深深几许》词句，一说最早为五代·冯延巳词句．

[28] 宋·晏殊《浣溪沙》词句．

[29] 唐·于良史《春山夜月》诗句．

[30] 苏州留园楹联，上联："读书取正，读易取变，读骚取幽，读庄取达，读汉文取坚，最有味卷中岁月"；下联："与菊同野，与梅同疏，与莲同洁，与兰同芳，与海棠同韵，定自称花里神仙"。上联讲读书，分别是《尚书》、《易经》、《离骚》、《庄子》和汉代诗文，各具特色，以不同方法读方可取其精粹。下联说赏花，分别指菊、梅、莲、兰和海棠，各有其品格，仔细观赏品味方得其妙趣，进入更高审美层次。此联融知识性、趣味性于一炉，工巧别致，令人赞叹．

[31] 唐·释道宣．高僧传·慧远传．

[32] 鲁迅语，于1927年发表著名学术演讲《魏晋风度及文章与药及酒之关系》时提出。也有学者认为中国"文学的自觉"早在西汉就开始．

[33] 唐·王维．山居秋暝．

[34] 唐·王维．华子冈．

[35] 唐·王维．斤竹岭．

[36] 唐·王维．竹里馆．

[37] 芥为蔬菜，子如粟粒，佛家以"芥子"比喻极为微小；须弥山原为印度神话中的山名，后为佛教所用比喻极为巨大。把一座高大的须弥山纳入一颗芥子之中，意指寓大于小．

[38]、[39] 宋·姜夔．念奴娇·闹红一舸．

[40] 清代"西泠八家"之一的陈鸿寿题网师园"竹外一枝轩"的对联，上联讲治国、下联讲治家。岳牧：传说尧舜时代的四岳和十二州牧的合称；韦平：西汉时韦贤、韦玄成与平当、平晏父子都相继为相，为世人所推重，后以此作为对贤相的代称．

[41] 儒家向来有"外王"和"内圣"两条路线，所谓"达则兼济天下，穷则独善其身"就是两条路线的浓缩说法。"外王"比较注重"通经致用"层面；"内圣"更加注重"修身养性"。

[42] 园主沈秉成与夫人严永华向往古朴的男耕女织生活，有偕隐的意愿，对此沈秉成有诗称："何当偕隐凉山麓，握月担风好耦耕"．

[43] 意境取自苏东坡词句"与谁同坐？明月、清风、我"．

[44] "月到风来亭"踞网师园彩霞池西岸水涯而建，三面环水，取意境于一说宋理学家邵雍的《清夜吟》："月到天心处，风来水面时。一般清意味，料得少人知"；一说取唐代韩愈"晚色将秋至，长风送月来"之意境．

[45] 取义《诗经·陈风·衡门》："衡门之下，可以栖迟"，意思是说，在简陋的木门下面，可以游息而流连．

[46] 语出自宋·刘翰．种梅．

[47] 东晋·陶潜．《归园田居》之三．

[48] 唐·戴叔伦．南野．

[49] 汪菊渊语．转引自曹林娣．"天人合一"的哲学命题与中国园林类型．网易园林．

[50] 语出自明·张潮．幽梦影："文章是案头之山水，山水是地上之文章"句．

[51] 唐．王维．和贾至舍人早朝大明宫之作．

[52] 即西面以香山静宜园为中心，中间是玉泉山静明园，东面是万寿山清漪园、畅春园、圆明园

[53] 乾隆．圆明园图咏

[54] 颐和园"藕香榭"的对联

[55] 诗经·小雅·北山

[56] 乾隆．圆明园图咏

[57] 乾隆．惠山园八景诗序

[58] 清·康熙．避暑山庄记

[59] 清·乾隆．静明园记

[60] 清·乾隆．塔山四面记

[61] 清·乾隆题倪云林《狮子林图》诗句．

[62] 唐·常建．题破山寺后禅院．

[63] "儒"因为"敬鬼神而远之"，一般不被认为是宗教。对于"道"，亦分两种情况，一指道学，实际是知识分子精神世界中与儒学互补的一面，这也不是宗教；一指作为宗教形式的道教，它形成于东汉，教义上追认老子道家哲学为正宗，以崇尚自然、返璞归真为主旨。"释"源自印度，东汉初传到中国后吸收儒、道两家文化，至唐后期开始演变为中国化的以玄学为本质的禅宗，经两宋和元以后出现儒、道、释三教合一的倾向并到明代大体完备。

[64] 唐·杜甫题洛阳上清宫诗句．

[65] 唐·储光羲．苑外至龙兴院作．

[66] 当然这是从分析意义上的论述，实际上大部分寺庙是三者甚至多者情况兼而有之．

[67] 明·白悦．题太和山．

[68] 唐·王湾．次北固山下．

[69] "三山景色之美，各有千秋：焦山以朴茂胜，山包寺，金山以秀丽名，寺包山；北固山以峻险称，寺镇山"。见陈从周．梓翁说园．北京：北京出版社，2004:158．

[70] 唐·李白．永王东巡歌．

[71] 宋·欧阳修．甘露寺．

[72] 著名书法家谢无量结合佛寺法理撰写的楹联．

[73] 明·王湛初．游悬空寺

[74] 青城山佚名题联，转引于杨帆．世界文化遗产：青城山与都江堰．

[75] 青城山前山圆明宫佚名题联．

[76] 邓拓．游观音洞．转引于吴胜明．邓拓的一首旅游诗[N]．北京晚报，2007,08-19．

[77] 全诗为："金风猎猎吹远松，青霞朵朵生残峰，西山一径三百寺，唯有碧云称纤侬"，作者不详．

[78] 唐·王维．酬虞部苏员外过蓝田别业不见留之作．

[79] 唐·钱起．东城初陷，与薛员外、王补阙暝投南山佛寺．

[80] 唐·刘长卿．送灵澈上人．

[81] 唐·李白．庐山东林寺夜怀．

[82] 唐·杜甫．船下夔州郭宿，雨湿不得上岸，别王十二判官．

[83] 唐·释道宣．高僧传 慧远传，转引于章采烈编．中国园林艺术通论[M]，上海：上海科学技术出版公司，2004,1:9．

# 3.3 诗境意蕴的中国传统聚落与城镇

"卷帘唯白水，隐几亦青山"，唐代诗人杜甫的这个诗句颇能反映出中国传统聚落和城镇的诗意栖居之美。的确，中国传统的聚落与城镇在与自然的和谐相处和人文精神追求中从来没有缺少过诗意，充分体现了中华农耕民族优雅的生存智慧，也即英国哲学家罗素在其《中国问题》中所说的"东方智慧"[1]。

## 3.3.1 诗文化培育的栖居佳境

一提到中国传统聚落与城镇，总不免浮现起优美恬静的画面。李白诗："经曲萋萋草绿，谷深隐隐花红；兔雁翻飞烟火，鹧鸪啼向春风"[2]为我们呈现了一个初春时节、掩映在草绿花红中的优雅环境。白居易诗："浦短斜侵钓艇，溪回曲抱人家；隔村惟闻啼鸟，卷帘时见飞花"[3]又为人们展示了一个临溪村落的诗画景观。宋代诗人陆游的诗句"山重水复

疑无路，柳暗花明又一村"[4]更将传统栖居推向一个极美的境地，整个村落和城镇都是这样一个重重有景、处处是画的可行、可望、可居、可游之园居佳境，生活于其中，就如同翻阅一本本诗卷。

住在北方村镇，可以"阅读"到"易水潺潺云草碧，燕赵乡炊孤烟直"的明朗诗卷；而居于江南传统水乡，品味到的就是"一枕暗香听橹声，寻梦无痕到江南"的朦胧诗韵（图3.42）；来到徽州地区，呈现出"碧树黄花紫烟翠，山映斜阳马头墙"之诗意盎然（图3.43）；而踏足西南山地，则是一番"丛林坡上楼吊脚，青山绿水到野村"的诗化景象（图3.44）；再看岭南村落，享受如此诗意栖居："雨打芭蕉，彩云追月，人醉荔枝红"……更不要说，陶渊明在《桃花源记》里描写的世外桃源般的诗意栖居田舍村庄，"土地平旷，屋舍俨然，有良田美池桑竹之属。阡陌交通，鸡犬相闻……并怡然自乐。"

在经过了风水师、文化乡绅等人依据自然格局精心选址、布局和有针对性的种种风水"补培壮显"措施，又经诗心独具的诗学点化，中华大地处处都有着这些以山水田园风光为背景，展现和谐环境和意境情感的诗意聚落村镇，它们打动我们的心迹，引发我们的栖居向往。

例如，历史上的徽州地区以山水竞秀而著

图 3.42　一枕暗香听橹声，寻梦无痕到江南

图 3.43　碧树黄花紫烟翠，山映斜阳马头墙——徽州民居聚落

图3.44　丛林坡上楼吊脚，青山绿水到野村——西南山地村落

称，这里崇尚耕读和重视风水，所以诗画般的聚落村镇不时呈现眼前，有诗记述："故家乔木识框楠，水口浓郁写蔚蓝；更着红亭供眺听，行人错认百花潭"[5]。就在这徽州黟县，有一聚落名"宏村"，背倚树木参天的黄山余脉雷岗山，面临蜿蜒而至的牛泉河，村内粉墙黛瓦、鹅鸭悠游，四面远有起伏的青山，近有浓荫的古树，村落景观时而如泼墨重彩，时而如淡抹写意，恰似山水长卷，构成了独特的神韵。最奇特的是整个村由风水师何可达规划成"牛"形结构：巍峨苍翠的雷岗山为牛首，参天古木是牛角，民居群宛如庞大的牛躯；从村西北抬高牛泉河引水入村，经九曲十八弯绕屋过户汇到村中月形池塘，形如牛肠和牛胃；月塘如一面明镜，将周围的宗祠建筑映衬得格外引人注目；水渠最后注入村南的湖泊，俗称牛肚，这里青山绿水，湖光云影，景观最美；又在绕村溪河上先后架起四座桥梁作为牛腿，历经数年，一幅牛形跃然而出乃历史文化遗产一大奇迹。别出心裁的"牛"形结构布局其实也是一个构思巧妙的村落水系设计，为居民生活、消防用水提供了天然自来水，而且调节了气温，创造了一种"浣汲未防溪路远，家家门前有清泉"的生活环境诗意（图3.45）。

徽州歙县唐模村沿溪水而建，整体布局匠心独运，印记了古代徽州人的风水与儒家忠孝文化。在村口按风水水口模式建有一座八角"沙堤亭"，拉开唐模村序幕（图3.46）。再经过表彰该村进士的"同胞翰林"坊后不远，则有一片水塘开挖相连的湖泊，这就是唐模村有名的水口园林——"檀干园"了，乃取《诗经》"坎坎伐檀兮，置之河之干兮"之诗意，园内遍植檀花，又有小溪缓缓绕流。相传整个檀干园是清初唐模村在外经商的许氏为孝敬其母并报答乡邻相助之恩而修建，他斥资挖塘成湖，垒坝成堤，模拟西湖景致修筑亭台楼阁、水榭

图3.45　浣汲未防溪路远，家家门前有清泉——徽州雷岗山下的宏村

图3.46　全村同在画中居——唐模村风水村口

长桥，园中亦有三潭印月、湖心亭、白堤、玉带桥等而又被称为"小西湖"，在四面环水的园中心"小瀛洲"有"镜亭"，便见湖中荷叶玉立、堤畔花径曲幽。再往村里走，溪水一直相伴，在村内路随溪转构成水街，带"美人靠"的敞廊沿街临水，可谓绝唱妙词一曲接一曲开弹。整个村落与美景相伴，生活诗意盎然，正如"镜亭"柱上著名楹联曰：

喜桃露春浓，荷云夏净，桂风秋馥，梅雪冬妍，地僻历俱忘，四序且凭花事告；

看紫霞西耸，飞布东横，天马南驰，灵金北倚，山深人不觉，全村同在画中居。

### 3.3.2　天人合一的风水规划

有什么样的聚落村镇之生成，有赖于什么样的规划营建思想作指导。英国著名科学史权威李约瑟（Joseph Need Ham）曾说："中国的田园、房屋、村镇之美，不可胜收，都可借此得到说明"[6]，他指的就是中国传统的规划设计指导思想——风水。所谓"风水"，乃是中国古代关于选择和布置人类居住环境处所的一种理论及方术技巧，内容涉及大至宏观的城镇聚落、小至房舍布置乃至家居内外环境及一切摆设，它又称"堪舆"，堪者，天道；舆者，地道，表明它是一门"仰观天文，俯察地理"的研究人与环境所有相互和谐关系的学问。

"风水"可溯源自华夏先民万年前就开始的栖居经验，相传黄帝时有巫师叫"青鸟子"专管风水，至夏朝有大禹治水得到风水师伯益相助的故事；殷商先秦时期，以周易为主导，有八卦、河图洛书、阴阳五行等诸子百家学说为哲学基础，风水理论开始奠基；两汉时期，风水理论有较大发展并使用了司南、罗盘；魏晋南北朝，以郭璞首次提出"风水"一词[7]为标志，风水与山水美学结合，形成"气说"、"形势说"、"方位说"等系统化理论；隋唐时期，全国大部分州、县选址都受风水理论指导；宋辽金元时期，风水著作繁多，风水术大盛；明清是风水理论大总结和广泛普及时期，上从皇家、下至百姓皆深入人心。中国传统规划营建学三大支柱是营造学、造园学和风水学。作为其支柱之一的"风水学"对应现在的规划设计学[8]，传统聚落城镇之所以成为诗意的园居，大多缘于"风水"作为一个天人合一为内核、诗情画意为外显的规划设计学之指导。

巴山蜀水中的聚落与城镇也正好是风水"用武"之地，例如国家历史文化名城、素有"阆苑仙境"和"巴蜀要冲"之誉的阆中古城，是全国现存最为完好的古城之一，因尽得中国传统风水理论要旨而被誉为"天下第一风水城"。阆中得名也与其风水地貌密切相关，北宋《太平寰宇记》说："其山四合于郡，故曰阆中"，意即周围山形似高门[9]，阆中城在其中故称阆中，表明因山得名；《旧唐书·地理志》说："阆水迂曲，经郡三面，故曰阆中"，意即城在嘉陵江[10]三面围绕之中故称"阆中"，表明因水得名。两种说法实际并不矛盾，阆中城就在阆山阆水之中，是一个典型的"枕山、环水、面屏"的风水地貌模式（图3.47）——嘉陵江在阆中段是一个优美的太极图形，古城就处于这大巴山脉、剑门山脉与嘉陵江交汇聚结处，三面迁水、四面环山，形成依山面水、俯临平原、左右护山环抱、眼前朝山案山拱揖相迎的山水形胜之地，特别是阆中市城南所对风水中的朝山、案山，因"花木错杂似锦，两峰连列如屏"被称为锦屏山，城市选址深契传统风水理论之"地理五诀"，即"龙、砂、穴、水、

图3.47　枕山环水面屏——阆中城风水图式

向"的意象，为城市增添了极大的美学色彩。

良好的风水，让阆中自古以来就是人文胜地，著名的风水大师选择在这里筑占星台、观测天象，大商巨贾云集于此，把阆中作为做生意和永久居住的吉地。早在唐代，阆中就开始了大规模建设，楼阁等建筑按风水效应所建，并点缀了城市景观，比如中天楼雄踞在古城纵横轴线的交叉点上，是古城的风水坐标，以应"天心十道"之喻；凤凰楼，是为填补凤凰山被铲平而建造的镇风水的高楼；而华光楼面对江南岸的南津关乃风水气口，建一高楼就能起到镇水的功效而聚气。整个城市楼阁连街巷，大院套小院，天井接天井，池台花木、回廊亭榭，故陆游在此留下了佳句[11]：

城中飞阁连危亭，处处轩窗对锦屏；（图3.48）

涉江亲到锦屏山，却望城郭如丹青。（图3.49）

自古以来，文人骚客咏唱阆中的诗句数不胜数，天然形胜加上文脉传承，阆中城经千百年来的经营发展，自然与人文景观相融，其山、水、城融为一体，锦屏隽秀，江水如画，古院深深，风景如诗（图3.50）——三面江光抱城郭，四围山势锁烟霞[12]。

### （1）风水秉承浪漫的自然审美观

风水在长期的儒、道、释等中国传统文化思想影响下，形成崇尚自然而浪漫的整体有机审美观，分析聚落和城镇基址的地质、水文、气候、气象、景观等一系列自然地理环境因素，

图 3.48　城中飞阁连危亭，处处轩窗对锦屏——古城与南面锦屏山风水对景

图 3.49　却望城郭如丹青——诗画中的阆中古城

做出优劣评价和选择，以及采取相应的规划和建筑措施来趋吉避凶，故风水理论非常注重对自然生态环境的保护，包括着重保护水体、山体，设立风水池、林等，以期在恬淡抒情的理想聚居空间中达到自然生态和人文社会的物质与精神系统之全面和谐，这是风水之诗意内涵的重要体现，并且集中体现在理想的"风水模式"中，理想的风水模式可从以下两则要诀来表示：

要诀一[13]：

背负龙脉镇山为屏，左右砂山秀色可餐；

明堂宽大形如龟盖，天心十道穴位均衡；

曲水冠带环抱多情，前置朝案拱卫相对；

气脉水口关锁周密，南向而立富贵大吉。

要诀二[14]：

前有照，后有靠，

青龙白虎层层绕；

图 3.50　三面江光抱城郭，四围山势锁烟霞——阆中风水全景

金水多情来环抱，

朝案对景生巧妙；

明堂宏敞宜营造，

点穴正位天心道；

水口收气连环套，

南北主轴定大要。

从中可以看出风水以"来龙、祖山、主山、人首、胎息、眉砂、外青龙白虎、内青龙白虎、朝山、案山、明堂、穴位、水口、方向、风水轴"等为构成要素，选择藏风聚气、负阴抱阳、背山面水的山水围合空间作为聚落和城镇的理想基址所在。基址背后即北向（玄武）有主山，其后更有连绵山体，是谓"来龙去脉"；东、西向有次峰或岗阜，称为青龙、白虎砂山，山上要有丰茂的植被；前有弯曲的流水或月牙形的池塘，曰"眠弓水"、"冠带水"，弧形外凸之水是五行中的金相，称"金水环抱"；水绕南向（朱雀）更有远山近丘的朝山和案山的对景，整个形势就这样以玄武垂头、朱雀翔舞、青龙蜿蜒、白虎驯俯、金水环抱、层层砂卫、朝案相对为佳。而基址"明堂"和中心"龙穴"恰好处在这个山水环抱之中，山清水秀，环境优美，重峦叠嶂，山外有山，极具自然气势；基址前有环抱水为景，波光水影，画面绚丽；以朝山和案山为对景，其间鸟语花香，风景如画。风水观念表达了中国人热爱自然美，并赋予自然美高度的文化审美价值（图3.51）。

## （2）风水显现人文比附的情感美内涵

不仅是自然美，风水还把自然与人文比附联系起来，寻求心理上的和谐与惬意，显现出情感美的内涵。风水有"取象三纲"之说，即"气脉、明堂、水口"三纲。其中"气脉"从地形地貌的"土厚水深，郁草茂林"等因素中生发，所谓"地有佳气，随土而生；山有吉气，因方而止"，把"气脉"与富贵贫贱的心理要求联系起来；而作主要建设用地的风水宝地即"明堂"乃众砂聚会之所、砂水美恶之纲，将

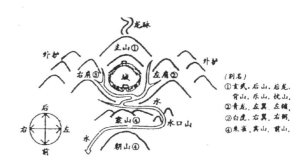

图3.51 理想风水模式

之与上通天、下接地的阴阳之枢纽即房舍建设用地联系起来，强化人文心理的安稳；"水口"则为生旺死绝之纲，认为"生气看土，土气看水"，而"水口"又是气脉的关口，所以要求在水口处利用地势修筑桥、亭、塔、庙等，满足了景观和谐和对兴旺发展的心理需求。在风水的"地理五诀"——即"龙、砂、穴、水、向"中，把山与父母（主山）和祖宗（少祖山、太宗山、太祖山）联系起来；又通过"喝形比兴"的移情效应，将砂山拟人化拟动物而吉祥化，如左旗右鼓、前屏后帐、蝉翼、牛角、天马砂、笔架山、蝙蝠山等等，山之美景名称灌注人文精神和审美移情；当然水的比附移情更常见，追求"冠带形"、"眠弓形"的"金城水抱"之势，冠带如古时官服腰圈玉带，气度非凡，又如弓形，而金生水，金水河之名则由来于此，由于水之弯曲环抱而生多情，进而比附到象征财富而财源广进，官运亨通，人丁兴旺。

## （3）风水培育聚落村镇的环境艺术特色美

风水在具体的"寻龙望脉"、"观势喝形"、"相土尝水"、"点穴定向"等过程中，其实也就建立了各个聚落村镇的环境艺术特色。风水并不被动地守成现有环境，而是主张"补水培地"，如对山形不全者补山补景，通过堆土补缺以求大帐均衡，建塔立亭以消除构图不稳，植风水林、建人工水池以改善小气候，转换风水轴向以避邪，开辟街巷对风水砂、山峰峦形成对景等，并且在其中通过不同的比附联想，

达到"补风水，培地脉，壮人文"之效果，进一步强化了具有地方特色、地域特征的恰当创意，个性创意之美尽显风水之中。

因此，风水通过"龙真、砂秀、穴的、水抱、向吉"的理性实用追求和审美比兴相互配合，将自然环境中山水的自由散置经人的点化，与营建的人工环境相结合，从而共同组合构成有机宇宙图案，使自然环境拟人化、人工环境自然化，并注入人生哲学、伦理文化内涵和山水中和美的审美观念，达成"天人合一"最佳、最吉的人居环境，促成身心健康、地灵人杰，乃是人类体现生存价值观的理想文明境界，所以"风水模式"就是一个蕴含自然美、情感美、创意美的"诗境模式"，经过风水的诗意经营，形成了以"天人合一"为内核、以诗情画意为外显的各具地方特色的传统聚落村镇。

### 3.3.3  与山水交融的诗意

许多传统聚落与城镇，都与其所处的一方独特山水景观和地理环境格局有不解之缘，城镇与山水交融使城市充满诗的意蕴（图3.52），并经中国文化的方式——诗的吟咏而展现。

例如古都北京，诗句"水绕郊畿襟带合，山环宫阙虎龙蹲[15]"刻画了北京作为数朝古都的王者气脉，也提醒了这个地处北方的古都同时是一个水绕山环的山水古城；另一个地处南方的古都南京，"钟山报金陵，海色照宫阙[16]"表明了都城选址伴随着山水诗意的联想和参照。

当离开古都来到"日出江花红似火，能不忆江南？"[17]的江南地区，这里城市与山水环境的和谐相配是诗意产生之源。苏州城"万家前后皆临水，四槛高低尽见山"[18]、常熟城"七溪流水皆通海，十里青山半入城"[19]等，表明江南地区一贯而来的城市生活结合山水自然审美的鲜明特点。

又来到"负山带海"的岭南之国，则处于"五岭北束峰在地，九洲南尽水浮天"[20]的地理大环境中，这里有"几处楼台皆枕水，四周城郭半围山"[21]的广州城和"借得西湖水一圈，更移阳朔七堆山"[22]的肇庆城等。

祖国山河上下，到处蕴含着城与山水相融互动的人居诗意，"云护芳城枕海涯，风鸣幽涧泛奇花"，述说着东部海滨青岛城的奇情（图3.53）；"三山鼎峙人云天，一水东流归大海"（图3.54），道出了西北高原延安城的壮景；在相对远离历史战火的西南云贵高原上，丽江城把"家家门前流活水，户户垂柳拂屋檐。粉团花红引蝶来，雪山倒影映渠面"[23]的诗意栖居生活保留至今。

在西南部，"片叶沉浮巴子国，两江襟带

图3.53  云护芳城枕海涯——青岛

图3.52  聚落与自然环境和谐交融——诗意栖居

图3.54  三山鼎峙人云天，一水东流归大海——民国初延安城

图 3.55 片叶沉浮巴子国，两江襟带浮图关——重庆渝中半岛过去与现在

浮图关"[24]（图 3.55）的诗句传神地表达了重庆城融合山水地理特征的审美意象，展现出在渝中半岛上这个两江汇流之地理大场景中的重庆城灵动多姿的特色形象。这里独特的巴山蜀水地理环境，往往数江汇流配合山体形态，为城市增添许多灵性美姿，经过诗意贯注和提炼，则有了"三江会合水交流，拥抱岚光送客舟"[25]的合川城、"釜溪荡漾渔歌起，半绕青山半绕城"的自贡城、"山围翠谷水连天，万室楼台照眼明"[26]的南充城等；还有那特殊的地理风景与区位，形成了"山连越巂蟠三蜀，水散巴渝下五溪"[27]的射洪城和"外江环抱内江流，形胜西南一重州"的泸州城等；当代对于乐山城的"江涌平畴如落凤，城环活水映沙鸥"[28]和宜宾城的"金岷交二水、宜叙古戎州。屏倚一峰翠，楼观万景稠"[29]之叹咏，使人看到和谐的"江、山、城"一体的整体城市意象。

在山水相连的东南地区，这样的环境最是"风水"模式生成的地方，风水"形势宗"和"理气宗"都产生在这里，在风水意识经营下，这里城市与山水环境有着更紧密的互动关系，例如"前瞻叠嶂千重阻，却带惊湍万里流"[30]的南昌古城，"章川贡川结襟带，梅岭桂岭来朝宗"[31]的赣州古城，"郭外溪流溪外山，山峰长在白云间"[32]的上饶古城，还有"一条碧水练铺地，万叠好山屏倚天"[33]的福州古城，"一川远汇三溪水，千嶂深围四面城"[34]的长汀古城等。

### 3.3.4 诗学诠释的城市气质

"江城如画里，山晚望晴空；两水夹明镜，双桥落彩虹……"[35]唐朝诗人李白以其敏锐的目光、清雅的心境作此诗句，对宣城之自然与人文和谐交织而成的美化得十分分明，并透过诗作跨越千年传达至今。中华大地上凡是文化昌明的历史名城，其山水、街衢间总飘动着诗文大家的身影，总会发现诗人"济苍生"的抱负、"与物为春"的情怀和城市的风情、性格联结在一起。城市独有风韵与品格之形成，有赖于其文化积淀、文化名人及其诗学点拨（意境点化），一座富有魅力的城市，必定与它的众多诗歌和诗人相依存，并透过历史积累与传递而声名远播，中国几乎每一个传统城市都是一座诗的宝库。

最典型的就是唐、宋时期城市的文化名人与诗文化。唐、宋时期社会经济的繁荣，文化的迅猛发展，那时也是中国诗学繁荣的时代，许多诗人墨客一生游历祖国大江南北，如流连山水的李白、塞外建功的高适和岑参、颠沛流离的杜甫和陆游、风流而有志的杜牧、被贬谪天涯的柳宗元和旷达的苏轼等等。诗人在游历中开阔眼界，了解山川风物、民情风俗、历史掌故，增长见识，又交结朋友、切磋文学、作诗争胜、揄扬名声，同时大大发挥了文苑精神，追求身心自由和文辞美妙，他们以诗会友，将一颗诗心诗意贯注于所到之处，留下了许多名

图3.56　水港小桥多，人家尽枕河——姑苏的诗意

篇佳句，也包括将他们所经历的城市生活和内心世界行诸笔端，这些城市连同诗人们的足迹一起，激荡着历经千年不衰的诗意蕴藉。

例如苏州（古称姑苏），举世瞩目的历史文化名城，俏立于江南秀美的灵润芳土，春花秋月、微雨轻烟的自然美，加上2500余年的文化沉淀，孕育诗画情韵——小桥流水、人家枕河、疏影移窗、浮萍映水、丝竹不绝、花香弥漫……。

姑苏城之美，因水而兴。流水遍布古城，形成如诗如画的"小桥流水人家"，唐宋以来，赞誉苏州的诗词无数，其中唐朝诗人杜荀鹤这样描绘唐时的苏州（图3.56）：

君到姑苏见，人家尽枕河。古宫闲地少，水港小桥多。

夜市卖菱藕，春船载绮罗。遥知未眠月，乡思在渔歌。[36]

苏州的许多诗词都与这城内河道纵横相关，唐朝诗人张籍写道："杨柳阊门路，悠悠水岸斜；乘舟向山寺，着屐到渔家"[37]。刘禹锡在苏州做过三年刺史，留下许多诗篇，临走时有《别苏州》云："流水阊门外，秋风吹柳条"[38]；宋代诗人宋伯仁则有诗句："秋意满姑苏，扁舟忆五湖"[39]。

姑苏城之美，有园林遍布。精美的拙政园、飘逸的沧浪亭、玲珑的怡园等，每一个园林都是诗的宝库，这么多的园林使这座城市成为"诗的金山"。园林与情感互融、城市与诗韵并生，成就了苏州这座风雅之城。从曲池间的流水、垂岩上的滴露中可以领略苏州的画意；从每格细致的花窗、每道悠远的回廊都能感受苏州的诗情。乌瓦白墙、飞檐翘角的建筑之美，暗香疏影、碧涧琴鸣的园林之美，造就了苏州这世间空灵婉约的江南诗画，透出精致、淡雅、含蓄和清新。

经典之例是枫桥与寒山寺。唐代诗人张继在一个秋天的夜晚，泊舟姑苏城外的枫桥，在枫桥之西一里许远的地方有建于梁代的寒山寺，枫桥及周围江南水乡秋夜的景色，加上这所寒山古刹和它的"夜半钟声"，给人以一种古雅幽美之感，还渗透着宗教的情思，仿佛微荡着历史的回声，此刻这位怀着旅愁的客子领略到了别有一番的情味隽永，于是写下了意境清远的《枫桥夜泊》：

月落乌啼霜满天，江枫渔火对愁眠。姑苏城外寒山寺，夜半钟声到客船。[40]

其中月、船、枫、火、啼、钟，有明有暗、有静有动、有音有画，短短四句便将苏州城外幽静的秋夜景色点染上情感色彩，显现出一个悠远旷达的意境，成为千古绝唱，从此寒山寺的钟声穿越千年时空，敲醒了多少人的乡忧、情愁，敲开了多少人尘封的记忆……。《枫桥夜泊》使姑苏枫桥和寒山寺名扬天下，更让苏州城的一事一物都拥有诗的神韵（图3.57）。

图3.57　姑苏城外寒山寺——苏州枫桥

诗韵随着岁月愈加动人，张继之后，晚唐杜牧诗道："唯有别时今不忘，暮烟秋雨过枫桥[41]"；宋代俞桂诗云："昔年曾到枫桥宿，石岸旁边系小船"[42]；还有陆游诗曰："七年不到枫桥寺，客枕依然半夜钟"[43]；明代才子唐伯虎吟咏："金阊门外枫桥路，万家月色迷烟雾"[44]；明代高启唱和："正是思家起头夜，远钟孤棹宿枫桥"[45]，并发出"诗里枫桥独有名"[46]的感慨；至清代，姚配写过："只有疏钟添客恨，潇潇暮雨过枫桥"[47]；王士祯在蒙蒙雨夜中去枫桥而诗兴大作，其一："疏钟夜火寒山寺，记过吴枫第几桥"[48]，其二："十年旧约江南梦，独听寒山半夜钟"[49]。这些不同年代的不同诗作，这些后继诗人的不断充实，令苏州城历经千年而诗意绵长，诗的气质更加浓厚。

与苏州并称"天堂"的杭州，再次印证了：城市诗的气质来自自然美的风韵、来自人文集合的才情；自然美给了城市人文思考的灵性，城市人文发展经文人墨客的笔又诗化了城市。杭州自唐代李泌开凿六井引西湖淡水，后经唐朝大诗人白居易、宋朝大文豪苏轼执政时筑堤导水、题咏湖山，杭州傍西子湖、依钱塘江、襟带大运河而逐渐开发，至南宋时期已是一个"地有湖山美，东南第一州"[50]的美丽富庶、文采奕奕的城市——

……烟柳画桥，风帘翠幕，参差十万人家。云树绕堤沙。怒涛卷霜雪，天堑无涯……重湖

图3.58 三秋桂子，十里荷花——杭州

叠巘清嘉。有三秋桂子，十里荷花……乘醉听箫鼓，吟赏烟霞。……[51]

宋代词人柳永用他那饱蘸情感的笔调，将繁华富庶的钱塘（今杭州）和迷人的西湖胜景展现眼前，上阙主要勾画钱塘的"形胜"与"繁华"，大笔浓墨，高屋建瓴，气象万千；下阙侧重于描绘西湖的美景、欢乐的游赏与劳动生活。其中"烟柳画桥，风帘翠幕"是天生的美语，"三秋桂子，十里荷花"是千古的丽句（图3.58）。

南宋之后的元代，意大利人马可·波罗游历中国后称杭州为"世界上最美丽华贵之城"。至明代，诗人徐渭（文长）登西湖边的吴山鸟瞰城池，写下对联："八百里湖山知是何年图画，十万家烟火尽归此处楼台"。这"图画"里的每一个角落，都透露出无限的风情；每一条街坊里巷，都诉说着动人的历史故事。而今，当人们在杭州城内、在西湖边上，通过这首词所展现的时空联想，也依然可以"醉听箫鼓，吟赏烟霞"，玩味着古往今来众多的文人骚客在西湖边上洒下的诗句，古代的杭州由此一直承载着儒雅的诗美气质，也是杭州长久的文化魅力所在。

纵观中国城市历史，诗歌从一座城市产生，感化的却不只是一座城市；诗歌从一个时期诞生，影响的却不仅是一个时代。越过"舞低杨柳楼心月，歌尽桃花扇底风"[52]的时空间隔，我们仿佛看到九百多年前北宋都城内那伊人曼妙、歌舞婉转的场面，似乎今天的开封仍洋溢着当年东京汴梁的浓浓诗味。"烟笼寒水月笼沙，夜泊秦淮近酒家"[53]和"六朝旧事随流水，但寒烟衰草凝绿"[54]，让我们想起六朝古都南京在"桨声灯影里"的许多故事（图3.59）。"请君暂上凌烟阁，若个书生万户侯"[55]，千年之后我们依然还能感受到盛唐时之首都长安凌烟阁楼上诗人意气风发、踌躇满志的一腔豪情。诗仙李白"九天开出一成都，万户千门入画图。草树云山如锦绣，秦川得及此间无？"[56]，

图3.59　夜泊秦淮近酒家——"桨声灯影里"的南京

这超过首都长安的高度礼赞，让人感受成都(锦城)诗的意蕴。而诗圣杜甫"晓看红湿处，花重锦官城"[57]、"锦城丝管日纷纷，半入江天半入云。此曲只应天上有，人间能得几回闻"[58]的诗句更使成都充盈着诗的气质。

城市的历史成为诗歌沉淀、意境累积的历史，许多城市因此承载着诗的气质，并感化生活在其中的一代又一代人，在岁月长河中散发出夺目的光华。今天我们吟赏一首诗，可以观察其中蕴藏的一座城市的往事。诗歌是我们民族文化中情感和智慧的闪光点，它给纷纷扰扰、物欲横流的都市社会带来心灵的净化和智慧的充实，也给城市带来高雅隽永的气质和文化感召力，中国传统城市因为不断的文化积淀、诗学点拨而充满诗的意蕴，承载着诗的气质。

### 3.3.5　诗化的"八景文化"

#### （1）中国特色的"八景"

中国古代不少城市、村镇都有诸如某某"八景"之类[59]，例如，南京有"乌衣夕照"、"龙江夜雨"、"石城瑞雪"、"秦淮渔笛"等"金陵八景"，北京有"琼岛春阴"、"蓟门烟树"、"卢沟晓月"、"居庸叠翠"等"燕京八景"，另外还有"民间燕京八景"及12个区县"八景"等；又如洛阳有"龙门山色"、"洛浦秋风"、"天津晓月"、"邙山晚眺"等八景，长安有"雁塔晨钟"、"灞柳风雪"、"骊山晚照"、"华岳仙掌"、"咸阳古渡"等八景，杭州有"断

桥残雪"、"平湖秋月"、"柳浪闻莺"、"南屏晚钟"等八景。凡古都具有各自不同的"八景"，均显示出不同的风情地貌和文化氛围，如"长安八景"雄浑，"杭州八景"秀丽。

不但名城古都有"八景"，许多远离中原的偏僻城镇也有"八景"，例如贵州高原历史上的少数民族地区织金县有"东寺晚钟"、"西山早雪"、"回龙涌瀑"、"三潭滚月"、"墨峰耸秀"等八大景和"双潭对镜"、"玉屏展彩"、"文浪北腾"等十二小景之说，景景皆有诗词吟咏，例如"东寺晚钟"——云峰翠掩涤尘埃，古寺钟声夜半来。"西山早雪"——千秋化景无寒暑，三伏遥望景致高。"回龙涌瀑"——得月楼中遗古迹，相传此地有龙回。"墨峰耸秀"——带水一泓天作砚，他山群石玉为攻[60]。诗词吟咏使"八景"文化更得以强化，例如四川阆中有"锦屏春色"、"嘉陵秋水"、"云台仙风"等十景，一景一咏，极表倾心陶醉之情。

村落也有"八景"，例如安徽歙县呈坎村（现属黄山徽州区）有著名的"呈坎八景"，分别是：永兴甘泉、朱村曙光、灵金灯现、沙峰凝翠、鲤池鱼化、道院仙深、天都雪霁、山寺晚钟。湖南衡阳《刘氏族谱》中所记"王江八景"也颇有诗意，它们是：杏岭展曦、城冈夕照、二水交流、七峰叠翠、王江钓月、马岭樵云、贝田耦耕、上湖群牧[61]。

#### （2）"八景文化"实质——人居环境"天人合一"诗化的文化现象

在中国古代，许多村落城镇在建设之前都要进行空间布局的充分讨论，风水先生以及家族中的文人雅士、诗人画家是总规划师，他们往往会把聚落及其山水的搭配组合先画在纸上，然后再按图施工。其中一个重要的把握就是聚落"八景"，这样建出的乡村聚落特别具有一种诗画境界的成分，是一种生活的空间，也是一种文化的氛围。所以，可以把这种八景、十景、十二景甚至更多的聚落风景景观组合，

作为一种文化景观现象，统称为"八景文化"。这种把聚落人工环境同四周自然环境相关系的中介过渡的人文景观，正是中国传统"天人合一"哲理在人居聚落规划中的体现，这在世界城建史上是独一无二的。这种集约性的"八景文化"景观因其每个城镇所在山水自然环境的不同而表现出不同的组景特色。既反映了周边自然山水环境的风光特征，又体现了城市文脉的历史人文特征，常常成为城市聚落地域特征和个性特色的标志。这是中国古代城市规划的创举，对世界城建史是一大独特贡献，应该给以深刻认识正确评价。

村落之外，大到人口几万、几十万甚至百余万（如唐长安、洛阳等）的城市，风水师、雅士乡绅、文人学者和有相当文化素养的行政长官等组成了当时的规划师团队，"八景"是他们巧妙组织城市景观，提升生存品质的一种长久不衰的方式，通过将城周的风景林苑、城内的宫苑及里坊宅园、寺庙园林和四郊的坛苑有机组织为协调整体，使城市处于绿色网络之中。通过"八景"的创设，中国古代的规划学家们实际建起了一个个"山水城市""生态城市"、"绿色城市"、"园林城市"。

不仅如此，在"八景"建构上，于自然山水为基础之上，更隐含深刻的人文意境。强调意境主题的"八景"，以其雅俗共赏的诗画和实景，代表着当地的典型和标志性景象，每一景都是一幅画，一首诗，格调高雅而又朴实自然。如："乌衣巷口夕阳斜"[62]之金陵八景"乌衣夕照"（图3.60）、"云飞洛浦秋"[63]之洛阳八景"洛浦秋风"（图3.61）、"千秋化景无寒暑"[64]之织金八景"西山早雪"（图3.62）等，这些景都是诗中有画，画中有诗，韵味绵长，平添栖居生活的许多诗意。还有的村落"八景"，以田园风光为主题，如"贝田耦耕"、"上湖群牧"等，展示出一幅幅田园牧歌式的闲远画卷。"八景"实为一个人居环境诗化的中国文化特色现象，它使传统城市从"山水城市"升华至"诗境城市"。

"八景"本身是出于对栖居环境的审美，是对城市和聚落自然环境的诗化描述。从历史来看，"八景"始于隋唐，盛于两宋，一般认为以宋代画家宋迪（1023—1032年间进士）的"潇湘八景图"，即"平沙落雁、远浦归帆、山市晴岚、江天暮雪、洞庭秋月、潇湘夜雨、烟寺晚钟、渔村夕照"为正式开端，之后，因其诗画题材、画屏形式、主题内容、意境风格广受社会赞誉，引发各地城乡村镇广为效仿，纷纷寻找、提炼本地各层面的典型景致和八景诗画，出现了新老、内外、上下、大小等各种八景称谓，并形成各州、县与城镇的八景系列。不难知道，"八景"之出现正是中国诗学发展的两个高峰时期，它是感应着诗学发展的脉搏而产生和发展的，反映了中国传统城市与聚落中的诗意生存：一个将城市和聚落置于和融入自然风景，进而把人类自身的栖居生活与城镇聚落所处的优美的风景景观紧密结合起来，也是人将自己的一颗求善求美的诗心投入到城市

图3.60 乌衣巷口夕阳斜——金陵八景之"乌衣夕照"

图3.61 云飞洛浦秋——洛阳八景之"洛浦秋风"

图 3.62　千秋化景无寒暑——织金八景之"西山早雪"

和聚落营建之中，最终它将人、山水（自然风景）与城市（聚落）共生、共存共荣、共乐、共雅地紧密联系在一起，这也是传统的（水观"五共"的情怀与风水美学的诗意表达，从而在其中诗意地栖居）。

"八景"就是古代城市规划建设领域中的文化创造，中国城市和聚落规划建设的先贤们早就实践着人与自然和谐的诗意栖居，因而中国古代聚落和城市才成为"有景、有诗、有画"和成为"可居、可游、可赏"之佳境。

聚居之中，兼收山水灵气而后畅神悟道，乃是城市和聚落居民生活至高至佳的人生境地，这也正是古代传统聚落和城市的核心魅力所在。中国古代城市规划中的"八景文化"是人居聚落环境诗化的典型表现，有着深刻的规划哲理和文化内涵，需要我们去认真发掘同"记住乡愁"结合起来，把这种理念传承弘扬，融入现代城市规划理论及实践中将会深刻影响中国城市规划建设的发展，走出中国特色规划之路。

## 注释

[1] 920 年英国哲学家伯特兰·罗素（Bertrand Russell,1872 — 1970）抵达中国讲学，规劝当时向西方寻求文化之路的中国知识界不要抛弃文化传统去搞全盘西化，"那样的话，徒增一个浮躁好斗、智力发达的工业化、军事化国家而已，而这些国家正折磨着这个不幸的星球"，他还阐释说："欧洲人的人生观推崇竞争、开发、永无平静、永不知足以及破坏。……若不借鉴一向被我们轻视的东方智慧，我们的文明就没有指望了。典型的中国人欣赏'天人合一'的和谐思想，希望尽可能多地享受自然环境之美。中国人摸索出的生活方式已沿袭了数千年，若能够被全世界所采纳，地球上肯定会比现在有更多的欢乐和祥和。……中国人的人生比西方的残暴人生更文雅、更宽容……"。
[2] 唐·李白.村居.
[3] 唐·白居易.溪村.
[4] 宋·陆游.游山西村.
[5] 清·方西畴.新安竹枝调
[6] 英·李约瑟语.转引自 李林.建筑学院士与易学家之间的对话.建筑与文化 [J],2008(7).
[7] 晋·郭璞.葬书.
[8] 中国传统规划营建三大支柱是营造学、造园学和风水学，现代的建筑学、风景园林学和城市规划学分别与之对应.
[9] 东汉许慎《说文解字》解释："阆，门高也。"
[10] 嘉陵江流经阆中一段，古称"阆水".
[11] 宋·陆游.游锦屏山谒少陵祠堂.
[12] 梁思成.中国建筑史.梁思成全集［卷四］［M］.北京：中国建筑工业出版社.1988.13.
[13] 李先逵.风水思想讲义.
[14] 李先逵.风水思想讲义.
[15] 明·岳文肃公正.都城郊望.
[16] 唐·李白.登梅冈望金陵赠族侄高座寺僧中孚.
[17] 唐·白居易.忆江南.
[18] 唐·张祜.偶登苏州重玄阁.
[19] 明·沈玄.过海虞.
[20] 清·屈大均.广东新语.
[21] 宋·丘濬.赠五羊太守.

[ 22 ] 叶剑英・游肇庆七星岩 .

[ 23 ] 诗作者未考证。诗句引自宋廷波 . 流水丽江 . 昭通新闻网 .

[ 24 ] 宋・黄庭坚诗 .

[ 25 ] 宋・李宏 . 登江楼 .

[ 26 ] 宋・邵伯温 . 南充城诗咏 .

[ 27 ] 唐・杜甫 . 野望 .

[ 28 ] 黄光宇 . 乐山 . 引自徐尚志 . 意匠集：中国建筑师诗文选 [M]. 北京：机械工业出版社 ,2006,1:74.

[ 29 ] 黄天其 . 僰道即事 . 引自徐尚志 . 意匠集：中国建筑师诗文选 [M]. 北京：机械工业出版社 ,2006,1:72.

[ 30 ] 隋・薛道衡 . 豫章行 .

[ 31 ] 宋・黄庭坚 . 题虔州东禅圆照师新作御书阁 .

[ 32 ] 宋・王洋 . 新隐四首・南峰 .

[ 33 ] 宋・许毂诗句。参见中国百科网 – 中国诗词 – 宋代第五部 .

[ 34 ] 宋・陈轩诗句。陈轩当时任汀州( 现福建长汀 )太守( 参见《汀州写意》. 人民日报 ,2005,10-29. )

[ 35 ] 唐・李白 . 秋登宣城谢朓北楼 .

[ 36 ] 唐・杜荀鹤 . 送人游吴 .

[ 37 ] 唐・张籍 . 送徒弟戴玄往苏州 .

[ 38 ] 唐・刘禹锡 . 别苏州 .

[ 39 ] 宋・宋伯仁 . 苏州有感 .

[ 40 ] 唐・张继 . 枫桥夜泊 .

[ 41 ] 唐・杜牧 . 怀吴中冯秀才 .

[ 42 ] 宋・俞桂在 . 枫桥诗中 .

[ 43 ] 宋・陆游 . 宿枫桥 .

[ 44 ] 明・唐寅 . 寒山寺 .

[ 45 ] 明・高启 . 将赴金陵始出阊门夜泊 .

[ 46 ] 明・高启 . 枫桥诗 .

[ 47 ] 清・姚配 . 夜过寒山寺 .

[ 48 ] 清・王士祯 . 夜雨题寒山寺其一 .

[ 49 ] 清・王士祯 . 夜雨题寒山寺其二 .

[ 50 ] 宋・陈岩肖《庚溪诗话》载，宋仁宗赵祯于梅挚出守杭州时赐诗有云："地有湖山美，东南第一州".

[ 51 ] 宋・柳永 . 望海潮 .

[ 52 ] 宋・晏几道 . 鹧鸪天 .

[ 53 ] 唐・杜牧 . 泊秦淮 .

[ 54 ] 宋・王安石 . 桂枝香・金陵怀古 .

[ 55 ] 唐・李贺 . 南园十三首 .

[ 56 ] 唐・李白 . 上皇西巡南京歌十首之二 .

[ 57 ] 唐・杜甫 . 春夜喜雨 .

[ 58 ] 唐・杜甫 . 赠花卿 .

[ 59 ] 乃是泛指和代称，有的有"十景"甚至更多，还有"八大景"加"十二小景"等，不一而足 .

[ 60 ] 织金县志 .

[ 61 ] 转引自刘沛林 . 古村落：人类远去的家园 [N]. 中国建设报 .2005,2-25.

[ 62 ] 唐・刘禹锡 . 乌衣巷 .

[ 63 ] 宋·司马光 . 和群贶暮秋四日登陆石寺阁泛洛舟右泛舟 .

[ 64 ] 引自《织金县志》.

# 4

西方规划设计思想
诗境意义评析

# 4.1 西方古典城市规划思想

西方城市规划与园林规划设计思想从古典到当代有什么特点和转变？以"诗境"的意义角度来观察，如何评析之？

这里所谓"评析"主要是指从"诗境"意义的眼光判断其"诗境"意涵，即从自然美、情感美、创意美三个美学角度切入，其中又以人与自然和谐的"自然美"为总的前提，没有这个前提，其他两类美学意义的实现过程则会有重大缺陷。

## 4.1.1 古希腊时期

古希腊历经荷马、古风时期，至公元前5、6世纪，以雅典为盟主迎来了文明的高峰，开始了光辉灿烂的希腊古典文化，并成为后世欧洲人文与科学复兴的千年灯塔和精神源泉，因而被称作西方文化先驱和文明的摇篮。

古希腊城市规划思想与其文化哲学紧密相关，可概括为两个方面的核心内涵：

一个是"人本主义"。古希腊对人的力量极其推崇，包含赞颂人的强壮、智慧和征服自然的英雄主义；古希腊神话中的神与人相近，都有七情六欲，这一切都显现出古希腊哲学世界观的"人本主义"内涵。在这种思想影响下，古希腊的城市（城邦）是一个其公民（自由民）可以自由地享受轻松和愉快的生活社区，例如雅典城邦里经常组织体育竞技、音乐会、诗歌会、演说等公共活动，公民以公民大会等形式热情地参与国家事务，并塑造了希腊人的圣地建筑群——雅典卫城（Acropolis），可谓古希腊人本主义之精神化身和有形体现建筑大小比例人体尺度为基础，以随形就势之布局构成活泼多变的城市和建筑景观，雅典卫城在城市规划史上获得了很高的艺术成就（图4.1）（张京祥.2005）。

一个是"理性主义"。古希腊人在实践中发现了种种自然规律性，发展了以逻辑认知为中心的理性思维，出现一批哲学家专注于以逻辑理性的认知路线去探索、解释世界，由此古希腊哲学体系充满着推理和证明等数理几何之逻辑思维，例如古希腊哲学家亚里士多德指出一切科学都是证明科学[1]，哲学家毕达哥拉斯宣称"万物皆数"[2]，与此相应，古希腊认为"美"也来自"理性"，"美是由度量和秩序所组成的"[3]（孙正幸.2004）。在这种"理性主义"影响下，古希腊产生了显现强烈几何规整形象的城市规划模式——希波丹姆模式（Hippodamus Pattern），它遵循古希腊强调秩序和几何术数和谐的哲理，以规整的棋盘式路网为特征，以求得城市整体的秩序和美。该模式被大规模地应用于希波战争之后城市的重建与新建，以及后来古罗马大量的营寨城，例如古希腊的海港城市米利都城（Miletus, 图4.2）、普南城等（Priene, 图4.3），直至近现代西方许多殖民城市，深刻影响了西方二千余年来的城市规划形态（图4.4）。

"人本主义"和"理性主义"是西方哲学的两大思想内涵，源头就在古希腊，以之为哲学背景的西方古典城市规划发展也就总是处于

图 4.1 雅典卫城——蕴含人本主义

"人本主义"和"理性主义"复杂交织的局面中。其中，理性主义的希波丹姆规划模式对于地形及自然环境少有顾及，它以一个固定的方格网道路强行置于所有地形上，表现出一种比较呆板机械的"理性"，和今天所追求的"科学、合理"不同，这不合"理"、因而也不"科学"；偏于"人本主义"的雅典卫城，则表现出随机与有机，而且城市由人所建、为人所用，故而某种程度上说"人本主义"更加触及城市

图 4.2　希波丹姆模式的米利都城——理性主义体现

规划的本质与核心，但是它并非毫无条件地就成为城市规划的本质与核心。

"人本主义"和"理性主义"一般被看作是一对可以互补的矛盾，以致后世每当"理性主义"太过强盛时，有人希望通过提升"人本主义"来作协调互补。需要思考的是，如果它们之间协调互补则矛盾迎刃而解了吗？其实不然，单纯在西方文化内部，一直都没有真正解决"人本主义"和"理性主义"的矛盾，在其中寻找"诗境"的意蕴也就几乎不可能了。

因为判断"诗境"的首要前提和准绳是人与自然和谐的"自然美"，单纯"理性主义"脱离自然观容易与功利主义结合发展成为一种为物所役的"异化"力量，最终挤压本真人性的空间，现代社会中广被批评的"工具理性"就是如此；而单纯"人本主义"容易滑向以人的意志强加于自然而征服自然，即"人类中心主义"，前文说"人本主义"并非毫无条件地就成为城市规划的本质与核心正是指这个道理。历史事实也表明，西方"人本主义"是在古希腊人崇尚人的开拓精神、赋予自己以探求宇宙秘密和征服自然的信仰中发展出来的，认为人是宇宙的中心和最高存在，强调从人的自我立场去审视宇宙，留下了"人是万物的尺度"[4]之哲学名言，充分肯定了人的价值，但也表达了人对自然的傲慢态度。还表明了西方古典"人本主义"包含着浓厚的"个人主义"成分，斯多葛学派就曾系统地表达了个人主义观念，伊壁鸠鲁学派也认为个人高于社会，是个人创造

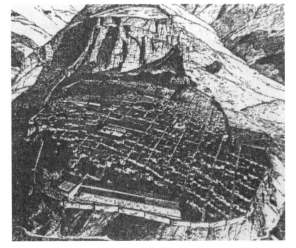

图 4.3　希波丹姆模式的普南城——山地上强制网格化规划

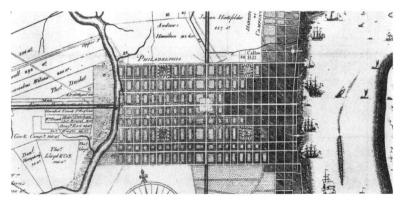

图 4.4　美国费城方格路网——理性主义在近现代

和决定了社会，并提出了"享乐主义"。这些自古希腊就开始的"人本主义"，为后来西方文化中的"个人至上"奠定了基础，也为后世滑向片面人定胜天的"人类中心主义"歧途埋下隐患。

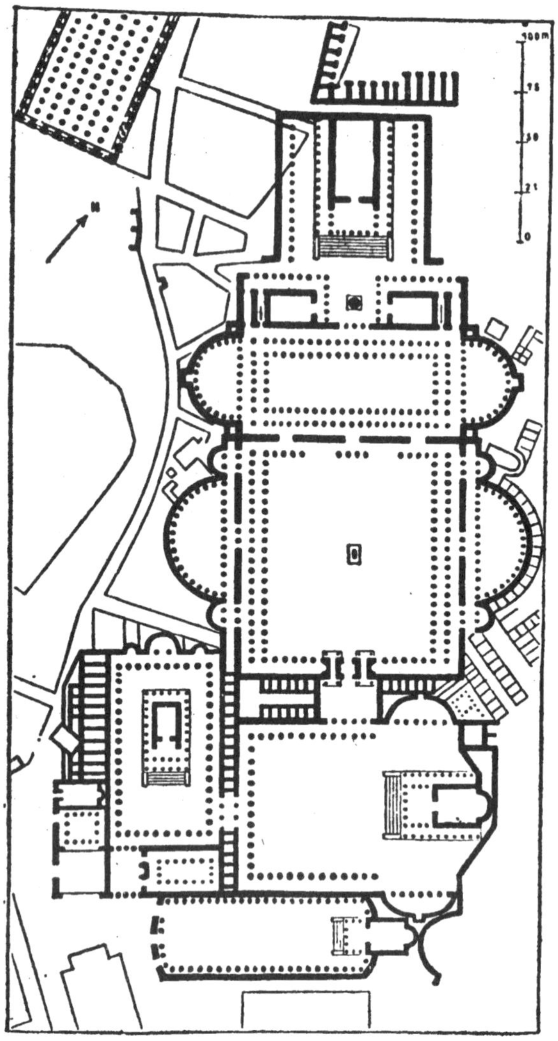

### 4.1.2 古罗马时期

古罗马是西方古代历史上最富物质创造力的时代之一，也是专业学科领域如几何、天文、力学、地理、历史和文学的"黄金时代"。

古罗马城市规划与建设取得了辉煌的成就，其特点首先可以概括为"实用理性"，即古罗马人将理性思维和实用主义态度结合起来。主要表现在：制定了许多城市建设管理的法律和工程技术规范；维特鲁威(Vitruvian)撰写的《建筑十书》集中表现了古罗马人的"实用理性"，该书将自古希腊以来，特别是古罗马城市规划与建设的种种经验与业绩进行理论总结，奠定了欧洲建筑科学的基础体系；在城市建设实践中，古罗马运用轴线序列的延伸与转合、建筑与广场的透视对比和一系列图底空间的数学比例关系等手法，使城市各部分建立起内在理性秩序，最终形成华丽而有秩序的城市空间体系（图4.5）；古罗马人更倾向于在城市规划与建筑中强力改造地形，展现人工力量和雄厚财力，希波丹姆模式在古罗马城镇获得推广。

古罗马城市规划与建设的第二个特点是享乐和炫耀"。主要表现在建造了大量享乐性的世俗建筑和炫耀性纪念建筑，如斗兽场、公共浴池、宫殿、剧场等，特别是在罗马"共和国"转为"帝国"后，歌颂权力、炫耀财富、表彰功绩成为城市规划与建筑的主要任务，铜像、凯旋门和纪功柱等构筑物大量增加，许多斗兽场、公共浴室等建筑尺度超人且非常奢华(图4.6)。

以"诗境"的美学观点看，古罗马"实用理性"表明了西方自古希腊以来的理性主义传统更加强化，古罗马城市空间塑造上强调轴线和主从配置，追求抽象的对称与协调，寻求纯粹构图的几何结构和数学关系而强力改造地形等，反映出了人工控制自然、改造自然和创造一种明确理性秩序的强烈愿望，影响久远直至

图 4.5　罗马广场群——华丽而有秩序的城市空间体系

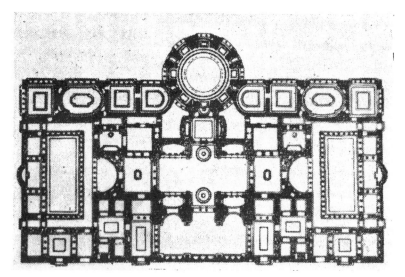

图 4.6　卡拉卡拉浴室平面图——享乐场所

今天。同时，也表明了理性主义在古罗马时超过人本主义的影响，在以后的西方城市规划设计思想史中大部分时间都处于主流地位，促进了巨大物质财富的创造。不过，理性主义太过强盛时，往往挤压人本主义的空间，与城市规划本质目的渐行渐远。

古罗马城市华丽而有秩序的城市空间体系既是"实用理性"的显示，也是"享乐和炫耀"的表现。这种"享乐和炫耀"，上可以追溯到古希腊哲学的"个人主义"和"享乐主义"[5]，侧面反映了西方思想的"人类中心主义"倾向，可以说是人本主义的"畸形"发展，这不是一个可以持续发展的规划建设模式。事实上，古罗马广场由古希腊时期那种市民公共活动的集会场所演变成了纯粹炫耀功绩的空间，越来越成为一种"非人"的力量，古罗马的统治者和公民们在生活充满炫耀与奢华中，加速了帝国的灭亡。这也证明了在西方文化自身范围内即使理性主义和人本主义都得到发扬，也并不能有效实现城市规划的本质意义和达到城市规划的高级目标。

## 4.1.3　中世纪时期

中世纪是指从公元476年西罗马帝国灭亡到15~16世纪欧洲文艺复兴运动、理性启蒙和资本主义制度萌芽之前这一历史期间。在这长达一千多年的时间里，基督教成为精神主宰，教权成为西欧最高统治权威。

图4.7　中世纪的维也纳——教堂是城市空间的核心

图4.8　如画的城镇——中世纪时的那不勒斯

于是中世纪的城市，首要的特点是教堂成为城市空间组织的核心和城市社区网络关系的核心（图4.7）。教堂凭借其庞大体量和高度，往往控制着城市的整体格局，构成城市天际线的醒目制高点；教会从人的信仰与精神生活入手，以之为纽带与媒介建立起了严密规范的社会组织，教堂客观上成为城市社区网络关系的核心。

第二，"自发"（包括"自发"的城市形成过程和形态）也是中世纪城市的重要特点。中世纪西欧在政权上处于封建分治状态，各地"自发"形成了各具特色的地方建筑风格和城市形态，适应和表现了各地的自然和人文环境。9世纪起，西欧生产力开始恢复而出现大量市集，10世纪以后许多工商经济业态的城市"自发"出现，城市形态也是"自发"的，除教堂区外，整个城市呈现为不规整的中心放射加环状，与古罗马时期明确、宏大的城市空间序列有较大的不同。

与其他时期理性主义和人本主义复杂交织，并且理性主义占有上风的局面相比，中世纪似乎是一段特殊的历史。此时神学统治一切，"神"的伟大导致"人"的渺小，人本主义被埋没，如果纳入"诗境"美学意义上去审视，此时人的"情感美"、"创意美"是受压抑的。

不过有一个现象颇有意味，那就是被认为是"黑暗"的中世纪，许多城市却获得"如画的城镇"（Picturesque Town）（图4.8）之美称，表现为：城市随地形、水体等自然景色要素形成不同的个性，景观环境朴素雅致而安详；城市广场普遍有宜人的尺度与规模；街道蜿蜒曲折形成了很多别致的小节点空间，也记录着岁月的流逝，平添了人们在城市中的归属感；建筑在横向上有着良好的视觉连续性，在竖向上如高耸尖塔、角楼、山墙等组成绚丽多姿的空间；城市色彩在"自发"中形成地域风格，如金色的威尼斯、红色的锡耶纳、黑白色的热那亚等。中世纪城市环境因其自然优美、亲切宜人而具有较高的美学艺术价值。

究其原因，在相当程度上可以说，中世纪不仅压抑了西方传统人本主义，也压抑和蒙蔽了理性主义，这为西方城市规划历史带来一个预想不到的"机遇"，即一个不同于古罗马时期的、非强力人为的"自然主义"[6]的产生，正如有学者 L·贝纳沃罗指出中世纪城市"将一定的体系引入大自然，其结果是使自然和几何学之间的差距越来越小，直到最后几乎完全消失"，中世纪城市在这"无意"中形成"如画的城镇"。以"诗境"美学观看，这个"自然主义"与诗境美学意义中的"自然美"有一定意上的关联，这是西方城市规划历史上难得的"人"的内敛与自律时期。不过，这种与自然的关联现象并非是自觉的规划思想所使然，而是尚属于随机性的自发状态，而且中世纪大多数城镇规模很小，易于被自然包围。中世纪过后，其"自然主义"和"适宜尺度"的现象又不复存在了。

## 4.1.4 文艺复兴时期

14～16 世纪，西欧开始了科学理性与神学信仰、古典哲学与经院哲学的交锋状态。正在此时，大批学者及其保存的古希腊和古罗马文化典籍与艺术成果因拜占庭帝国[7]崩溃而涌向意大利，"在惊讶的西方世界面前展示了一个新世界——希腊的古代……"[8]。于是，从意大利开始，一些人文主义学者认为，曾有过高度繁荣、光明发达的古希腊、古罗马古典文化和艺术在"黑暗时代"的中世纪衰败湮没，需要进行一个新文化运动使之再生与复兴，就此开始了"文艺复兴"运动[9]。这一时期的

城市规划主要有以下三个转变：

一是世俗公共建筑成为城市中心的主角。"文艺复兴"以后，城市建设开始转型，城市中心由教堂让位给市政机关、行会大厦等新建筑。例如在佛罗伦萨市中心主要是由市政厅和广场所组成；又如经历了几百年的威尼斯圣马可广场，在文艺复兴时期转向了市民世俗使用，总督府、市场、图书馆等世俗建筑与先前的教堂一起构成了新的城市中心。

二是大量出现各种几何形的"理想城市"(Ideal Cities)的规划形态。例如建筑师阿尔伯蒂的多边星形城市平面（王建国.1991），还有其他如八角形城市等、棱堡状城市等多种形态（图 4.9～图 4.11）。

三是追求高艺术化及巴洛克 (Baroque) 风格形式的规划设计。文艺复兴时期产生一批精英式的艺术家，如乔托 (Giotto)、米开朗琪罗 (Michelangelo)、拉斐尔 (Raphael)、阿尔伯蒂 (Alberti)、菲拉雷特 (Filarette)、封塔纳 (Fontana)等，他们集艺术家、规划师、建筑师、哲学家于一身，在建筑与城市规划中展现了很高的艺术素养。发展到文艺复兴晚期，巴洛克形式开始风行，其典型做法是通过整齐、具有强烈秩序感的城市轴线系统来建立城市空间的序列景观。为此，城市道路格局一般采用"环形 + 放

图 4.9　帕马诺瓦城——理想城市实例

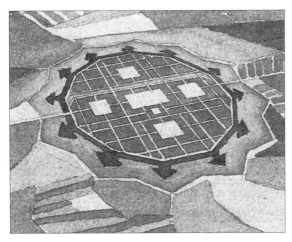

图 4.10　斯卡莫齐设计的理想城

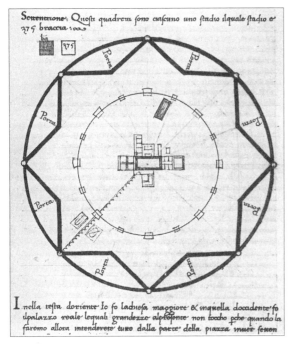

图 4.11　菲拉雷特设计的理想城

至此，"人本主义"又回到了西方哲学思想领域，成为当时的主流话语，人的主观能动性被调动起来；"理性主义"也随即恢复它在西方哲学思想中强有力的地位。于是，在城市规划中继承了古希腊关于美遵从数理规律的理性观念，进而追求建立科学性、标准化的城市，认为城市必定存在"理想的形态"，各种各样既表现人之主观能动性（人本主义范畴），又反映理性思维结果的"理想城市"规划形态大量呈现。

需要指出的是，将自然要素纳入审美对象而开始引入自然环境元素到人工环境中的自觉性设计思想开始于文艺复兴晚期，这也是西方园林产生的原因之一。此后从园林规划到城市规划设计开始有了自然绿化环境等内容，由此"诗境"意义才有了萌发的条件和酝酿的基础。不过，这与东方自然观指导下的诗境意蕴还有天壤之别。

经过一批文艺复兴时期艺术精英的努力，城市规划设计成为一种高雅的文艺构思，后期走向了巴洛克。本来形式上它可被看作文艺复兴时期追求"高艺术化"的结果，形态上它是当时几何美学的集中反映（洪亮平.2002），例如罗马圣彼得教堂及广场（图 4.12），优点在于它有着明确的设计目标和完整的规划体系，客观上有助于把不同历史时期、不同风格的建筑联系起来从而构成一个整体的环境。但是它为追

射"式，通常在转折节点处用高耸的纪念碑等作为过渡和视觉的引导。

对于文艺复兴时期的城市规划与建设之评析，首先从本质上说，文艺复兴宣扬以人为中心的世界观，反抗中世纪宗教神权，提倡人权和个性自由，所以它是一场追求人性解放的"人本主义运动"，意味着中世纪结束，打破教会权威以后的"人的意识"之觉醒和重新发现。文艺复兴消除了宗教至高无上的地位之后，世俗公共建筑代替教堂成为城市中心的主角，这是历史发展的必然。

图 4.12　罗马圣彼得教堂及广场——几何美学的集中反映

求特殊的视觉效果而在运用手法上显得矫揉造作，纯粹为"效果"而"效果"，后期越发显出明显的豪华虚张特性。这些也说明未将"人与自然和谐"的哲学智慧置于前提与准则，文艺复兴时期这种西方人本主义和理性主义的发展都并未更加亲近自然，与近现代西方陷入"人文困境"和"工具理性"有明显的渊源关系。

## 4.1.5　启蒙运动时期

继文艺复兴高举人本主义之后，到了17、18世纪，由法国开始以"理性启蒙"为标志，进行了批判宗教神权、启迪理性的又一次思想解放运动，即启蒙运动(Enlightenment)。启蒙的任务就是消除一切非理性、反理性的神学愚昧，它使西方社会继文艺复兴崇尚"人性"之后，再开创了一个崇尚"理性"的时代。

启蒙运动时期，也正值启蒙运动的中心法国消除宗教神权、建立世俗的君主专制之时，此时的城市规划思想主要表现为"唯理主义"与"绝对君权"结合的"古典主义"思潮。"唯理主义"代表着理性主义高度强化，其代表人物笛卡儿（Descartes,1596～1650）曾表明人类社会的一切活动均应置于由同一原点所建立的几何坐标系中，由此所产生的秩序才是永恒的和高度完美的（孙施文.1997）。于是，在城市规划建设中讲求复活古罗马艺术"绝对理性"，推崇明晰的逻辑和尊贵，因而强调轴线和主从关系，追求抽象的协调，寻求艺术作品的纯粹

几何结构和数学关系等，以表达"唯理"思想和对至上君主的颂扬。同时，国王政治权力与新兴资产阶级雄厚经济实力结合起来，使城市规划建设达到了令人叹为观止的规模与气势，所有这一切都突出地表现在法国古典主义园林营建之中（图4.13，并另见本章之第4.3节）。

启蒙运动又迎来理性主义的高峰。以"诗境"观看，此时的"理性"之进步意义在于含有一种新的时代精神——自然科学的精神，具体表现在探索自然奥秘的求知精神、重视观察和实验的求实精神和追求精确数量化的求精精神等方面，结果，"理性主义"有力地推动后来的近、现代时期自然科学飞速进步。因此，很多科学史学家认为：西方现代文明之所以能克服中世纪宗教束缚而实现科学启蒙、并保持强劲的科技发展势头，从文化深层来看，得益于从古希腊文明开始的强调几何数学等逻辑思维的"理性"精神。恩格斯曾如此评价说："如果理论自然科学想要追溯自己今天的一般原理发生和发展的历史，它也不得不回到希腊人那里去"[10]。

但是，它同时也存在着理解世界的机械论问题。"唯理主义"正符合当时法国永恒君权的思想要求，不久后就成为法国古典主义时期（绝对君权时期）的"御用哲学"。在它的影响下，城市规划设计被认为是理性的、绝对的、唯一的，这为法国当时以大量人工去征服和规定自然的宫苑营造方式提供了思想依据。

## 4.1.6　从"诗境"观看西方古典城市规划思想

回顾西方古典城市规划建设思想，"人本主义"和"理性主义"一直是其两大基础，一般认为它们彼此对立而此消彼长，并且大体上理性主义占据主流，所以许多批评现代社会"人文困境"时，矛头大多指向理性主义与"工具理性"上。

其实，在西方文化历史环境中，人本主义和理性主义之间的矛盾是支流，而它们的内在

图4.13　法国维兰德里庄园及其平面图——古典主义（唯理主义）的规划

一致性和相互转化恰是主流，历史上它们如影随形，要么都被压抑，要么或明或暗地都迸发。例如古希腊的理性主义其实是在相信人类凭借"理性"能够完善地认识整个世界的人本主义激励下产生；又如文艺复兴思想集中体现为反抗神学的人本主义，而其反抗神学的武器恰是理性主义，人本主义学者以"人自身有理性思维能力"之说代替"人的思维由上帝主宰"；进而，近代自然科学（科学理性）就是在人性解放的人本主义鼓动下摆脱中世纪宗教神学包袱而获得大发展的。

以"诗境"美学的观点来看，西方传统无论人本主义或者理性主义都与"自然观"无多大关联，故而离"诗境"都有较远距离。先看理性主义，发展到近代自然科学阶段时，直接表白科学认识自然的目的是为了控制、改造和征服自然。在建筑与规划领域也是如此，例如文艺复兴时期阿尔伯蒂在《论建筑》一书中关于园林布置的论述，提出了使自然地形服从于人工造型的规律，把坡地和植物塑造成明确的几何形状，并使大自然从属于人的尺度，按照对称和比例塑造物质环境（吴家骅.2002）；17世纪法国著名造园家勒诺特也说造园法则是"让自然感到羞愧"。再看人本主义，尽管

它也讲人的情感，但并非指人对自然的情感关系或审美关系，所以，不能简单地说人本主义比理性主义拥有更多的"诗境"内涵。

这里我们已经比较清楚，从古希腊开始，产生于西方文化内部的人本主义和理性主义，分别表现为"以人去征服自然"和"以理性去支配自然"，可见它们的内在一致性，无论哪一方都缺乏"人与自然和谐"这样的前提和准绳，并且人与自然的和谐机制只能是以"人"和"天"而不是相反。所以，单纯在西方文化内部，无论怎样协调人本主义和理性主义之间的矛盾，实际上都不能使之真正协调，更不能克服后来全球性的"人居环境危机"和"人文困境"而获得城市规划建设的"诗意栖居"理想。

与东方传统规划思想相比，东、西方最大的区别在于面对"自然"的态度上，东方传统规划营造的是在追求人与自然和谐互动（天人合一）中表达人的情感，以人与自然协调为基础追求人格情感的升华，这是东、西方传统城市规划思想差异的分水岭。即便是中世纪时期的西方城市有"如画的城镇"的美誉，这种被动的"自然主义"层次与中国传统将"人心"主动投向"自然"而获得人自身的情感满足是有很大的境界差距的。

## 注释

［1］语出自古希腊哲学家亚里士多德，引自苗力田.古希腊哲学 [M]. 北京：中国人民大学出版社,1989.
［2］语出自古希腊哲学家毕达哥拉斯，他也是西方的勾股定理之父.
［3］语出自古希腊哲学家亚里士多德。亚里士多德.诗学.
［4］古希腊斯多葛学派普罗泰戈拉的名言。斯多葛学派是古希腊四大学派之一，另外三个著名学派分别是柏拉图学派、亚里士多德学派和伊壁鸠鲁学派.
［5］实际上古希腊哲学伊壁鸠鲁学派的"享乐主义"重精神之乐，并不等同于醉生梦死的享乐，但是当时古罗马的统治者和公民们已难以冷静地、辩证地理解伊壁鸠鲁"享乐主义"的原始内涵.
［6］中世纪城市的这种"自然主义"，学者一般认为是因为封建割据、城邦经济有限和战争骚扰，造成城市难以有统一完整的规划设计意图，以及由于宗教仇视古典文化和垄断文化教育，造成当时包括规划师、建筑师在内的人才匮乏等；也有学者认为，中世纪的规划

设计思想实际上更倾向于按照实际生活需要来反映当时基督教生活的有序化和自组织性，并按照教徒文化平等而毫不夸张地布置他们的生活环境，这种"自然主义"的规划实际上正是他们的一种有目的的、高明的规划思想体现.
［7］公元4世纪后，罗马帝国逐渐分裂为东、西两部分。东罗马帝国又称拜占庭帝国，通常被认为始自公元395年，亡于1453年的蛮族入侵。在文化上，拜占庭帝国相当程度上继承古希腊和古罗马文化，包括政治概念、法律原则、文学艺术形式、学术精神和生活方式，为此后西欧文艺复兴运动的全面展开打下了坚实的文化基础。
［8］恩格斯语，转引自张京祥.西方城市规划思想史纲.南京：东南大学出版社,2005.5:45.
［9］该词源自意大利文"Rinascita"，一般多写为法文"Renaissance"，中国曾直译为"再生"或"再生运动"，最后"文艺复兴"的译法被普遍接受.
［10］恩格斯.自然辩证法 [M].. 北京：人民出版社,1971:30-31.

# 4.2 近现代西方城市规划思想

## 4.2.1 偏向人本主义的规划思想

近现代城市规划思想有各种流派与各个时期理论的交锋与流变，主要在经历了早期资本主义和空想社会主义阶段之后，通常以"田园城市"理论的出现作为现代城市规划的正式开端，后来继续发展为属于"分散模式"一派的规划思想。

### （1）"田园城市"理论

霍华德(Ebenizer Howard)1902年提出的"田园城市"理论本是以倡导社会改革为目标的（故开始称"社会城市"，图4.14）[1]，针对的是19世纪的英国社会状况。英国作为工业革命发源地，一方面因经济生产方式变化引发社会组织方式和空间行为方式变化而导致城市人口的激增，另一方面面临着诸如居住条件恶劣、城市结构失衡、交通拥挤、公共卫生设施严重短缺、环境恶化、景观混乱和阶级空间对立等种种矛盾，根据W.Farr的调查显示，1885年当时世界领先的工业城市曼彻斯特，人均寿命仅29岁，婴儿死亡率高达80%[2]，这是一个马克思曾描绘的黑暗的工业革命城市。

"田园城市"(Garden City)理论（图4.15）出发点是基于对城乡的优缺点分析，以及因此提出了用城乡一体的新社会结构形态来取代城乡分离的旧社会结构形态的"公司城"想法，"城市和乡村的联姻将会迸发出新的希望、新的生活、新的文明"。具体落实在空间形态上，霍华德设想的田园城市，规划了宽阔的农田地带环抱城市，每个城市的人口限制在3.2万人左右，于是确定城市的大小直径不超过2公里，这样城市外围绿化带可以让老人和小孩步行到达。城市里充满了花木茂密的绿地，有宽阔的林荫环道、住宅庭园、菜园和沿放射形街道布置的林间小径等；公共绿地也很多，其中中心公园面积多达60公顷（沈玉麟.1989）。

"田园城市"理论在城市规模、布局结构、人口密度、绿化带等方面，提出了一个比较完整的具有独创性的见解，对现代城市规划学科

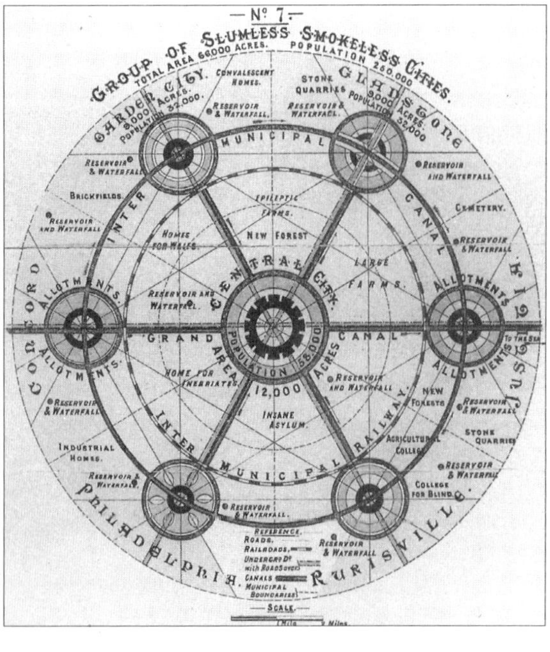

图4.14 霍华德的"社会城市"图解

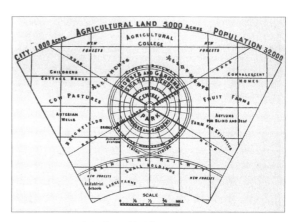

图4.15 霍华德的"田园城市"图解

起了重要的作用，所以今天一般都将之作为现代城市规划的开端。美国著名城市学家 L. 芒福德也曾高度评价："20 世纪我们见到了人类社会的两大成就：一是人类得以离开地面展翅翱翔于天空；一是当人们返回地面以后得以居住在最为美好的地方（田园城市）"[3]。

从"诗境"美学观检视，霍华德"田园城市"理论中提出的城市规划方式表现出人类与自然的协调机制——"田园城市"希望建设一种兼有城市和乡村优点的理想城市（因此把城乡作为一个整体来研究是"田园城市"理论的一个重要特点）。而乡村的优点就在于人和自然的关系比在城市里要亲密，所以"田园城市"追求兼有城市和乡村的优点，实为追求人类社会（城市）和自然（田园乡村）的协调。一个事实是，"田园城市"理论的提出，深受了美国奥姆斯特德（Olmsted）提出的景观营建学（Landscape Architecture）之影响，景观营建学所追求的目标主要就是人与自然的亲近与协调，而且"田园城市"具体提出的城市规划空间模式直接受到了奥姆斯特德所规划的纽约中央公园的影响。霍华德"田园城市"理论的提出本是出于改革现有社会为目的的，本意是解决社会矛盾问题，即"人与人"之间关系的问题的，而在"田园城市"理论中，让我们看到实际上是用"自然"去协调人与人的社会关系。

所以我们有理由相信：人与人之间的社会关系协调与改造须以人与自然的亲近与协调为基础和前提，这就是"田园城市"理论具有某种"诗境"意涵之所在。同时说明，现代城市规划从它开端的那一天起，协调人与自然的关系就是它的基础、前提和重要内容，是解决其他一切社会矛盾的总前提，偏离了它就偏离了城市规划的本质目标。

### （2）"分散模式"规划思想

"分散模式"规划思想是一个大概念，包含一系列思想理论。"田园城市"理论是其中的重要代表，之前的"带形城市"(Linear City) 概念已具"分散模式"成分，之后则有"卫星城"(Satellite Towns) 和"有机疏散"(Theory of Organic Decentralization) 以及"广亩城市"(Broadacre City) 的概念与理论等（P.Hall.1985)。

从"诗境"意义分析，"分散模式"的规划思想相对西方传统更重视"自然"的作用。"田园城市"理论重视自然，由霍华德两位助手昂温 (L. Unwin) 和帕克 (B. Parker) 发展出的"卫星城"（图 4.16）理论同样如此，他们建议用相对的自然物——绿带和农田圈住现有的城区，把人口和就业岗位疏散到一连串的"卫星城"中，以防止城市规模过大和不断蔓延。"卫星城"广泛影响了欧美乃至前苏联等[4]，在二战后更获得推广，尤以英国"新城运动"最为典型，成为分散大城市过于集聚的功能和人口，在更大的区域范围内优化城市空间结构、解决环境问题、实现功能协调的重要手段。

芬兰建筑师、规划师伊利尔·沙里宁 (Eliel Saarinen) 提出的"有机疏散"理论 (Theory of Organic Decentralization) 则更有"自然"思想成分，甚至有"师法自然"的意味（图 4.17）。沙里宁认为自然生物（有机）体的内在秩序表现为体内各部既分散又有机地联系在一起而非死板地凝成一块，且"有机秩序的原则是大自然的基本规律，所以这条原则，也应当作为人类建筑的基本原则"，因此主张把传统大城市那种拥挤成一整块的形态在合适的区域范围分

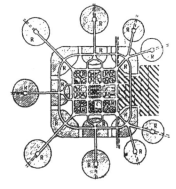
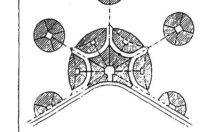

图 4.16　昂温的"卫星城"模式

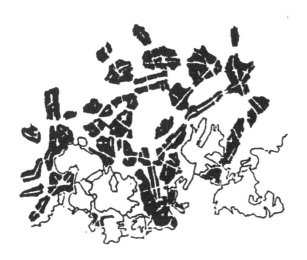

图 4.17　老沙里宁的 "有机疏散" 模式

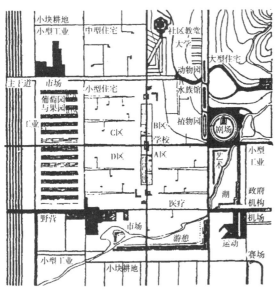

图 4.18　赖特 "广亩城市" 平面示意

解成为若干个 "在活动上相互关联的有功能的集中点" 的单元，即应该多中心地发展城市，把城市的人口和工作岗位有机分散到可供合理发展的离开市中心的地域上去，它们彼此之间用保护性的绿化地带隔离开来。沙里宁依此理论于 1917 年制定了大赫尔辛基规划，并于 1943 年出书详尽地探讨阐述了 "有机疏散" 思想，对以后特别是二战后欧美各国改善大城市功能与空间结构，尤其是通过卫星新城建设来疏散、重组特大城市的功能与空间，起到了重要的指导作用。

"广亩城市"（Broadacre City）最具 "自然主义" 色彩（图 4.18），基本上是一种没有城市的城市，当属极端的 "分散模式" [5]。"广

亩城市" 的提出者美国建筑师赖特 (Wright) 反对大城市的集聚与专制，主张人类回到广袤的土地中去低密度分散居住，靠遍布广阔田野的乡村道路系统和新技术（如小汽车、电话）来相互联系，认为这样才是 "真正的文明城市"。赖特是受东方老子哲学影响的 "自然主义" 者，故而他的 "广亩城市" 主张有道家 "小国寡民" [6] 的意涵，抛弃了传统城市的结构特征，强调居住单元相互独立从而完全地融入自然乡土环境之中。

除了 "分散模式" 规划思想的 "自然" 成分之外，一般也认为 "分散模式" 的规划思想更加偏向于 "人本主义"，从中或许可以看到 "自然" 与 "人本" 的密切关系，也给我们一个启示：解决当代 "人文困境" 须从与人与自然协调的相关方面入手。

当然，人与自然和谐是一个目标，很难说哪一种具体的规划模式就更适宜人类未来的发展，例如 "田园城市" 和 "有机疏散" 理论，特别是 "广亩城市" 理论与后来西方 "卫星城" 建设乃至二战以后的 "新城运动"，特别是美国中产阶级郊区化运动有内在渊源，它导致了郊区大量的自然空间被占用，肆意改变了郊区自然的本来面目，这样反而是加剧了人与自然的矛盾。所以，怎样才能建设一个人与自然协调的诗意栖居环境，需要针对不同地域条件、不同时代条件具体问题具体分析才行。

### 4.2.2　偏向理性主义的规划思想

近现代规划思想中实际更处于主流的是与 "分散模式" 对应的另一派、即偏向理性主义的一派，主要有 "工业城市" "现代主义" 与 "系统论" 规划思想，这可以将之归为 "机械理性"、"功能理性" 和 "系统理性" 三个阶段。

图 4.19　戈涅的"工业城市"设想

### （1）"机械理性——近现代早期的 "工业城市"概念

与"田园城市"几乎同期，法国建筑师戈涅 (T. Garnier) 提出了"工业城市"(Industrial City, 1901)（图 4.19）概念，他认为工业已成为城市的主宰力量，因此设想城市的各个功能部分像工业机器零件一样，按不同的使用需要和环境需求进行分区，并严格地遵守一定的组织秩序，使城市像一座良好的工业机器那样高效、顺利地运行。

"工业城市"概念是西方传统"理性主义"在近现代的表现，可将其列入"机械理性"范畴，它对后来的"现代主义"规划思想有着重要的影响。

### （2）"功能理性——居主流地位的 "现代主义"规划思想

在西方近现代城市规划思想体系中占据主导地位的是"现代主义"[7]城市规划思想，它是在现代建筑运动四巨匠之一、"国际现代建筑协会"的倡导者柯布西耶 (Le Corbusier) 等人的推动下，经过 1920、1930 年代现代建筑运动，以《雅典宪章》(1933 年) 的诞生作为标志和理论总结，实践活动则主要集中于二战后至 1960 年代西方经济恢复和城市快速重建时期。

虽然从形式上讲，"现代主义"城市规划是对西方传统城市规划的反叛，但从"诗境"意义看，却是西方传统理性主义在现代社会的

表现形式之一，主要体现在"现代主义"城市规划对于"功能"的强调上。早在 1920 年代末国际现代建筑协会 (CIAM) 第一次会议就宣称："城市化的实质是一种功能秩序"，笔者"现代主义"城市规划就立足于这种"功能理性"。

柯布西耶是"现代主义"城市规划的领军者，他年轻时就写道："设计与写作一样，应该建立在科学的、放之四海皆准的法规中"[8]，充分表露了"功能理性"思想和"机器美学"观，其名作"马赛公寓"和名言"房屋是居住的机器"，就是这种信念的典型反映。1922~1933 年间他连续发布《明日之城市》、提出"巴黎改建方案"（图 4.20）、展出"光辉城市"(The RadiantCity) 规划（图 4.21），并出版《光辉城市》一书等，莫不都是从"功能理性"来理

图 4.20　柯布西耶的巴黎中心改建规划方案势必破坏巴黎老区的风貌

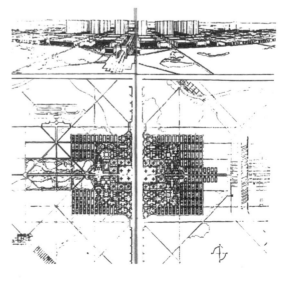

图 4.21　柯布西耶的光辉城市设想

解现代城市，主张运用新型现代技术以"集聚"模式（如摩天大楼、立体交叉、大片绿地等）来改善城市，故其思想又被称为"城市集中主义"。柯布西耶一生一直希望利用现代设计来为社会稳定作出贡献，利用现代技术创造美好城市，其城市规划思想因为意义重大而被称作"现代城市规划的《圣经》"（P.Hall.1985）。

堪称"现代主义"城市规划的理论总结与宣言的是 1933 年的《雅典宪章》，[9] 其主要特点就是"功能理性"。首先，表现在宪章提出了"功能分区"思想[10]，它缓解和改善了当时大多数城市无计划、无秩序发展过程中出现的工业和居住混杂、环境污染、设施欠缺、交通拥挤等问题；还表现在该宪章强调经济原则，提出了批量生产、机械化建造方法[11]；宪章还强调了自然环境（阳光、空气、绿化）对人的重要性，对以后城市规划中的用地区划管理(Zonning)、绿环(Green Belt)、邻里单位(Neighborhood Unit)、人车分离、建筑高层化、房屋间距等概念的形成都起了重要的作用。

概言之，以"功能理性"为基础的"现代主义"的城市规划及其理论总结《雅典宪章》对当时城市发展中普遍存在的问题进行了全面的分析，为现代城市规划奠定了重要的理论基础，也确实突破了西方传统城市规划中的形式主义局限，对以后的城市规划发展和实践有着最为深远的影响，引导现代城市规划向科学方向发展迈出重要的一步。

然而，和历史上一样，理性主义太过强盛则压抑人本主义的空间，以"诗境"观点看，"现代主义"城市规划强大的"功能理性"思维压制了"诗境情感美"的展现。"功能理性"过分强调事物清晰明确、非此即彼的原则，相应的城市规划采取截然分明的功能分区，造成了城市成为秩序与技术结合的机械社会和"居住机器"，而忽视传统城市丰富的历史意义和文化意义，忽略了人类活动的流动性和多样性。尤其是在二战后许多按规划重建和改造的城市中，竟然发现城市变得相当冷漠和单调，缺乏人情味，所以有学者批评这些"功能理性"的城市规划"是将一种陌生的形体强加到有生命的社会之上"，这些都暴露了"现代主义（功能理性）"规划思想的重大缺陷。

柯布西耶自身的规划实例也证明了这一点，1950 年柯布西耶所作的印度昌迪加尔(Chandigarh)城市和政府建筑规划设计（图 4.22），虽没有采取高层集中模式，但以平面上宏大展开的城市形态将各种功能有秩序地装载：功能分区明确，道路等级清晰，各区域与街道全部用字母或数字命名，城市空间尺度较大，形成了一座纪念碑式的城市景观和高度"功能理性"化的城市特征，建成后的昌迪加尔城以其布局规整有序而得到称誉，但在使用后却发现：功能分区导致社会分化，规划布局、空间构图和宽敞街道不为人们的现实生活所准备，城市显得生硬机械，空间环境冷漠。另外，巴西的巴西利亚城规划也是如此，还有许多以此为模式的新城规划建设，大多由于缺少社会与文化根基而效果欠佳。

许多学者从"人本主义"角度对"现代主义"城市规划提出批评，其中以雅各布斯 (J.Jacobs) 充满激情的评述比较具有代表性，她认为多样性是城市的天性，如果盲目拓宽道路，建大型商业区，拆除城中村，建立各种独立封闭的高档小区，只会造成城市资源的浪费和效益的降低，表明了城市规划中需要灌输人文精神才使之有生命和感情。C·亚历山大也以"城市不

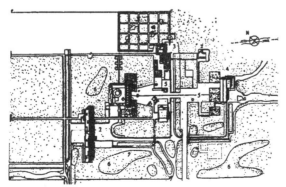

图 4.22 印度昌迪加尔行政中心——"现代主义"的规划

是树形"（图 4.23）的论证对"现代主义（功能理性）"的规划建设思路提出了批评。另外，其他一些有识之士也作了理论剖析，例如桑德考克 (Leonie Sandercock) 认为"现代主义"表现出来对"工具理性"的依赖，其规划知识和技能是基于科学模型来进行的，但在城市规划中更需要、更依赖的是来自其他的智慧，诸如通过说、吟、讲故事等表现出来的背景、直觉等知识。

当然，"现代主义"城市规划和《雅典宪章》对于自然环境作了强调，这切合了人对阳光、绿化需要的自然属性。不过，从"诗境自然美"角度看，这不能算作达到了"诗境"的层次，因为它强调自然环境主要还是从功能需要出发的，虽然有一定审美功能，但离"诗境"还很远，只不过已有了追求"诗境"的初步基础和创造了有利条件而已。

### （3）数理理性——1960～1970 年代理性高峰表现的"系统论"规划思想

这里把受"系统论"[12]影响，以数理思维方式为基础的规划思想称为"系统论"规划思想，它同样属于理性主义思维模式，笔者称之为"数理理性"。

"系统论"是具有逻辑和数学性质的一门科学[13]，在其影响下，城市规划工作被认为是对城市各复杂系统进行数理系统分析和控制（N. Taylor. 1998）。美国 1950 年代末进行的"运输—土地使用"(Transport–Land Use) 规划算是最早运用"数理理性"思想和方法的规划。1960～1970 年代，"数理理性"思维在西方城市规划学科中达到高潮，带来认识和方法的改变：包括对城市复杂系统性的认识。例如亚历山大的"半网状结构"思想就是以系统观来研究城市复杂性的一个重要起点；还有对规划观念的改变，"数理理性"规划思想将城市规划看成为一个动态的适应性调整过程，例如 1969 年布赖恩·麦克洛克林（B.

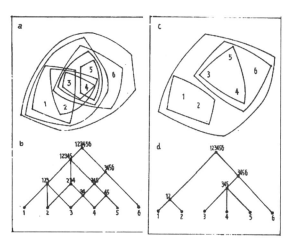

图 4.23 亚历山大的论证

Mcloughlin）出版了《系统方法在城市和区域规划中的应用》(Urban and Regionl Planning: A System Approach)，提到"系统规划"理论不像传统那样强调物质形态的设计，而是强调理性分析、结构控制和系统战略，因此将规划由过去终极式的蓝图编制转变为过程型的规划控制；"系统论"规划思想的显著影响还在于它鼓吹城市规划师的角色转变，即由过去的设计师变为"科学系统分析者"，采用"量化"方法综合预测城市系统，运用计算机建立数学模型来模拟城市的变化规律，例如比利时的 Allen 等人就建立了有关城市发展的动力学模型，提出了影响城市发展的若干变量，然后将城市分成若干小区，分别列出相应的非线性运动方程，最后用计算机进行模拟预测，试图将城市规划和城市的发展纳入一个可以精确计算、预测的轨道中。

以"诗境"观点看，"系统论"规划思想所依据的"数理理性"可以说是把现代城市规划中的理性主义思维推向了高峰。以"数理"为核心观念的"系统论"的建立、发展和应用到城市规划领域，使得城市规划思想由原先感性的或者偏于机械的理性认识观，实现了向现代科学数理理性的认识观的飞跃，这是"系统论"规划思想值得肯定的进步意义。不过，理性主义思维被推向了高峰的时候，也往往是最忽略"诗境情感美"的时候。实际上，这种"数理理性"规划在 1970 年代末已受到了指责，例如 1977 年斯科特 (A.J.Scott) 与罗维斯 (S.T.Roweis) 发表了《理论与实践中的城市规划》(Urban Planning in the Theory and Practice:A re-appraisal) 一文，针对当时城市规划中由大量计算机辅助的数理模型支持理性分析的现象，指出这种理论和方法"内容虚无、空洞"[14]，因为城市并不是一个完全客观的、可以通过计算模拟来认知的自然物质，它本身的复杂性特别是不断变化的社会性，使得任何定量科学其实都不可能准确地掌握城市发展的规律，用纯自然科学的方法来加强规划的企图，并不能解决城市中大量实实在在的社会问题。

西方工业文明已经发展到一个高峰，越来越多的人在反思：现代城市变成了一个个混凝土组成的森林，不但没有提供一个温馨、自然的环境，反而造成了人情冷漠、自然环境被破坏等各种消极问题。于是，1960 ～ 1970 年代以后西方社会思想开始发生重要转变和种种新理论与实践的尝试。

## 4.2.3 "后现代主义"的转变

对于 1960 ～ 1970 年代以后的当代西方社会思想的转变，有人通称为"后现代主义"。"后现代主义"也是一个宽泛的概念，即使限定在城市规划设计领域也是各种理论纷呈，但总的来说，"后现代主义"认为"现代主义"是试图通过僵化的功能理性秩序来建设一个"人造的文明城市"，对之批判为：缺乏人情味、文化根基脆弱。

以"后现代主义"为总标称的当代西方规划设计思想转变，以"诗境"的角度来看，其重要意义是向重视人类情感的诉求、重视城市文脉和追求多元文化等的人本主义方向转变，改变了曾经占据主流地位的"现代主义"规划思想过于倚重"功能理性"的倾向。在这些转变中，以"城市意象"和"文脉主义"等规划设计理论比较有代表性。

### （1）城市意象——规划设计的心理学（记忆、情感）等要素之介入

1960 年美国学者凯文·林奇教授 (Kevin Lynch，1918 ～ 1984) 出版了《城市意象》(The Image of the City) 一书，在城市设计领域引起了重大反响。通过多年细心观察和群众调查，在运用认知心理学方法的基础上，将城市分解为人类可感受的各种空间特征，提出了构建"城市意象"(Image) 的五项基本要素：路径 (path)、边缘 (edege)、地区 (district)、节点 (node)、地标 (Landmark)，认为通过这些要素的交织与重叠产生对城市空间的"认知地图"(cognive map) 或称"心理地图"(mental map)，人们就是根据这样的"认知地图"对城市空间进行定位，辨认城市的风貌特征，构建起对城市的意象体系。在分析这五大要素时，林奇又引入空间 (space)、结构 (structure)、连续性 (continuity)、可见性 (visibility)、渗透性 (penetration)、主导性 (dominance) 等设计特性与之结合，从而创造出一套崭新的设计理论和方法（图 4.24）。

从"诗境"的角度观之，先不论"城市意象"理论划分了多少项意象要素，其理论重要的意义在于"Image"（意象）一词[15]，这是其理论的关键概念，指的是直接感受和以往的经验记忆这两者的综合产物，并被转译为信息并引导人的行动，人是根据他对空间环境所产生的"意象"而采取行动的，因此，不同的观察者对于同一个确定的现实有着明显不同的"意象"，由此导致了不同的行为。进而，林奇认为城市美不仅要求构图与形式方面的和谐，更重要的是来自于人的生理、心理的切实感受。不难发现，林奇把环境心理学分析引入城市规划设计，也就引入了记忆、情感等心理方面因素，他从人的环境心理出发，通过认知地图和环境意象来分析城市空间形式，强调了城市结

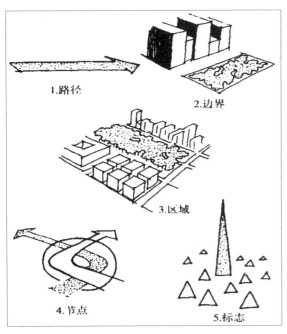

图4.24　"城市意象"五要素——"心理地图"（记忆、情感等要素之介入）

构和环境的可识别性以及可意象性，使得城市结构清晰、个性突出，而且使不同层次和个性的人都能接受。这种独特的设计思想区别于传统城市规划设计的"理性主义"姿态，改变了城市规划设计领域内对城市空间研究分析的传统框架，空间不再仅仅是容纳人类的容器，而是一种与人的行为联系在一起的场所，空间以人的认知为前提而发生作用。

因此，城市规划设计不应再是规划设计师或建筑师仅仅依据"功能理性"原则来进行的纯物质规划，而是真正关注人的心理感知、重视人的情感需求，总的来说，"城市意象"理论体现了"人的心理情感"方面属性要求的规划原则。

### （2）"文脉主义"与"拼贴城市"——强调关联协调与多元融合的思想

"文脉（Context）主义"的理论在"后现代主义"规划设计理论中占据突出的地位，作为一个名词，最早是由1971年舒玛什在《文脉主义：都市的理想和解体》中提出的，其

基本意义是：尽量设法使城市中已经存在的内容能够融入到周围整体环境之中，使之成为这个城市的有机内涵之一。从广义上来说，"文脉"是指介于各种元素之间对话的内在联系，即指在局部与整体之间的对话的内在联系，包括人与建筑的关系，建筑与其所在城市的关系，整个城市与其文化背景之间的内在联系，规划设计的任务就是要挖掘、整理、强化城市与建筑空间的这些内在要素之间的关系。在"文脉主义"的启发下，许多后现代理论家对于如何阅读与理解城市进行了深入的研究。前文提到的"城市意象"也可被认为是文脉主义的一个代表，它探讨了如何通过城市意象使人们对空间的感知融入城市文脉中去的过程。

受文脉主义思想的影响，美国学者柯林·罗（Colin Rowe）与弗瑞德·科特（Fred Koetter）提出"拼贴城市"（Collage City）的理论，该理论反对"现代主义"城市规划按照功能划分区域而造成文脉的割断和文化多元性的丧失，提倡城市的生长、发展应该是由具有不同功能的部分拼贴而成，拼贴组合类型包括简单与复杂、私人与公共、创新与传统等等，这些各种对立的因素的统一，是使得城市具有生气的基础，城市规划和设计应该采用这种多元内容的拼合方式，构成城市的丰富内涵。

## 4.2.4　生态环境观的转变

生态问题就是生存环境问题，它被广泛关注，是因为当代包括热带雨林的大量砍伐、物种的迅速消亡、酸雨的大肆扩散、臭氧洞的不断扩大、温室气体的逐渐增加等在内的日益严重的生态危机。"生态城市"概念的提出，源于1960～1970年代西方在受到生态问题困扰之后的生态意识觉醒。

其实，在城市规划领域对于维护人类生存的环境问题，一直有许多有识之士付出他

们的努力——奥姆斯特德 (F.L.Olmsterd) 为了弥补城市发展对大自然的破坏而创立景观营建学（1858），并促成设立和规划了纽约中央公园；霍华德提出"田园城市"理论（1898）是自然观和人文观的结合；格迪斯 (P.Geddes) 继出版《城市开发》（1904 年）后再发表《进化中的城市》（1915 年），从生态观角度论述了环境背景在区域和城市发展中的至关重要性；赖特的 (F.L.wright) 提出"广亩城市"并发表《消失中的城市》（1932）和《活着的城市》（1958）；老沙里宁 (E.Saarinen) 提出"有机疏散"思想，力图使城市"既符合人类工作和交往的要求，又不脱离自然环境"；1958 年道萨迪亚斯 (Doxiadis) 倡立了新兴交叉学科——人居学 (Ekisties)；1959 年首先在荷兰规划界产生了整体主义 (Holism) 和整体设计 (Holistic Design) 的思想，提出要全面地分析人类生活的环境问题等。

然而，西方社会的生态觉醒一般认为以卡逊 (R.Carson) 发布《寂静的春天》（1962）为标志，另外随《增长的极限》（1972）、《只有一个地球》（1972）、《生命的蓝图》（1974）等警世作品的问世，极大地促进了全球生态意识觉醒。在规划设计专业中代表着这种觉醒的有麦克哈格 (L.Mcharg) 出版的《设计结合自然》( Design with Nature, 1969 )，它提出"对未来规划的构思，应多从园艺学而非建筑学中去寻找启迪"，由此开辟了一条非传统城市规划的技术路线，被 L·芒福德称赞为自古希腊之后"少数这类重要书籍中的又一本杰出的著作"。

"生态城市"(ecocity 或 ecopolisecoville 或 ecological city) 作为一个正式的科学概念，是在 1971 年开始的联合国"人与生物圈计划"(MAB) 研究过程中提出的，明确提出了要从生态学的角度来研究城市，从此，城市生态学研究在世界范围内兴起，如 1973 年中野尊正等编著的《城市生态学》，1975 年道萨迪亚斯的《生态学与人类聚居学》，1977 年贝利 (B.J.L.Berry) 出版的《当代城市生态学》等。进入 1980、1990 年代之后，"生态城市"研究更趋热烈，世界各国研究机构、专家学者纷纷就"生态城市"的概念内涵、技术线路等发表自己的论点，关于"生态城市"的各种著作、论文、会议等不断涌现，研究内容涉及社会、经济、文化、自然等各个方面，尤其是 1992 年在巴西举行的联合国环境与发展大会特别举办了未来"生态城市"的全球高级论坛，把"生态城市"研究推向高潮，维护生态平衡的可持续发展成为全球共识。

"生态城市"产生的直接原因也是基于对"现代主义"城市规划的批判，认为"现代主义"的城市规划以社会的高消费为基础，崇尚工业和机械化，将城市的有机功能分割开来，加剧了资源浪费、交通拥堵、景观单调而混乱、环境污染等城市问题，就像瑞典建筑师博塔曾说："今天，我们必须用更为尖锐的态度来批评现代主义的错误观点，它盲目崇拜消费社会和经济发展。我们应该关心那些更有持续性、持久价值的内容"。与此同时，在生态思想的影响之下，许多城市、地区和国家尝试发展诸如"清洁生产"、"生态工业"、"生态农业"、"生态建筑"等技术，并取得了一些成果，为"生态城市"这一概念的发展提供了良好的经济和技术基础。

不管对于"现代主义"城市规划的批判是否恰当，也不管关于"生态城市"的概念定义还有许多争议和探讨，以"诗境"的视角来看，"生态城市"概念的提出是恰逢其时和非常必要的，倡导尊重与保护自然而可持续发展是它具备的重要价值和意义之所在，它不仅仅是一种理论和实践创新，更重要的是它为人类解脱生态危机提供了新的思想和对策，对人类社会的发展进程产生积极的作用，特别是将对人类住区的建设和发展开辟广阔的前景。所以，"生态城市"概念是积极的和建设性的，"生态城市"概念的产生在城市规划和建设领域具有里程碑式的意义。

## 4.2.5 规划思想理论与实践的新开拓

### （1）更重视"人本"和环境保护的规划新思想理论纲领——《马丘比丘宪章》

1960 年代以后，代表"现代主义（功能理性）"城市规划思想的《雅典宪章》中的许多主张和规划原则受到挑战与冲击。早在 1950 年代后期，来自国际现代建筑协会内部的"十人小组"（Team 10）已开始给予批评，1956 年国际现代建协召开第十次会议时认为：城市是一个不断变化和生长的极为复杂的有机体，而过去的理论过于机械。会议之后国际现代建筑师协会就解散了。总之，面对西方社会环境的变化，人们迫切需要对城市规划的主体纲领进行重新思考，于是 1977 年国际建筑师协会（IUA）在秘鲁的玛雅文化遗址地马丘比丘召开了具有重大影响的一次会议，并制定了著名的《马丘比丘宪章》，它建立在《雅典宪章》40 多年实践的评价基础上，故而开宗明义地表明了《雅典宪章》提出的许多原理至今仍然有效，同时阐述了在新形势下应作的必要反思和转变。

首先，《马丘比丘宪章》从哲学思维的高度表明了新纲领超越了西方传统的"理性主义"思维模式，清晰地表达了"人本主义"的思维方向。该宪章说："1933 年的雅典，1977 年的马丘比丘……，雅典代表的是亚里士多德和柏拉图学说中的理性主义；而马丘比丘代表的却都是理性派所没有包括的、单凭逻辑所不能分类的种种一切。"宪章强调了人与人之间的相互关系对于城市和城市规划的重要性，并将理解和贯彻这一关系视为城市规划的基本任务，进而强调城市发展的动态性和各组成要素

之间相互作用的重要性、复杂性，指出不能过分追求功能分区而"牺牲了城市的有机构成"，批评了依据功能理性分区而建立的"新城市没有考虑到城市居民人与人之间的关系，结果使城市生活患了贫血症"，宪章中说："必须努力去创造一个综合的、多功能的环境"，并且说："……应当把已经失掉了它们的相互依赖性和相互关联性，并已经失去其活力和含义的组成部分重新统一起来。"

《马丘比丘宪章》又特别强调了尊重与保护自然环境方面。认为生态环境危机已经"到了空前的具有潜在的灾难性的程度"，要求"控制城市发展的当局必须采取紧急措施，防止环境继续恶化"和"恢复环境的固有的完整性"。进而再次肯定和强调了《雅典宪章》就已提出的"建筑—城市—园林绿地的再统一"原则，并且在《马丘比丘宪章》最后的结束语中，以古代秘鲁的农业梯山为例，指出它"受到全世界的赞赏，是由于它的尺度和宏伟，也由于它明显地表现出对自然环境的尊重。它那外表的和精神的表现形式是一座对生活的不可磨灭的纪念碑"，而新宪章就是在这个尊重自然环境的思想鼓舞下"谨慎地提出"的。

### （2）更重视人文历史与自然和谐性的规划新实践——新城市主义

"新城市主义"是 1990 年代初美国等西方国家在反思郊区化增长模式之后所提出的，并成为当代西方城市规划中最重要的探索着力方向之一。其基本理念是从传统的城市规划设计思想中发掘灵感，并与现代生活要素相结合，重构一个人情味浓厚、有地方特色和文化气息的、尊重和保护自然环境因而是紧凑性的城镇和邻里社区（图 4.25）。

早在 20 世纪初期，西方国家的城市郊区化现象初见端倪，人们为了逃避工业化侵袭和日趋严重的大城市问题而迁往郊区，渴望在郊区找到一块净地。二战后的西方特别是美国，

图 4.25 人性化、多样性、社区感的新城市主义实例

私人汽车剧增，高速公路大规模兴建，使郊区化进程大大加快，在郊区拥有一座花园环绕的独立式住宅成为中产阶级追求的梦想。然而，这种郊区化蔓延，导致了高成本低效率、生态环境破坏、城市结构瓦解等一系列弊端，表现为：过长的通勤距离耗费了大量的时间和精力；无序蔓延的郊区化大量吞噬富有地方特色的乡村景观；环境污染扩散到了郊区；破坏了传统社区内部的有机联系；对汽车的严重依赖使许多不能开车的人（如老人和小孩）寸步难行；忽视公共交往空间，加深了孤独感……。1993 年 J·康斯特勒出版《无地的地理学》，严厉地指责二战以来美国城市松散而无序向外蔓延所引发的巨大社会和环境问题（B.Michacl, 1996），提倡要改变目前因为工业化、现代化所造成的人与人隔膜、城市庞大无度的状况。在此背景下，"新城市主义"（New Urbanism）作为与郊区蔓延化相对应的城镇与社区规划理论应运而生。

"新城市主义"的目的是要扭转和消除无序蔓延的郊区化所造成的人情冷漠、旧城衰退、土地浪费、自然景观破坏等不良后果，因此提出了三个方面的核心规划设计思想：一是要求从区域整体的高度来看待和解决问题；二是以人为本，强调建成环境的宜人性以及对社会生活的支持性；三是尊重历史和自然，强调规划设计与自然、人文、历史环境的和谐性（王慧 . 2002）。"新城市主义"期望把多样性、社区感、俭朴性和人性尺度等传统价值标准与当今的现实生活环境有机地结合起来，重塑人性化、多样性、社区感的城镇生活氛围。

为达此目的，"新城市主义"提出了许多有关现代城市空间开发重构的典型模式，例如安德烈·杜安伊（Andres Duany）和伊丽莎白·齐贝克（Elizatbeth Zyberk）提出了"TND"[16]模式，侧重于宜人尺度的城镇内部街坊；而彼得·卡尔索普（Petert Cathorpe）则提出了"TOD"[17]模式，侧重于整个大城市区域层面解决问题。1990 年代以后，应对无序蔓延的郊区化，"紧凑城市"（Compact City）被西方认为是一种可持续的城市增长形态，"新城市主义"就特别提倡采取这种有节制的"紧凑开发"模式。

"新城市主义"减少了对土地的浪费和小汽车的使用，也就减少了交通拥挤和能源消耗，它所构筑的是以传统邻里为基础、具有多元文化与自然特征的乡村城镇式的社区模式，满足了人们生理和心理的需要，所以受到规划设计人员、开发商和业主的积极响应。在规划实践上，"新城市主义"一方面重新改造了那些由于郊区化发展而被废弃的传统旧城中心区，使之重新具备城市生活的活力和建立新的密切邻里关系，但是强调保持旧城风貌和尺度，典型的案例有美国巴尔的摩、纽约时报广场更新改造等；另一方面，在城市郊区的新社区建设规划上，依照"新城市主义"倡导的紧凑、适宜步行、功能复合、珍视自然环境和历史环境之基本特点。

"新城市主义"实际上提供了一种创造场所的新语言，它既不是柯布西耶式的现代主义集中型高楼，又不是无序蔓延的郊区模式，而是代之以紧凑型的传统邻里社区，可在步行范围内享受到城市社区的多元的活力，同时人们坐在家园里享受着清新的自然景观。因而相对而言，"新城市主义"比高楼集中或郊区蔓延更显示出"诗意栖居"的发展模式。

# 注释

［1］ "田园城市"理论最早见于霍华德1898年出版《明日：一条通向真正改革的和平之路》(Tomorrow:A Peaceful Path to Real Reform)一书，1902年再版时改名为《明日的田园城市》(Garden Cities of Tomorrow).

［2］ 数据转引自张京祥.西方城市规划思想史纲[M].南京：东南大学出版社,2005:81.

［3］ 刘易斯·芒福德在《田园城市思想和现代规划》中之语.转引自詹和平.诗意地栖居与理想人居环境.南京艺术学院学报(美术与设计版) 2006,3.

［4］ 例如1912~1920年巴黎建造了28座卫星城，1921~1924年前苏联制定了莫斯科卫星城规划，还有1944年由阿伯克隆比主持完成的大伦敦规划中在伦敦周围建立8个卫星城.

［5］ 赖特在1935年发表《广亩城市：一个新的社区规划》(Broadacre City A New Communtiy Plan)首次提出"广亩城市"思想.

［6］ 老子.道德经.

［7］ "现代主义"本身是一个复杂的概念，在所有文化与意识形态领域，如哲学、美学、艺术、文学等，都有它特定的内容和定义.一般认为"现代主义"所对应的时间是从20世纪初至二战后的1960～1970年代.

［8］ 柯布西耶年轻时与人合办《新精神》杂志中的创刊号辞.

［9］ 《雅典宪章》是在1933年"国际现代建筑协会"第4次会议上由柯布西耶倡导和亲自起草.

［10］ 《雅典宪章》将城市活动划分为居住、工作、游憩和交通四大基本功能类型，提出城市规划以解决四大功能的正常进行为目的，着重建立各功能分区的"平衡状态"和"最合适的关系"等.

［11］ 事实上，除此之外，《雅典宪章》认识到了城市与周围区域之间是不能割裂的有机联系关系，也提出了保存历史建筑和地区的重要性；并且也为现代城市规划指明了"人本主义"的方向，宪章中有"人的需要和以人为出发点的价值衡量是一切建设工作成功的关键"的明确条文，但这一点在1960～1970年代前的西方现代城市规划实践中几乎都被忽视了.

［12］ "系统论"本身主要内容包括：系统的观点（有机整体性的原则）、动态的观点（自组织的原则）、组织等级的观点（事物之间存在着不同的组织等级和层次并且各自的组织能力不同）."系统论"是"老三论"中核心组成部分，"老三论"即系统论、信息论和控制论，诞生于1948年，并在1960年代得到重大发展，对自然科学和社会科学都产生重要影响."老三论"是相对于后来的"新三论"而言的.

［13］ "系统论"是研究系统的一般模式、结构和规律的学问，研究各种系统的共同特征，用数学方法定量地描述其功能，寻求并确立适用于一切系统的原理、原则和数学模型.

［14］ 方澜,于涛方.战后西方城市规划理论的流变[J].城市问题,2002,1:10-13.

［15］ 其实这里"Image"译为"意象"，并非中国哲学或诗学中早已有的那个"意象"概念，但也有一定的联系，"意"者从"心"，而英文词汇"Image"也与"心理"因素相关，或许这正是中文翻译者将书名中的"Image"译为"意象"的原因.

［16］ TND：Traditional Neighborhoo Development（传统邻里发展模式）.

［17］ TOD：Transit Oriented Development（公交主导发展模式）.

# 4.3 西方园林与诗境

有学者将世界园林分为中国、古希腊和西亚三大派别[1]。而作为欧洲源头的古希腊园林实际又可追溯到古代西亚的亚述、巴比伦、波斯园林和古埃及园林，则再概括言之，世界园林依文化传统和美学思想，可分为中国园林和西方园林两大类，它们在造园理论、布局形式和审美情趣上迥然不同。不过，从《圣经》"伊甸园"中，却能够发现东、西方在人类文化与审美的发展初期的共同性和共通性。

## 4.3.1 源起伊甸园

### （1）《圣经》"伊甸园"天堂的诗境描述

西方人心目中的理想生活环境即"天堂"是什么样？不妨从西方传统文化的经典——《圣经》中寻求答案。因为《圣经》是西方宗教圣著，也是西方文化、思想、宗教、艺术之根，从中可以找到呈现西方文化精神和艺术思维的原生性"范式"。

"伊甸园"是《圣经》中记载的上帝人类的始祖亚当和夏娃所居住的乐园，《圣经》中这样写道：

"8 耶和华神在东方的伊甸立了一个园子，把所造的人安置在那里。"

"9 耶和华神使各样的树从地里长出来……"

"10 有河从伊甸流出来，滋润那园子，从那里分为四道。"……[2]

从这些描写中可以看到一个花木簇簇，溪流淙淙的大自然生命乐园，伊甸园地处东方，《圣经》里东方表示光明荣耀的方向；有各种树木从地里长出来，表明伊甸园是生命产生和生长的地方，人类始祖每天唱着诗歌，享受生命树的果子；随着这树还有河水从伊甸园流出，表征流淌出生命的活水；河又分出四道，滋润园子，普及四方，使人得以生活和喜乐。第一道河名为比逊，意为白白的涌流，无偿地使一切有生命之物得以生长；第二道河名为基训，意为众水的澎湃，表明如同大潮一样澎湃而丰满；第三道河是希底结（底格里斯河），意为快猛，暗示充满生命的能量；第四道河名为伯拉（幼发拉底河），意为馨香，使土地肥沃并多结果子……[3]，这些描写以及所用的诗一般的语言都反映出西方文化之初园林诗意想象模式（图4.26）。

图4.26　伊甸园想象——人与自然天真地融合

## （2）"伊甸园"的意义

人类从诞生到今天，斗转星移，沧海桑田，寄托了许多夙愿与美梦，也承载了种种苦难和心酸，无不渴望回归纯真安宁、充满诗意的乐土。"伊甸园"现被比喻作人的天堂乐园，"伊甸园"一词已成为至纯至美的理想家园象征，成为人类心灵栖息地和精神图腾的代名词。虽然《圣经》中"伊甸园"属于神话传说，是一种宗教观念，但从文化思维来看，一方面它表明了在西方文化初始期，同样存在着对美好家园的渴望和希冀的情愫，憧憬着恬静安逸和与世无争；另一方面，还表明了人与自然天真地融合也是西方文化之初所追求的诗意乐土，无论东方或西方，人类都在企求有一种最美的生存环境——园林环境。

## 4.3.2　西方古典园林源流

### （1）西方古典园林溯源——古西亚和古埃及园林

古代西亚和古埃及有着悠久文明史，特别是古代西亚这片古老而神奇的土地上据说是《圣经》"伊甸园"的原型地，当欧洲许多地方还处于蛮荒状态时，这里已有著名大都市，其科学、哲学和文学的成就为文明史上所罕见。

考古学家推测了古西亚亚述国王的花园里规则地种植了果树、棕榈、松树等，表明古西亚已开始了规整式园林雏形；而古西亚波斯园林规整的"十"字形布局模式为阿拉伯人所继承，成为后来伊斯兰园林的传统，并随着7世纪阿拉伯人建立起地跨亚、非、欧三大洲的伊斯兰大帝国而广泛流布，再经意大利演变成各种园林水法，成为日后整个西方园林的重要内容；古埃及园林主要有葡萄园、果园、菜园和药草园等实用园林，尚不属园林艺术范畴，而园林布局上则采取轴线对称、几何形水池和整齐的栽植形式（图4.27）。

以上可知古代西亚和古埃及园林的共同特点是规整式布局，它们与后世欧洲园林的渊源

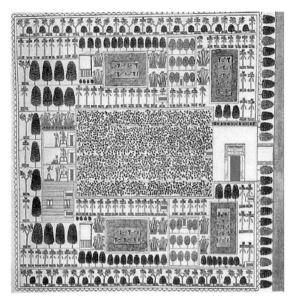

图 4.27　考古发现的公元前 14 世纪古埃及赛尔费尔墓画中的宅园布局图规整式园林布局

关系也表现在这里，可以说古代西亚和古埃及园林是西方园林的起源，开启了后世西方园林以人的意志来"指挥"园林自然物的先河。

被认为是世界七大奇迹之一的古代西亚巴比伦王国"空中花园"（公元前 6 世纪）或许是西方规整式园林的一个例外。它采用立体分层叠园手法，在人工山台上建造阶梯形花园，上面覆盖着林木，开辟有幽静的小道，层层遍植奇花异草，山顶上设有提水装置抽取幼发拉底河水形成潺潺流水。"空中花园"在平原上模仿山地景观，远看宛如耸立空中，表达了来自亚细亚的浪漫自然主义因素，一定程度上可与东方园林的"模山范水"相比拟，当然它并没有东方园林后来所发展出的那种"一峰则太华千寻，一勺则江湖万里"[4]的传神与写意（图 4.28）。

## （2）西方古典园林的萌生期——古希腊、古罗马至中世纪园林

欧洲园林的直接源头从古希腊算起，近代欧洲的体育公园、校园、寺庙园都留有古希腊园林的痕迹。古希腊再经古罗马到中世纪的发展，这段时期可算是西方园林的萌生期。

古希腊园林大体上分三类：宅园、寺庙园

以及公共活动园林（包括体育竞技、闲谈游览、政治演讲、哲学辩论、音乐演奏等），都以实用目的为主。古希腊宅园多设柱廊与中庭，后来发展成为四面环绕的柱廊庭园，庭院中置长方形水池、雕塑、瓶饰等，布局齐整对称，这是古希腊人通过波斯学习了古西亚园林布局，并在古希腊"数理"美学影响下，形成的均衡稳定之规整几何形空间，从而奠定了欧洲园林的理性主义布局基础。

地处山地的古罗马园林，配合古罗马的"实用理性"与"享乐主义"，在实用为主的果园、菜园以及芳香植物园基础上逐渐加强了观赏性、装饰性和娱乐性。尽管古罗马地处山地，但通过人工以达到规整化形式却是造园的主流（图 4.29），具体办法是将山地辟成不同

图 4.28　巴比伦"空中花园"有一定"模山范水"的意味

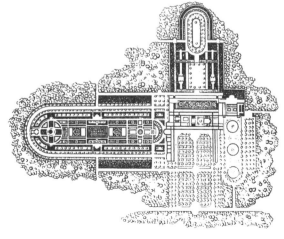

图 4.29　劳伦梯诺姆别墅园平面复原——古罗马继承和发扬了"理性主义"

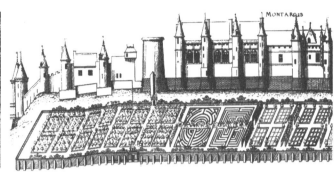

图 4.30　古罗马某花园几何形花坛种植　　图 4.31　中世纪城堡园林——继承着规整式的传统

高度的台地，各层台地设雕塑、喷泉和几何规整形水池、花台和花坛（图 4.30）；植物花木也呈现规则式，有专门园丁修剪植物造型。这些直接奠定了后来文艺复兴时期意大利"台地园"的基础。

中世纪的西欧园林类型主要有城堡园林与修道院园林。在基督教神权统治之下，认为"美"是上帝的创造，古希腊以来的"人本主义"和"理性主义"在表象上均受到一定程度的抑制，故而修道院园林基本上以实用为主，城堡园林也比较简朴，没有太多美学情感上的诉求。园林规划布局上保留和继承古希腊、古罗马的规整式的传统（图 4.31），许多形式还可追溯到古代西亚的"四分园"模式（图 4.32）。另外，园林中以修剪绿篱形成图案复杂的"迷园"(Maze Labyrinth) 做法比较盛行，还有"花结园"(Knot Garden) 和"花坛园"(Parterre) 等，都算是一种几何式美术作品，它们既反映了园林的趣味和娱乐性增加，也反映了西方数理几何的理性主义思想传统。

中世纪时，随着公元 6 世纪伊斯兰教创立，形成了另一个重要园林类型——伊斯兰园林（图 4.33）。它继承了早在古代西亚就已发展起来的波斯园林模式，最终形成"波斯伊斯兰园林"特征："十字形水渠"布局及"四分园"模式、规则的遮荫种植、铺设图案地毯。伊斯兰教创立后通过战争而在欧、亚、非迅速扩张，留下了"西班牙伊斯兰园林"和"印度伊斯兰园林"。其中，西班牙伊斯兰园林以阿尔罕布拉 (Alhambra) 宫苑为典型，印度伊斯兰园林以"泰姬陵"为代表，从中看到规整的"十字形水渠四分园"模式是伊斯兰园林的显著特征，

图 4.32　法国枫特萘修道院——"四分园"规整模式

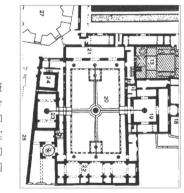

图 4.33　左：西班牙阿尔罕布拉宫部分平面；中、右：印度泰姬陵平面与实景——伊斯兰园林的规整"十字形水渠四分园"模式

并影响了整个西方园林布局的基本构成。

西方园林布局源于古代西亚和古埃及，经古希腊和古罗马得到定型和强化，反映了自古以来的理性主义思维传统；同时，这种以人工改变自然的规整式几何形式也反映了西方人本主义思维传统中的片面"以人胜天"之"人类中心主义"成分。而与中世纪开始同期和稍早的中国魏晋南北朝时期，以崇尚自然为底蕴，经过文人儒士的诗学追求，出现了富有诗情画意的自然山水园，可以说从古希腊、古罗马至中世纪这段时间，是中、西方园林从古代生产和狩猎等实用功能走向不同审美方式的分化期。这种分化究其深层原因，还在于中、西方对于"自然"的不同审美观及由此产生的不同的文化艺术观——中国古典园林营造追求"天人合一"（人与自然和谐）的诗学意境；西方园林在实用生产目的之外，主要还是限于遮荫等绿化作用和视觉美观作用，而且视觉美观作用也是在以人工将自然植物进行修剪作几何图案形处理以后才产生，西方文化从在古希腊起一直将人工艺术品作为审美对象，尚未将"自然"纳入自觉的审美对象及美学视野之中。

### （3）西方古典园林的形成与成熟——文艺复兴时期园林和古典主义园林

1）文艺复兴时期——标志西方园林形成的意大利"台地园"

中世纪过后，15～16世纪文艺复兴首先在意大利兴起，与亚平宁半岛濒海山地丘陵的地理环境结合，迎来了被称为"台地园"的意大利园林时代，从总体布局、分区设置到细部做法，都有了一套较为固定的程式与章法，标志着西方古典园林的形成。

台地园与古罗马园林有承袭关系，例如埃斯特庄园（Villa d'Este，图4.34）、兰特花园（Villa Lante，图4.35）等，总的特征可由"规整几何形台地构图"和"奇异喷泉与各式雕塑"

来概括。其中，"规整几何形台地构图"表现在如下几个方面：园林平面上以轴线贯穿来对称布局，有时会有副轴线；以花坛、泉池、台地为面，园路、阶梯、瀑布等为线，小水池、园亭、雕塑等为局部中心点，面、线、点均为规则几何形；植物被修剪组成图案等。

以追求自然审美的"诗境"观来看，山地上的意大利园林却追求对称、规则的图案布局以及被修剪整齐的植物造型，反映的是西方有悠久传统的"理性主义"精神，它强调对自然

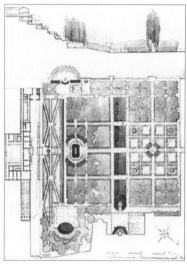

图4.34　埃斯特庄园——几何形台地构图、奇异喷泉与各式雕塑

图4.35　兰特花园——规整布局

的控制与改造，创造了美的几何形式，但欠缺对自然之美的关照，这和中国文化环境中造园追求"山水有清音"的诗境意涵和审美底蕴有本质上的不同。

台地园的另一个重要标识——"奇异喷泉和各式雕塑"，则表现了文艺复兴时期人性解放以后的西方"人本主义"所焕发出的人之创造智慧。台地园中利用地形高差压力形成各种喷泉、壁泉和层层水瀑和流水、跌水等水景，还出现了水魔术法(Water magic)，包括"秘密喷泉"(Secret fountain)、"惊愕喷泉"(Surprise fountain)以及"水剧场"(Water theatre)和"水风琴"(Water organ)等[5]，还有各式各样的雕塑等，表明了设计师注入了大量的奇思妙想并以此炫耀。

如此还反映了西方传统审美思维多是将审美对象放在人工艺术品上、而非欣赏自然之美。其弊端有滑向矫揉造作地卖弄技巧的危险，实际上台地园发展到文艺复兴后期，就呈现了巴洛克（Baroque）风格倾向，一反明快均衡之美而过分装饰，施用繁琐累赘的细部技巧，以太多的曲线来制造出骚动不安的效果，大量使用灰色雕塑、镀金的小五金器具、彩色大理石等装饰，"迷园"式造景日趋复杂，竭力显出令人吃惊的豪华之感，这并非是因为热爱、欣赏大自然之美，其结果是"台地园"园林形态后期愈来愈脱离自然。

2）17世纪——标志西方园林成熟的法国古典主义园林

随着意大利文艺复兴文化的传播，意大利园林影响了欧洲其他国家，17世纪时法国吸取和发扬了意大利"台地园"艺术，在当时"唯理主义"为底蕴的"古典主义"思想主导下，配合表现法国正值上升时期的"绝对君权"，在法国平坦的土地上发展出了规整壮观、雍容华丽的法国古典主义园林，成为西方园林的顶峰和典型。

法国园林营造主张园林构图服从几何比例原则，往往设立中轴线，轴线上布置宽阔的林荫道、花坛、河渠、水池、喷泉、雕塑；开辟笔直的道路，交叉点上形成广场、建筑物或喷泉等；安排绣花式花坛，在大面积平地上镶嵌灌木花草组成的各种纹样图案。例如维兰德里庄园（Chateau de Villandry，图4.13）、沃·勒维贡特庄园（Chateau de Vaux le Vicomte，图4.36）等，都是通过种种人工形成一个井然有序、形式规整和场面壮阔的总体景观。

法国园林的代表人物是造园家勒·诺特(Andre Le Notre，1613～1700)，被誉为"园师之王"，他创造的勒·诺特风格结束了法国园林对意大利园林的模仿，并取代了意大利园林而风靡整个欧洲。当时法国国王路易十四的皇家园林凡尔赛宫苑(Palais de Versailles)就是勒·诺特的典范之作，宫苑占地600余公顷，有一条自宫殿中央往西延伸长达2000的中轴线，两侧大片树林组成一条极其宽阔的林荫大道，自东而西一直消逝在无垠的天际。林荫大道分为东、西两段，东段开阔平地上布局成左右对称的几组大型的绣毯式花坛；西段以水景为主，包括"十"字形的大水渠和阿波罗水池，饰以大理石雕像和喷泉。中央林荫大道上的水池、喷泉、台阶、雕像等建筑小品和花坛、绿篱等，均严格按对称的几何图形布局，是规整

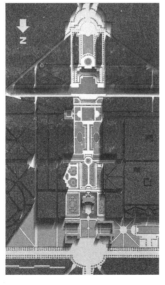

图4.36　组图沃·勒维贡特庄园——井然有序的轴线

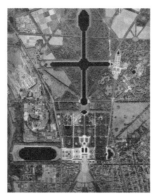

图 4.37　华丽壮阔的凡尔赛宫苑及其总平面（右）

图 4.38　法国维兰德里花园里植物被修剪成几何艺术图案——人工对自然的征服

式园林的典范，较之意大利台地园更反映了有组织、有秩序的古典主义造园艺术，也是当时法国绝对君权的象征（图 4.37）。

凡尔赛宫苑的壮观景象引发了勒·诺特风格园林在 18 世纪风靡全欧洲乃至世界各地，英国上流社会风尚的汉普敦府邸园林、荷兰海牙规模庞大的"林中之家"、德国汉诺威"海伦哈赛庭园"（1665 年）、慕尼黑的"宁英堡宫"（1663 年）以及俄国圣彼得堡彼得大帝的"夏宫"（1715 年）等都是勒·诺特风格的园林。

法国古典主义园林以其用地的大规模、突出中轴线的均衡对称的布局、超尺度的十字形大运河和遍布全园的雕塑艺术品等，展示了意大利园林中无法见到的恢宏园景，标志着西方古典园林发展到成熟阶段。法国古典主义园林摒弃意大利园林后期繁琐的巴洛克倾向，给园林设计带来了一种优美、壮观的形式，但是，轴线对称、布局规整、大量雕塑、修剪整齐的园林植物等表明了其本质仍属于西方自古以来的"理性主义"思维支配的产物，显示了人类征服自然的力量。具体地说，法国园林所依据的"古典主义"思想是以"唯理主义"为核心的，"唯理主义"代表人物笛卡儿以及当时多数西方理论家们都认为人工艺术高于自然，他们并不欣赏自然美，相反如造园大师勒·诺特所言："以艺术的手段使自然羞愧"和"造园要强迫自然接受匀称的法则"。因此，法国古典主义

园林把人工征服自然的西方传统哲学发挥到了极致，更明确地反映了西方传统以来无论"人本主义"或"理性主义"，均缺乏"诗境自然美"之追求，实际上西方园林很少有人从投向自然而获得诗境的角度去进行规划设计，相反，它突出"人工形式美"，肯定了人工对于自然的征服（图 4.38），从那一刻起，说明了西方园林尚未达到艺术美之最高境界，真正的艺术美之最高境界是源于自然、高于自然的"诗境"之美。西方园林的人工形式美虽然也有相当的艺术感，并且显示出一定的诗味，但不能达到"诗境"的高度。

### 4.3.3　西方园林的转变

法国古典主义园林风靡欧洲大陆，但 18世纪的英国却没有大规模的古典主义园林出现，相反却发展了与西方传统几何规整式格局不同的园林形式，不搞笔直的林荫道，没有绿色雕刻和图案式植坛，不修筑整齐的水池，整个园林就是一片天然牧场的样子——这就是西方园林中相对独成一派的英国"自然风景园"。

早期布里奇曼（C.Bridgeman）设计庭园时已呈现自然曲折的倾向；威廉·肯特（William Kent）更打破传统宣称"自然是厌恶直线的"，园中一概不用直线形道路、喷泉、树篱，河流与池岸作不规则形处理，其造园就像绘画般描

绘英国的风景，成为自然风景园的开创者之一；另一代表人物布朗同样在花园设计中不再使用轴线对称的几何构图，而把花园和自然林地连成一片，最终形成英国自然风景园的造园艺术风格。18世纪末，布朗的继承者雷普顿(H.Repton)提出造园的四条法则，将自然美作为造园方针的基准，既重视自然美，又注重实用，既不搞规则式对称直线造型，也力戒在庭园中滥用曲线，将自然风景园推向了高潮。

英国自然风景园，顾名思义，其核心价值在于西方的自然审美意识觉醒。由于西方自然审美意识出现得比较晚，所以文学、艺术中对于自然关注较少，例如欧洲绘画一直以人物画为主，风景只作为背景出现。到17世纪中期风景画才发展成独立一派，并在18、19世纪时进入高峰期，表明了此时欧洲自然审美意识开始甦醒，并影响到文学领域，在18世纪下半叶兴起浪漫主义思潮，在英国诗人、画家、美学家中兴起了欣赏自然美的信念，认为规整式园林是对自然的歪曲，于是英国造园艺术结合英伦三岛风景如画的丘陵地形和植被开始追求自然，有意模仿风景画，倡导营建自然风景。

英国自然风景园的产生与发展与东方中国的造园艺术思想影响是分不开的。18世纪时以英国为先，中国造园对西方园林的影响加强了，影响的着力点就在于对自然的态度上。例如1685年英国外交官坦普尔(William Temple)伯爵在《论伊壁鸠鲁的花园》一书中称赞："中国的花园如同大自然的一个单元，其布局的均衡是隐而不显"；1712年英国作家艾迪生(Joseph Addison)赞美中国园林"总是把他们所使用的艺术隐藏起来"，而"我们英国的园林师不是顺应自然，而是喜欢尽量违背自然。……每一棵树上都有刀剪的痕迹"；与此同时，著名学者钱伯斯（William Chambers）推出了一批介绍中国园林艺术的书籍，他说中国园林"处处师法自然，但并不摒弃人为"、"中国人的花园布局是杰出的，他们在那上面表现出来的趣味，是英国长期追求而没有达到的"，他赞美中国造园家"是画家和哲学家"，批评欧洲"任何一个不学无术的建筑师都可以造园"[6]。

由于英国自然风景园受到中国造园启发，借鉴了中国园林艺术的题材和手法，因而又被称为"英中式花园"，有学者称："中国人是自然风景园的创造者。"后来影响到法国，法国启蒙主义运动倡导人之一的卢梭就大力提倡"回归大自然"，并具体提出了自然风景式园林的构思设想；影响到德国，18世纪下半叶德国的一些哲学家、诗人、造园家倡导崇尚自然，著名哲学家康德和诗人席勒等都推崇自然风景式园林。这里需要指出的是，英国自然风景园主要为模仿自然和再现自然，与中国园林艺术源于自然而高于自然的诗情画意相比尚存意境有无与高下之分。当然，值得肯定的是，18世纪英国自然风景园的产生，表明了西方园林开始了自然审美，由于东方自然审美思想的引入，或许可以说自然风景园有一定程度的"诗境"启蒙，走上了与西方传统园林明显不同的道路（图4.39）。

图4.39 英国自然风景园——西方自然审美意识的觉醒

## 4.3.4　西方现代园林的走向

18世纪后期至19世纪初期，英国产业革命开始，随后波及欧洲大陆，直至法国大革命和1776年美国独立，资本主义经济获得大发展，城市面貌剧烈改变。同时，自19世纪起，西方古典园林发展转向了现代园林，赋予园林全新的概念，主要表现在以下三个方面。而三个方面都显现出：追求自然成为重要准则。

### （1）城市公园出现——城市中保留自然使市民身心愉悦并缓解城市社会矛盾

产业革命导致社会变革，原有皇家园林逐渐开始对市民开放，一些建于文艺复兴时期的私人庄园也定期对外开放，于是城市公共绿地和城市公园相继诞生。由皇家园林改为城市公园中，以英国伦敦市内的肯辛顿园（Ken Sington Garden）、绿园（Green Park）、圣詹姆士园（St. James's Park）、摄政公园（Regents Park）及海德公园（Hyde Park，图4.40）等最为著名，它们位于市区中心重要地段，经过改造后适宜于大量游人活动。在法国巴黎修建了一系列公园如蒙梭公园(Park Monceaux)、苏蒙山丘公园(Park de Butteschaumouts)等，以及沿城市干道设置了开放式林荫道或小游园，使巴黎城市面貌大为改观。德国也将皇家狩猎园梯尔园(Tier Garden)向市民开放，并修建了柏林弗雷德里希公园(Friedrich Park)。此后欧洲各国陆续建设了一些城市公园，形成一种新的园林类型。

城市公园的出现，一方面反映了社会学意义上的古代与现代的转变，显示现代社会的"人本主义"须以社会大众为考量；另一方面，多数城市公园都以自然风景为主，目的为市民大众提供一个在城市中方便接触自然而身心愉悦的机会，一定程度上表达了通过"人与自然协调"的方法来缓解现代城市社会矛盾的机制。

图4.40　伦敦海德公园——城市中的自然为市民提供身心愉悦，表达了通过"人与自然协调"可以缓解现代城市社会矛盾

### （2）"景观营建学"的建立——以协调人与自然关系为基本理念的规划设计学科

"景观营建学"(Landscape Architecture)[7]作为学科名词术语，始于19世纪中叶美国的早期园林实践，它受到欧洲城市公园特别是英国自然风景园的强烈影响。美国在18世纪独立初期只有随原殖民地各宗主国园林模式的小规模宅园，19世纪美国园艺师与建筑师唐宁（A.J.Downing，1815～1852）从英国雷普顿的园林作品中得到启发，强调园林建设顺应自然。随着美国园林的发展，促使在社会、政策、环境及技术等众多方面更为综合的园林规划设计理论形成，园林的传统名称术语受到了挑战。1850年代，奥姆斯特德（Frederick Law Olmsted，1822～1903）与沃克斯(Calvert Vaux，1824～1895)合作赢得纽约中央公园设计方案竞赛大奖时，率先使用Landscape architect(景观营建师)作职业称谓和Landscape Architecture(景观营建学)作学科名称。尽管该学科名称一直存有很大争议，但现在已普遍为世人所接受[8]。

从美国现代园林实践与英国自然风景园和欧洲城市公园的来龙去脉关系中，显示了

"景观营建学"是在西方自然审美意识甦醒后，以协调人与自然关系为基本理念对园林专业进行思考和实践而产生的一门既古老又新颖的学科。景观营建学反映出园林规划设计专业人士将"人与自然的和谐关系"作为协调现代社会中"人与人"社会关系的前提和手段，正如"景观营建学"的提出者奥姆斯特德所说：随着城市化加速，城市绿化日益显示其重要性，建设大型公园可使居民享受城市中的"自然空间"，是改善城市环境的重要方法。在他提出的几项园林规划设计原则中，首要的就是"保护自然景观，在某些情况下，自然景观需要加以恢复或进一步强调；除了在非常有限的范围内，尽可能避免使用规则式"以及"选用乡土树种"、"道路应呈流畅的曲线"等，故而他在纽约中央公园（始建于1854年）的设计方案中，构思的基础就是"满足人们的需要，满足全社会各阶层人们的娱乐要求"的人本主义目的和"考虑自然美和环境效益，公园规划尽可能反映自然面貌，各种活动和服务设施应融于自然之中"的自然审美意识。建成后的中央公园有效地保护了自然环境——其总体布局为自然式、曲路连贯、利用原有地形地貌、为游人提供了不断变化的景观又改善了城市中心环境；同时在保护自然中提供了一个"人本主义"的服务——公园安排了各种不同兴趣与爱好活动的设施，又促进市民交往；最后因为它在寸土寸金的

纽约市中心保持了150年来不被商业蚕食，还为世界提供了一个市政公共事业法制管理的典范（图4.41）。

1960年代末，西方现代环境设计理论的重要人物、美国景观营建学和城市规划教授麦克哈格（I.McHarg）在《设计结合自然》一书中，进一步提出了新的人与自然关系的理论，认为人与自然合作才能共同繁荣，明确主张景观设计营建应从西方传统的强调对称、轴线、表现人的力量转向表现自然美，以便最大限度保存自然，合理使用土地。此后美国城市的广场和绿地都开始转向"自然化"的设计。

### （3）"国家公园"产生——自然审美意识的新高度

19世纪末，美国工业高速发展，敷设铁路、开辟矿山、开发西部，导致森林破坏严重，动物失去栖息空间，由此认识到自然保护的重要性。1872年设立了世界首个"国家公园"——黄石国家公园（Yellow stone National Park，图4.42），它位于美国西部北落基山和中落基山之间的熔岩高原上，面积8956平方公里，黄石河、黄石湖纵贯其中，有峡谷、瀑布、温泉以及间歇喷泉等，景色秀丽，引人入胜。还有灰熊、狼、野牛和麋鹿等野生动物而著称。根据1872年3月1日的美国国会法案，黄石国家公园是"为了人民的利益被批准成为公众的公园及娱乐场所"，同时也是"为了使它所有的树木，矿石的沉积物，自然奇观和风景，以及其他景物都保持现有的自然状态而免于破坏"。

1906年，美国通过了《古迹法令》(The Antiquities Act of 1906)，成立了管理国家古迹(The National Monuments)机构，与"国家公园"形成统一的系统，并将"国家公园"分为几种类型[9]。国家公园系统中以自然资源为主，也包括人文资源，即在科学、美学、史学方面

图4.41 纽约中央公园——"景观营建学"学科建立的代表作，也是市政法制管理的典范

图4.42 美国黄石国家公园——保护原真、完整的自然

有价值的资源都给予保护。"国家公园"影响了世界各国，各种自然保护区、风景区等在各国建立起来。

建立"国家公园"的主要宗旨就是在于对未遭受人类重大干扰的特殊自然景观、天然动植物群落、有特色的地质地貌加以保护，维持其固有面貌，并在此前提下向游人开放，为人们提供在大自然中休息的环境，同时也是认识自然、进行科普教育与研究的场所。所以说，"国家公园"及其管理体制的建立，表明了保护原真而完整的自然成为最高准则，反映了西方已经开始走出传统狭隘的人工艺术审美观，走向自然审美意识的一个新高度。

# 注释

[1] 关于世界园林的源头，1954 年英国著名景观园林学家杰利科 (G.A.Jelliceo) 在第四次世界园林联合会上曾说"世界园林史上的三大动力，是中国、古希腊和西亚"。转引自章采烈 . 中国园林艺术通论 [M]. 上海科学技术出版社 ,2004:18.

[2] 圣经·创世纪

[3] 根据《圣经》对"伊甸园"的描写，一些学者开始探寻伊甸园园址。但是一个难题是《圣经》中所说的四条河中如今只剩下两条，即底格里斯河和幼发拉底河，而比逊河和基训河在何处，长期以来人们一直无法确定。美国密苏里大学的扎林斯教授经长期的考证，认为基训河就是现在发源于伊朗，最终注入波斯湾的库伦河；比逊河则位于沙特阿拉伯境内，由于地理气候的变迁，那里现在已成为浩瀚沙漠中一条干涸的河床。据此，扎林斯推断伊甸园位于波斯湾地区四条河流的交汇处，大约 7000 年前，在最后一次冰川纪后，由于冰川融化致使海面升高，伊甸园遂沉入波斯湾海底。

[4] 语出明·文震亨 . 长物志 .

[5] 喷泉口藏而不露叫"秘密喷泉"；平常无水而有人来便喷水叫"惊愕喷泉"；水力造成各种戏剧效果叫"水剧场"；用水力奏出风琴之声叫"水风琴".

[6] 转引自杨存田 . 中国风俗概观 [M], 北京：北京大学出版社 ,1994:137.

[7] "Landscape Architecture"中文译词中，对于其中"Landscape"有译成"景观"、"景园"、"风景"和直译为"地景"，对其中"Architecture"有译成"建筑学"、"营建 (营造 )学"等，合起来就有译成"景观 (景园、风景、地景 )建筑 (营建、营造 )学"等多种情况，也有人认为就叫"风景园林"，本文这里依作者的理解暂采用"景观营建学"的称呼 .

[8] 该学科名称提出后争议很大，包括奥姆斯特德本人也曾疑惑，直到今天也未停止争议，但"Landscape Architecture"（景观营建学）一词逐渐使用起来，1899 年美国景观营建师协会成立，1900 年哈佛大学首先开设景观营建学专业方向，随后马萨诸塞大学、康奈尔大学、伊利诺伊大学、加州大学伯克利分校等均在 20 世纪 10~20 年代纷纷成立了景观营建学专业。1948 年国际景观营建师联盟 (IFLA) 成立，表明"Landscape Architecture"（景观营建学）和"landscape architect"（景观营建师）成为学科通用名称与术语逐渐为世人所接受。在中国，此种争议情况更复杂一些，不仅有原英文环境对"Landscape Architecture"一词的固有争议，还有中文翻译的争议。实际上，无论是英文环境中的固有争议还是中文翻译的争议，都牵涉对于该学科本质涵义认识的探讨。

[9] 包括：NP—National Park( 国家公园 )、NM—National Monuments( 国家古迹 )、NS—National Seashore( 国家海滨 )、NL—National Lakeshore( 国家湖滨 )

# 5

## 诗境空间的营造

# 5.1 从"功能空间"走向"诗境空间"

人类在历史上创造了各种各样的空间，城市、建筑、园林都是一定的物质空间形式的存在，它们与人的生存方式有密切的关系，是人类复杂的思想与行动之成果。无论城市、建筑或景观园林的设计营造，基本内容就是对空间的把握与操作，不同的空间构造着人类的不同生存方式，空间成为城市、建筑、园林等大建筑学科研究的主要内容和主要对象，也是规划设计领域表达的主要载体，建筑与规划设计思想的发展在基本形态上可以空间概念的发展作为核心与本质的反映标尺。

## 5.1.1 建筑空间理论的发展

"埏埴以为器，当其无，有器之用。凿户牖以为室，当其无，有室之用。"[1]，老子在《道德经》中的这句话首先表明了空间营造从"器用"、"室用"等实用目的开始，道出了空间产生的辩证关系，"有"的作用是为了"无"，"无"借助"有"起作用，更表达对建筑本质在于空间的认识[2]。如果进一步概念延伸，空间也是实用功能空间和超越实用功能的精神空间之辩证统一，空间的营造除了实用目的之外，必然或多或少有精神领域方面的追求，有时候甚至精神领域方面的追求决定了空间营造的意义。由此而论，可以把建筑空间解析成若干类型。

### （1）功能空间

"功能空间"是指为着明确的实际用途达到"器用"目的而营造的空间。最早人们出于安全庇护的需要营造空间，尤其建筑空间必是为一定的实用目的，可以说"功能空间"是历史最悠久的空间概念，老子所说的"器用（室用）"就是"功能空间"的恰好注解。所以，

在设计学中"功能"从古到今一直有着非常合理的存在价值，以实用功能为目的的"功能空间"必然是空间营造的主要内容。

"现代主义建筑"与"功能空间"有不解渊源。现代主义建筑中所说的功能空间，其概念的直接渊源可追溯到19世纪萌芽的"功能主义"。19世纪的英国工业革命使"现代设计"在大机器生产中孕育，从此，"现代设计"成了工业社会中进行美学与社会交流的重要载体，传统的设计如家具、陶瓷等，表现为以手工的、装饰的趣味为主，而工业革命带来设计观念的重大变化，工业产品（如机器、仪器和工具等）的设计强调产品明确的"使用功能"，以一种直接而坦率的设计方式使产品满足"功能"需求，并要求符合大批量、程序化、节约成本的法则，"功能主义"表明了当时机器工业化的大背景。

在此背景下，建筑设计的出发点和基本原则也发生改变，传统建筑设计法则被只依据明确的实用需要进行建筑设计的"功能主义"信念所代替。其中最著名的当属沙利文（Louis H.Sullivan, 1856 ~ 1924）的名言："形式追随功能"（Form follows function），强调"功能"在建筑设计中的主导地位，指出实用功能与空间形式的主从关系。"功能主义"后来成为"新建筑运动"的核心内容和现代建筑设计的主要思维模式，"形式追随功能"成了"现代主义"建筑设计最有影响力的信条之一。在相当程度上，"现代主义"就是"功能主义"，并且也衍生出一套相应的美学准则——工业化社会以来的"机器美学"思想——崇尚理性和逻辑性，追求建筑造型中简洁而有序的空间功能性，反对与建筑"功能"无关的其他装饰和附加物，提倡"简化主义"、"极少主义"……例如

现代建筑大师柯布西耶倡导建筑以简单立方体为基础，抛弃附加的装饰等，提出"住房是居住的机器"，将建筑空间的实际"器用"目的和功效走到了极端。

置于"现代主义建筑"当时的时代背景中，"功能主义"有着进步的意义，从"功能主义"确立为现代建筑的主流地位的那天开始，产生了许多功能形式完美明确的优秀设计，并适宜于工业化的大批量生产，造就了初期工业时代的历史奇迹。但是，"功能空间"几乎不涉及人的情感精神方面，这是它的缺憾。实用功能是建筑空间最基本的要求，但不能作为建筑设计全部的准则甚至作为追求的最终目标。即使从纯功能角度思考，事实上由于人性要求的复杂性甚至矛盾性，建筑也并非只有简单、唯一和不变的功能。对功能的机械理解，造成过于追求单一的被"简单划分"了的功能，并以之当作金科玉律，最终使设计走向欠缺人性的冷漠。例如柯布西耶把住房看作工业机器，这种片面、刻板如机器般冰冷的说法，无法涵盖丰富的人文性、地域性和历史内涵，忽视了人类生存的多种需求，漠视历史传统，造成建筑空间没有人情味，没有文化个性特色。

### （2）全面空间

"全面空间"(total space) 最早是现代主义建筑大师密斯·凡·德·罗提出的一个概念，后来成为 20 世纪建筑界有重要影响的思想之一。简单地说，"全面空间"就是指可以通用的较大空间一般情况下，建筑内部是被固定的墙体划分成的若干个空间（房间），若把建筑内部墙体取消，留下来的是一个整体空间，在这个整体空间中，可以随意再布置与改造，空间的功能是根据不同的需要而可变的，这就是"全面空间"的基本含义。它是一个具有普遍意义的开放空间，可称为"通用空间"、"万能空间"。密斯在 1950 年为美国伊利诺伊工学院设计的建筑馆，又称"克朗楼"（crown，即"皇冠"之义），体现了他的"全面空间"的思想。该楼长 67 米、宽 36.6 米，中间没有柱子和承重墙，顶棚和幕墙都悬挂在四榀大钢梁之下，是一个可供 400 人同时使用的大空间，包括设计教室、图书室、展览室、办公室都布置其中，除了一些需要独立的房间如厕所、贮藏室则布置在半地下层，其他仅用一些不到顶的隔墙略加分隔（图 5.1）。

之所以提出"全面空间"，密斯认为人的需求是会变化的，因而建筑物的用途是经常变化的，过去那种依据固定功能而设计的固定空间形式即"功能空间"理论并不适宜，但因此把建筑推倒重来设计又是不可能的，所以只要一个整体的大空间，可以在其内部根据需要随意改造，那不同的需求就能得到满足，为此密斯把沙利文"形式追随功能"的口号颠倒过来，建造一个实用而又经济的空间，再使功能去适应它。

可以说，"全面空间"的提出，是密斯敏锐发现人的需求多样性，而采取的以"可变"空间应"万变"功能的空间设计应对方法。就"全面空间"的实例——"克朗楼"来看，密斯企图创造出一种没有阻隔的大空间，以便随意变动隔墙来满足不同要求，他这样的空间处理方式是为了建筑空间更加灵活实用。不过，实际上却也并非如其所愿的适用，据说很少有人愿意在其通透的大玻璃墙内学习和工作，这是他在建筑空间的功能之外，忽视了人的行为心理因素造成的。总的来说，"全面空间"理论的思维基础是密斯提出的"少就是多"的现

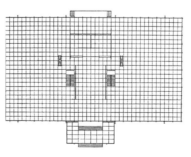

图 5.1　组图 "全面空间" 思想的体现——克朗楼及其平面图

代主义设计哲学，反映的是德国人的严谨与理性，故"全面空间"仍然没有超出现代建筑"功能主义"的思维模式，只是反映了现代建筑"功能主义"的另一种空间体验，当然，值得肯定的是，"全面空间"超越了现代主义建筑初期对功能的机械理解。

### （3）灰空间

"灰空间"最早由日本建筑师黑川纪章提出，以表达他对建筑空间的认识与观念。黑川纪章在《日本的灰调子文化》一文中说："灰色是由黑和白混合而成的，混合的结果既非黑亦非白，而变成一种新的特别的中间色。"引申到空间理论中，提出"灰空间"概念，其重要含义是指空间的中介与过渡性质，正如"灰"色是"黑"与"白"的中介与过渡，"灰空间"就是指介乎建筑室内封闭空间（可称为"黑"空间）与室外开放空间（可称为"白"空间）之间的中介与过渡的空间。日本传统建筑如寺院、茶室、宫殿等都有所谓"缘侧"（即建筑之廊檐部分）。缘者，连接的意思；侧，旁边也。"缘侧"就是连接建筑内部空间与外部空间的一个过渡空间，是人为与室外自然之间的交流的中介，黑川纪章把东方传统建筑屋檐下这段内、外兼属的"缘侧"定名为"灰空间"，并在建筑创作中大量运用走廊等"灰空间"，并置于重要位置上，以达到建筑室内外过渡与融合的目的。

其实，以"灰空间"的建筑空间理论来看中国建筑，有许多就是这种过渡性、中介性空间，尤其是园林建筑可以说全是不同"灰度"的"灰空间"之"趣味游戏"。中国民居建筑中也有很多"灰空间"的应用，如江南水乡民居中常见的廊棚建筑形式，起着使商家贸易、行人过往免受日晒雨淋之苦的功能作用的同时，它们也是"灰空间"，除了给行人带来行动上的方便外，还使人们感受到空间的转变，享受在其他空间中感受不到的心灵与空间的对话（图5.2）。

图5.2 西塘古镇沿水街廊"灰空间"——室内与室外的过渡、虚境与实境的转换

"灰空间"以其中介、过渡的性质，一方面可以形成空间上的连贯感，并以此形成设计上的调和感，所以在建筑设计中，"灰空间"成为一种调和统一、承转不同形式与功能空间的紧张关系的有效手段，正如黑川纪章说："这种空间已经被看作为一种重要的手段，用来减轻由于现代建筑使城市空间分离成私密空间和公共空间而造成的感情上的疏远"。另一方面，"灰空间"的中介、过渡的性质又产生许多模糊性，从而具有了多种的含义，正是这种模糊性和多义性，"灰空间"受到人们的喜爱。当因封闭或开敞的程度不同、与自然环境的接触深度不同时，空间产生多种的"灰"度，在建筑设计中的空间艺术创造时，巧妙地运用"灰空间"，可以丰富建筑空间的层次，增加建筑空间的深度，由此产生有强烈对比效果的虚境与实境，从而为延伸出含蓄和耐人寻味的意境奠定基础。

心理卫生专家告诉我们，随着户外季节的不同环境变化而改变室内空间，可以有效地缓解心理压力，有益于身心健康，以舒解我们的生活。"灰空间"就提供了这种可能，"灰空间"一定程度上消除了建筑内外空间的隔阂，冲破了封闭空间的制约而争取与户外自然空间取得更加广泛的联系，促进户内之人与户外自然的交流，使两者成为一个整体，故而"灰空间"成为人与自然相互亲近的地方，使主体与客体自然之间有了情景交融的开始，也表明了"灰空间"不是立足在一个追求狭隘理解的功能空间的旨趣上的。

总之，"灰空间"在功能和物质意义上讲，它协调了不同功能的建筑单体，调节了空间的感受比例和丰富了环境空间；而且特别从人性心理上讲，"灰空间"的存在也使我们产生一个心理上的转换的过渡，有一种驱使内、外空间交融的意向，促进人与自然环境的对话，这必将有利于"意境"的生发。所以说，"灰空间"在"功能空间"基础上显现出一定的"诗味"，不过，就"灰空间"本身，其提出者更多是针对空间形式而言的，并没有明确表明其中的人的情感因素。

### （4）场所空间

"场所空间"，简单地说，就是能够体现"场所精神"的空间，反过来说空间的营造以其中的"场所精神"为依据。"场所空间"概念来自挪威建筑理论家诺伯格 – 舒尔茨 (Norberg-Schulz) 关于"场所精神"的理论："场所就是在特定的环境中，在文化积习和历史积淀下形成的具有时空限制的外在意义空间。"

"场所精神"是建筑现象学的中心议题，建筑现象学以胡塞尔（Edmund Hussel）的现象学原理和海德格尔（Martin Heidegger）的存在哲学思想为依据，来展开对"场所精神"的研究。其中海德格尔哲学思想对"场所精神"的研究有更直接的影响，海德格尔认为人和世界是不可分割的整体，既没有独立的主体，也不存在孤立的世界，因为人的存在是在世界中

的存在，这种存在是人们与世界中其他事物打交道的过程中显现出来，意味着人生活在具体的地点、事物和时间所构成的特定环境之中，表明人的身心归属于特定的空间环境，而这个空间环境主要包括建筑在内的各种生活空间环境，这些建筑等环境空间对人的行为、思想、情感所产生的意义，就是"场所精神"，当人在"场所空间"中体验到"场所精神"（场所的意义）时，他就有了"存在的立足点"(existential foothold)。空间因为有了作为物质属性和人文心理属性的结合的"场所精神"而成为人的"归属"，这就是"场所空间"。

依据诺伯格 – 舒尔茨的概念，空间中所聚集到的"意义"构成了"场所精神"，换言之，"场所空间"的核心内涵在于其中的意义——场所精神，表明了"场所空间"是由人、建筑（构成空间的实体）和环境所组成的有自己的独特气氛的、有"精神意义"的整体性空间。

"场所空间"以一定的方式聚集了人们生活世界所需要的事物，这些事物的相互构成方式反过来决定了"场所空间"的特征。具体说来这个特征关键在于人的心灵精神的归属，所以不是所有的时候"场地"都能成为"场所空间"，只有在从社会文化、历史背景、人的活动等特定的条件中去获得"场所精神（意义）"时，"场地"才可成为"场所空间"。对于人来说，"场所空间"使其获得体验并产生存在感，使心灵与躯体建立起了一种良好的符合生命秩序与物质世界秩序的有机的关系。

蕴含"场所精神"的"场所空间"，既有实用聚集性功能，又有比"灰空间"更明确的人的精神情感方面之属性，因而显现出更浓的"诗味"。进而也使我们明白，无论是建筑设计、城市设计、景观设计等，均是在特定的"场地"上进行的对"场地的一种操作"，因此，规划师建筑师"在场地上设计建筑等"的任务也是"制造场所空间"——赋予空间以情感和精神的含义。当然，"场所空间"提法本身仍

图 5.3 组图 "流动空间"——巴塞罗那世博会德国馆平面图（左图）和内景（右图）

然没有非常清晰地表达出设计的高级阶段是为
了营造美的理想空间这样的目的和内涵。

### （5）流动空间

　　1929 年，密斯设计了著名的巴塞罗那世
界博览会德国馆（图 5.3），其主厅是一个除
了八根钢柱外，没有其他支撑结构的一个大空
间，在这个大空间中，密斯用简单光洁的大理
石和玻璃的薄片墙板灵活布置，长长短短、纵
横交错，有的延伸出去成为院墙，组成了一些
既分隔又连通、既简单又复杂的空间序列，各
空间没有明确分界，室内、室外也互相穿插和
贯通，形成奇妙的空间流动感，这就是"流动
空间"（Flowing space）。正如建筑理论家布鲁
诺·赛维所说："盒子一旦被分解，其板面就
不再是一个有限空间的组成部分，而构成流水
般的、融合的、连续动感的空间。随着时间因
素的加入即所谓的第四维，动感空间取代了古
典主义的静态空间"[3]。

　　后来在吐根哈特住宅中，密斯将起居室与
书房以精美的条纹玛瑙石板墙分隔，餐室以乌
檀木作成弧形墙，于是书房、客厅、餐室、门
厅作为起居的四个部分被划分为互相联系的空
间，内部流通的空间同时又被玻璃墙引向花园，
室内向室外延伸，室外向室内渗透，再次以实
例诠释了"流动空间"。

　　"流动空间"靠着多个空间关系的"隔"
与"透"、"连"与"断"，打破了西方传统
建筑空间的封闭，而使空间有了"流动"感的
可能。与西方传统封闭、重而实的空间不同，
流动的、贯通的、隔而不断、似断相连的空间，
开创了另一种概念，故而密斯的"流动空间"
是西方建筑前所未有的。

　　"流动空间"是属于空间之间相互关系的
范畴的，空间的"流动"性来源于围而不合的
空间组合所表达出的空间关系多样化，启示了
我们，空间不是独立地表现，而是在情况微妙
的相互渗透的、相互依存的关系中展现。从巴

塞罗那德国馆中看到，每一个空间单元的特征
主要源于与周边空间单元间的相渗和依存，为
空间感受的延展性、含蓄性甚至是幻觉创造条
件，所以有研究者认为，"流动空间的本质在
于空间与空间相互关系的模糊性"。

　　"流动空间"概念在西方是全新的，以至
于它的提出震动了当时西方建筑界，但在古老
的东方中国，则类似概念古已有之。巴塞罗那
德国馆中那些纵横交错、似连非连的墙体所形
成的空间，暗示了空间的流动、模糊而又不乏
方向的指引，产生了接近诗一般的韵味，这与
中国建筑特别是中国园林空间不谋而合。中国
建筑园林中各房间之间的分隔，往往不是用墙
体来封死，而是利用雕空玲珑的木板做成各种
花罩、槅扇来分隔，在空间上互相贯穿流动。
所以，有的西方建筑师参观了苏州园林后，发
生了真正的"流动空间"是在中国的感叹。中
国园林中更是精通"流动空间"，并且在那本
著名的《园治》中将其理论化为"步移景异"、
"虚实互生"……，中国园林在有限的空间中
利用漏窗、门洞及花墙等方法，使景色似隔非
隔、似隐还现、虚虚实实，"山重水复疑无路，
柳暗花明又一村"——方寸之地中的千山万水
就是中国园林对"流动空间"出神入化的理解
与应用，表现出无尽的生气和如梦似幻的感觉，
创造出意远境深的园林空间（图 5.4）。从这

图 5.4　步移景
异、虚实互生
的中国园林精
通"流动空间"

个意义上讲，与其他空间类型相比，"流动空间"显示出最浓的诗意韵味。

不过，虽然"流动空间"概念和中国造园艺术有惊人的共通性，诚如对密斯作为现代主义建筑大师的理解，但他的"流动空间"与中国造园空间艺术在哲学底蕴上是全然不同的，西式的"流动空间"是理性的、秩序的、实用性的，而且在空间形态上更多是在平面上的转折性流动，而中国园林的"流动空间"是有意涵的、自由的，是在自然中的闲庭信步，在空间形态上，除了平面转折流动，而且有立体空间上下左右的波动，以及"步移景异"的全方位时空流动，挥洒自如，这也正给东方诗兴勃发提供了广阔的空间。因而是"诗味"较浓的。

## 5.1.2　诗境空间

由于不同领域对于空间概念探讨的目的与侧重点不同，所以没有、也不可能有涵括一切空间概念的理论体系，以上各空间概念产生于特定历史时期，并且对人类生活环境中诸多要点有独到认识，因而具有一定的代表性。

从以上对"功能空间"→"全面空间"→"灰空间"→"场所空间"→"流动空间"的回顾，基本上表达了空间概念发展的方向：即空间概念包含人与空间的协调程度和人之情感参与空间营造的深度，依据这种程度和深度的不同，大体显示出了一种空间"诗味"的递增关系。不管怎么说，可以明确一点——理解和建造空间，如果仅从实用的、工具的角度，或者仅从物理的、数学的、技术的、工程结构等客体性的角度，抑或仅从形式的、装饰的等主观性的角度出发，都不能将它们统摄在人的生存方式、情感方式及诗意栖居的整体意义之中。

说到这里，有必要提到本书绪论中曾讲述过的梁思成、林徽因先生的"建筑意"概念。对于"建筑意"的命名，梁、林曾说道："请问那时锐感，即不叫它作'建筑意'，我们也得要临时给它制造个同样狂妄的名词，是不？"不管是否"狂妄"，梁、林是在1932年就提出了"建筑意"的概念，比舒尔茨提出"场所精神"还要早几十年。我们从梁、林的原话中感受"建筑意"所要表达的精义："……无论哪一个古城楼，或一角倾颓的殿基的灵魂里，无形中都在诉说，乃至于歌唱，时间上漫不可信的变迁……"。"建筑的显著特征之所以形成，有两因素：有属于实物结构技术上之取法及发展者，有缘于环境思想之趋向者"，"结构所产生之立体形貌之感人处，则多见于文章诗赋之赞颂中。中国诗画之意境，与建筑艺术显有密切之关系……"[4]。

相对于"场所精神"，"建筑意"是在中国文化语境中创造性地提出来的，吴良镛先生认为"建筑意"不但包含了"场所精神"的深刻内涵，而且更具有中国文化的意义，他认为，这（场所精神）是西方的理论，按照中国人的习惯，可以称之为"场所意境"，梁先生首创的"建筑意"一词，实在是更加精辟而切题了。强调"意境"，彰显出了中国的文化和美学精神，再与诗词、书画的意境并提，更道出了建筑意境的精义。所以，"建筑意"与中国传统"意境思维"紧密相连，如果说"诗意"、"画意"是以诗句、画幅为载体，而又重在超越诗句、画幅这些载体形态之上的"意"的话，那么"建筑意"道出了超出建筑实体空间之上、由心灵感应而出的那一种境界。作为当代建筑理论体系的一个概念，"建筑意"启示我们将"意境"引入到建筑等实体空间设计之中。

而"意境"则又最早产生于中国诗学中，与诗学发展紧密联系。中国诗学一直追求极致凝练的美，既蕴含着深刻隽永、耐人寻味的人生哲理，也有着生动活泼、幽默感人的生活情趣，不论是兰花乔木还是流水夕阳，都广泛存在着生命的意象，诗中蕴涵着丰富多彩的智慧，到处都充满悟性、灵慧的闪光，俯拾皆是各种各样的精思妙想。如此，中国千古流芳的诗学文化也是建筑、园林和城市"空间"设计的无尽的"智慧营养"，事实上，中国传统建筑、园林、城市之美无不是在"诗境之美"的参与下实现的——追求与自然的和谐又充分表达人的高级情感与个性特色，所以中国传统的城市、建筑、园林空间之营造，均表现出较浓的具有"建筑意"的"诗境"意涵，这是一种"中国式营造"，传统建筑、园林、城市空间都意味着"诗境"的形象化。由是，结合中国文化特色的诗学意境，我们提出，作为艺术空间最高层次的一个文化性与哲理性的空间概念——"诗境空间"，应当是理所当然的。

建筑、园林、城市等空间由于诗学的引入而进入一个新的境地，即空间被"诗化"了。

它吸取中国诗学智慧并转译到空间实体的营造之中，把诗的意境在人们生活的空间中表现出来，故"诗境空间"可理解为是一种有着中国诗学审美特征和心灵境界的空间环境，是建筑、园林、城市等实体空间注入诗学精神等特定人文审美心理后所形成的与自然环境相融，有着较高文化品位和美学精神，并富有个性化感人气质的空间。它根植于场地环境空间的自然特征和实体属性之上，包含人文思想与情感的灌注与植入，既给人类提供了有形的生活空间，又营造了满足精神需要的情感空间，是一个人与自然、时间维度与空间维度、当前环境与历史氛围弥合在一起的，带着人的思想、感情烙印的心理化空间图景，所以，"诗境空间"也可简要地理解为"诗化的空间"。

## 注释

[1] 老子.道德经
[2] 现在认为建筑的本质在于空间是由于赖特首推老子关于空间"当其无，有室之用"的这段话，而在赖特首推之前的其他建筑空间论者并无此认识。
[3] 布鲁诺·赛维.席云平，王虹译.现代建筑语言[M].中

国建筑工业出版社,1986:34.
[4] 梁思成，林徽因在《平郊建筑杂录》如此写道.转引自萧默.建筑意（第一辑）[M].北京：中国人民大学出版社,2003:1.

# 5.2 "诗境空间" 特质

## 5.2.1 有灵性的空间

### （1）自然——有自然之理和自然之趣

空间有灵性源于空间形态的自然变换，以之为基础方显洒脱和不拘。

"诗境"之源通向自然，对于中国文化思维来说，美首先表现在"本于自然"，正如老子在《道德经》中说的："人法地，地法天，天法道，道法自然"，"自然"也就是是"道"、是"真"，是万物的根本，最终它成为营造艺

术之"美"的来源。"诗境空间"是与自然相通的物境空间，其意义就在于认识到自然环境和人类关系主、客统一性之重要，它从抽象道理和具体情境两个层面来体悟人与自然之间不可分割的关系，既有自然之理，又有自然之趣。

建筑之美与所处之环境有巧妙关联，而优美的传统城镇和聚落中莫不与其自然环境都有着内在的感应顺应关系。所以，有学者指出最能感染人的中国园林一直是一方面追求自然、并取材自然的一方净土，被认为是一个具有高

度自然精神境界的环境。它正是遵循曹雪芹在《红楼梦》大观园中提出的一条重要的造园原理："有自然之理，得自然之趣"。中国园林空间的营造努力地实践着"自然之理"和实现着"自然之趣"，才形成了一个"木欣欣以向荣，泉涓涓而始流"的诗意盎然之自然式天地——清流萦回、游鱼戏莲；平冈小丘、奇峰环秀；古木交柯、山花野鸟……其理均寓于趣中。

### （2）洒脱——灵气生动的非功利性

诗的灵魂追求雅丽清逸的审美境界，如果常用世俗功利的眼光看待事物，或许能取得初期的快感，但不久便陷入暗淡。转用"诗境"的眼光看待世界，则充满灵气生动的洒脱，"诗境"独特的美使人如沐春风、如饮清茗，其价值难以用一般世俗功利价值去衡量。当诵读陶渊明《饮酒》诗中"采菊东篱下，悠然见南山"[1]和"秋菊有佳色，邑露掇其英"[2]时，悠然脱俗之意境直逼人心，它对自然、社会、现实人生进行概括提炼，创造出高于现实的更理想的美，读者在欣赏这些诗句时自然地获得了美的熏陶，会觉得这大山、小溪、田园、野菊变得更加美丽，化单调乏味为深含意蕴，也使心灵变得如溪流一般的纯净。

以此为底蕴，"诗境空间"就其哲学基本精神而言，是一个宇宙观、人生观的问题，它不会仅仅满足于普通功利实用的目的，如范仲淹笔下的岳阳楼"不以物喜，不以己悲"，培养人"吸天地之气"的审美能力，也是培养体验人生的意义、价值的能力，它帮助人身处这样的空间中忘却一些烦杂俗念和个人得失，只有这样才能获得灵气生动之洒脱。

### （3）不拘——形态随机多姿

脱俗飘逸的"诗境"必然培养不拘之性格，创意乃从中产生。诗学如此，环境设计也是同理，不拘之创意，首先体现在空间营造不限于有限空间，万水千山皆可"奔来眼底"为我所

用，突破有限实体空间而致无限空间；空间"不拘"的气质，更体现在空间生成的随形附势、随机投缘。

不拘于任何固定的几何图形而鲜活多姿，建筑如此，聚落与城市，中国园林更是如此，故而才呈现了一个峰回路转、水流花开的自由空间，许多诗情画意从中建立。例如苏州拙政园梧竹幽居亭的"爽借清风明借月，动观流水静观山"[3]，留园东部庭园的"佳晴、喜雨、快雪"，拥翠山庄"送青樾""拥翠阁"的满园青翠，瘦西湖"四面绿荫少红日，三更画船穿藕花"[4]的绿荫和荷香等。

## 5.2.2 有层次的空间

### （1）环境美学的旨趣

"诗境空间"作为有层次的空间，追求环境美学的至高境界。

1960年代西方开始兴起一个新生的美学分支——环境美学，它主要研究环境美感对于人的生理和心理作用，进而探讨这种作用对于人们身体健康和工作效率的影响。环境美学被认为是与西方传统美学大相径庭的美学思想，它的兴起反映了西方美学思想上的重大转变，也反映出从毕加索抽象美学开始，逐渐受东方中国写意艺术影响及自然美学影响，西方在环境上开始引入美学概念，从中看出东方美学的影响和作用。

环境美学所反映的西方美学思想之转变首先表现在"审美对象"上。西方传统美学通常与人工艺术品的鉴赏联系在一起，在西方美学史上，包括直到20世纪的前大半时期，占据主导地位的一直是对于人工艺术品的审美研究，而长期忽视了对环境尤其是自然环境的审美。环境美学反西方传统而行之，以非人工艺术品的"（自然）环境"为美学研究对象，开启了西方思想观念的新变革。

第二，关于"审美方式"。西方传统的

特别是自康德以来所确立的权威审美方式，是对审美对象做一种所谓"无利害的静观"（disinterested contemplation）之"分离"（detachment）式或者说"外在者"（outsider）式的方式，这反映了西方传统习惯于"物、我两分"的思路来揭示世界的基础和结构，而不是从其联系和连续性来理解世界，使得人与自然和谐统一难以实现。环境美学倡导我们在理解世界时，应该更多地认识到联系而不是差别、和谐而不是分离、人类的存在作为自然世界的参与者而非旁观者。人类与自然环境的整体联系不需要靠理论假设或间接推论，前国际美学学会主席阿诺德·柏林特（Arnold Berleant）认为人类只是环境的一部分，人类应和外部环境融为一体，环境不是外在于我们的，而是与我们自身不可分割的整体，环境美学就是要在这一个整体中去考虑问题，我们要与周围环境相互容纳、接受、和谐共处（阿诺德·柏林特 . 2006）。所以柏林特倡导"介入"（engagement）方式，即一些人文地理学者所说的"内在者"（insider）的欣赏模式。

### （2）审美层次的追求

　　吸收中国诗学"自然美"内涵的"诗境空间"，将关注重点指向自然环境，这与西方当代环境美学关注的审美对象是一致的。而且，"诗境空间"以自然态度和"自然而然"的思维模式为底蕴，强调空间的营造从人与自然的紧密联系与和谐关系出发，这与环境美学在审美方式上也是一致的，可以说"诗境空间"契合了环境美学的旨趣。

　　不过，目前西方环境美学尚未很明确地寻求人与自然环境的和谐，特别是倡导人从自然中寻求自身的和谐，在情感上欣赏自然和以自然为美的审美高度与层次，而这又是"诗境空间"理念强调的重点。"诗境"之美学内涵告诫人们既不能征服自然，也不要无谓的敬畏。不仅要在科学理性意义上理解人与自然的不可

分割性，而且要在审美情感上将"人心"融入自然而建立起诗意神韵，站在欣赏自然的立场上去主动感物应物，所以，"诗境空间"理念可以说是环境美学中的中国文化特色之表达方式，表达了环境美学的至高境界层次。

## 5.2.3　有意味的空间

### （1）悟道——文化韵味的含蓄性

　　空间有意味是指其文化内涵的韵味无穷。

　　"诗之至处，妙在含蓄无垠"[5]，含蓄是诗之重要的艺术因素和美学特征，讲究含蕴隽永，意味深长，其特点如西晋陆机说："函绵邈于尺素，吐滂沛乎寸心。言恢之而弥广，思按之而愈深"[6]，具有"言有尽而意无穷"[7]的艺术效果，例如"盈盈一水间，脉脉不得语"[8]，在无言中情意都已心照不宣；又如"峰回路转不见君，雪上空留马行处"[9]，没有直言别离，而别意之深长已悠然不尽。所以，含蓄非为含蓄而含蓄，而是通过它隐含的"言外（之意）"、"象外（之境）"来传达真情与高志，而真情与高志的顶端乃是对宇宙世界与人生境界之"道"的领悟。在中国文化艺术史上，凡被誉为"神品"或"逸品"的，莫不对"道"皆有深厚的体验，在创作的那一刻，他们的生命是与"悟道"密不可分。

　　"诗境"深知语言表达不足之处而追求"言外"意涵，"诗境空间"的含蓄性体现在追求实体空间之外的"志、情"所在，并且不止于普通的"志、情"而至生活的底蕴和生存之"道"的领悟。例如，杜甫咏泰山"会当凌绝顶，一览众山小"[10]，白居易赋草原"野火烧不尽，春风吹又生"[11]，此时的山顶、草原都不是止于本身的物境空间，而是与宇宙世界与人生境界之"道"的领悟紧密联系在一起。不过，"道"并非可以轻易捕捉，正如南宋理学家朱熹的诗："昨夜扁舟雨一蓑，满江风浪夜如何？今朝试卷孤篷看，依旧青山绿树多"[12]所表

达出的人生悟解，是在仰观宇宙之大，俯察品类之盛[13]，心会于此后而方有所悟，并且以含蓄的方式传达出来。刘禹锡有"沉舟侧畔千帆过，病树前头万木春"[14]的理解，苏轼有"竹外桃花三两枝，春江水暖鸭先知"[15]的发现，看似平凡的"舟、帆、树、竹、桃花、江水"等，却都是哲理领悟后的物境组成，在这个领悟中，以少总多、从无见有，大大开拓了有限的实体空间而致"道"的无限，完成实境与虚境的融合而实现蕴含文化韵味的"诗境空间"，因此对它的审美理解，必须用一个"品"字才能在含蓄性中找到真谛。

### （2）想象——空灵虚幻的意象性

中国诗学无论从宋代诗论家严羽的"兴趣"说到清代诗论家王士禛的"神韵"说等无论哪一家，都是强调重视由外物兴发感动的审美情趣以及物我之间的浑融一体，其中包含着"意"与"象"转换的"意象性"特征。这一特征实际又是通过人的能动性"想象"而达成"实"与"虚"转换与配合来实现的。正如美学理论家宗白华说"化景物为情思，这是艺术中虚实结合的正确定义。以虚为虚，就是完全的虚无；以实为实，景物就是死的，不能动人；唯有以实为虚，化实为虚，就有无穷的意味，幽远的意境"[16]。

故而隐含诗学智慧的"诗境空间"是一个以实生虚、以虚附实、虚实相生的"意象"转换空间，通过非同一般的虚幻想象，突破有限之"象"，摆脱实体空间的束缚，从中生发出象外之"境"（虚境），进入空灵虚幻的自由心灵空间，舒展美学努力与追求，可谓幻由心生，境由幻出，形成虚与实、形与神、有限与无限的转换与统一，从而"在情景交融、意象转换、虚实契合的基础上所产生的一种冥漠恍惚、不可确指的审美特征和与之相联系的含蓄蕴藉、余韵无穷的审美功能"[17]。

### 5.2.4　有教化的空间

#### （1）心灵感应的空间图景——从环境心理学看"诗境空间"

"有教化"是指"诗境空间"具备心灵感应等环境心理学意义，进而超越并达到心灵熏陶的品格提升。

面对城市环境的恶化及其对居民身心健康和行为方式所产生的种种消极影响，首先在北美兴起，于1964年美国医院联合会正式提出了环境心理学，此后在全世界范围内迅速推广开来。环境心理学，简单地说就是关注人与环境的相互作用和相互关系的心理学分支学科，主要特点和基本任务是强调环境与人的行为心理是一种交互作用关系，把它们作为一个整体来研究它们之间的相互关系。

人作为环境空间的使用者，除了对空间的生理需求外，更多的是心理上的需求。人对于空间的感知除了空间界面的具体形式之外，还能够通过更深层次的心理活动，综合视觉经验和行为经验等，感知出超越具体形式以外的某种气氛，因而环境对人的行为心理有明显的影响，例如，不同的建筑空间设计引起不同的交往和友谊模式。所以，在规划设计领域，设计者从环境心理学角度思考已成为提高设计水平的必要条件。

而"诗境空间"，明确含有环境心理学上的意义，与环境心理学有着共同基础和旨趣，即：空间环境与行为心理之间的相互的特殊感应与有机联系。"诗境空间"一头连着实体空间，一头连着心理意境，它存在于实体空间和心理意境之间的关系之中。中国诗词中反映了许多这样的"空间—心理"关系，如宋代陆游词曰："茅檐人静，篷窗灯暗，春晚连江风雨。林莺巢燕总无声，但月夜常啼杜宇……"[18]，这里草房屋檐、篷窗、昏暗灯光和夜晚，连江风雨和杜鹃悲啼等建筑综合环境共同营造了一种孤独悲凉的气氛，引起了感情上的共鸣。

建筑、园林、城市等实体空间环境既提

供人们使用的空间，又营造了人的精神氛围，人与这些实体空间之间建立了一种心灵上的感应，这种心灵感应反过来又提升了实体空间的文化意义，"诗境空间"可说是处于一种深远的精神时空氛围中的心灵感应空间，是人与空间环境相互作用所构成的"情景"，在这一"情景"中，其心理效应常常处于主导地位，而这正是空间的审美移情的作用。

## （2）文化情感心理——从环境心理走向文化心理

目前环境心理学所说的环境主要是针对物质、物理的环境，而它研究的心理学主要是指这种环境变化和刺激引起的人的情绪反应、行为反应和生理反应等，其主要理论框架，如唤醒理论、刺激负荷理论、应激与适应理论等都是针对这个方面来讲的，其研究成果应用在大多数的建筑、景观设计中具有普遍的指导意义并卓有成效。

不过，"诗境空间"对于环境的概念除了物质、物理的环境外，还在于文化意义上的环境，"诗境空间"中的心理学不是仅指一般的情绪、行为反应，而是有文化意义的心理，故"诗境空间"的旨趣特别在于特定文化环境下的人的文化情感响应。例如，荷花在中国园林中历来备受青睐，不仅是荷花形态色彩悦目、荷花气味悦闻，盖因宋朝周敦颐《爱莲说》一出，荷花比拟"出淤泥而不染"的花之君子者也，蕴含特定的文化内涵。

再让我们看看元·马致远的一曲《天净沙·秋思》：

枯藤老树昏鸦，小桥流水人家，古道西风瘦马，夕阳西下，断肠人在天涯。

这是一幅带着特定文化意义的秋郊夕照图，表现了一组山村民居环境图景，其中包括九幅空间画面：枯藤、老树、昏鸦、小桥、流水、人家、古道、西风、瘦马，以景寄情，景中寓意，勾勒出行旅之人漂泊不定的凄凉情怀，

以特定的自然空间景物组合，"断肠人"浪迹天涯的浓烈的羁旅愁怀和苍凉的生命感在此空间凝固。此时的空间真不是一般物理意义上的环境，此时的心理也不是一般意义上情绪和行为反应，而是需要置入一个特定"文化空间—情感意境"的语境中去理解，也只有具备特定文化情感的人才能领略此空间中所寓含的深意或者说产生"心理应激反应"。

所以，"诗境空间"表明建筑、景观等设计不仅要从一般意义的环境心理学中寻求答案，而且需要一个有特定文化情感的人与空间环境融为一体地感悟之后作出富有真情实意、更具文化个性的合适选择，具体地说这仍然是中国文化的特色，并且从这个意义上讲，当代环境心理学在中国的深入发展，可以以"诗境"思维来推动，也就是说结合中国建筑文化理念来发展环境心理学，以此来提升环境心理学的文化意义，走向文化环境心理学。

## （3）品格修养提升——乐其心志的熏陶教化

"入其国，其教也可知，其为人也温柔敦厚，诗之教也"[19]，讲的就是诗的教化作用。孔子早就提出了"兴观群怨"四点，他说："诗可以兴，可以观，可以群，可以怨……"[20]。汉代的《毛诗序》进一步阐明诗歌的作用："故正得失，动天地，感鬼神，莫近乎诗，先王以是经夫妇，成孝敬，厚人伦，美教化，移风俗"[21]。"诗境空间"的营造特质包含遵循孔子以来的中华民族之诗教传统，以人文精神为指标，为天地立心，为生民立命，为利国利民立志。

当然，儒家提倡的道德教化等，可以说是诗学的"育人"作用，"诗境空间"的营造除此作用之外，更强调空间给人带来"自乐养性、乐其心志"的诗学"赏心"作用，如陶渊明的田园诗、饮酒诗，谢灵运等的山水诗。许多诗人写诗常常自我标榜为"自娱"、"以著述自乐"，在承担着教化的责任同时更是内心世界

的抒发和情感的自我调适，寻求个人和自然、个人和社会的融洽与和谐，并在这种内心抒发和自我调适中获得快乐与满足，达到赏心悦目的目的。比照在规划设计中，则是设计师把内心深处的那份意念，经由"诗境空间"的营造

得到抒发和释放，进而转化成一股创新动力、一股生命的活水，立心立命，也透过"诗境空间"，自身得到一种艺术的熏陶、一种身心的放松，也是一次思想的洗礼，人的内在性情和素质得以升华和提高。

## 注释

[1] 东晋·陶潜. 饮酒·其五.
[2] 东晋·陶潜. 饮酒·其七.
[3] 苏州拙政园梧竹幽居亭对联.
[4] 瘦西湖小金山绿荫馆对联.
[5] 清·叶燮. 原诗·内篇下.
[6] 西晋·陆机. 文赋.
[7] 南宋·严羽. 沧浪诗话.
[8] 汉乐府. 古诗十九首.
[9] 唐·岑参. 白雪歌送武判官归京.
[10] 唐·杜甫. 望岳.
[11] 唐·白居易. 赋得古原草离别.
[12] 南宋·朱熹. 水口行舟.
[13] 晋·王羲之. 兰亭集序.
[14] 唐·刘禹锡. 酬乐天扬州初逢席上见赠.
[15] 宋·苏轼. 惠崇春江晚景.
[16] 宗白华. 中国园林艺术概观. 南京：江苏人民出版社,1987. 转引自张缨，张倩. 中国传统园林的虚实相生与心物交融 [J]. 装饰,2004,09:40-41.
[17] 周谷城. 所谓意境 [J]. 艺术世界,1983,2:8.
[18] 宋·陆游. 鹊桥仙.
[19] 语出自汉代《礼记·经解篇》，被认为是汉代人假托孔子所言.
[20] 语出自《论语·阳货》。这是孔子诗学理论的系统阐释，是中国诗学发展史上具有重要意义的理论命题.
[21] 语出自《毛诗序》.《毛诗序》又称《诗大序》，是汉代基于儒家视角的诗学理论重要专论.

# 5.3 "诗境空间"原理

"诗境"有三大美学特征"自然美"、"情感美"、"创意美"，则"诗境空间"的营造应该从与自然环境顺应和谐出发，特别寻求文化审美品位的提升，并包含充满创意的个性表达，以此来思索空间的构建和营造。

置于当代中国规划设计的实践层面，可将"诗境空间"的营造作如此理解——它是在诗学智慧启引下，努力使设计之"意"与空间之"境"相会，在人的思想感情与建筑空间环境产生共鸣之后，经过提炼进入到一种更高的美学层次，以情真意切为特点，在天人合一、情境交融、历史贯通和文化积淀的环境中，从自然天地与人文历史角度，深刻地体悟和超越具体的有限的物象和场景，达到对宇宙生机和人生真谛的审美悟解，并为追求理想的栖居环境

和精神境界的升华而不断求索和发自心源的文化创造。

## 5.3.1 师法和顺应自然，营造和谐意象

"诗境"首要的美学特征是"自然美"，中国诗学大量存在着将自然景物作为关照对象，或者以自然景物作为情感的起兴和喻指，蕴含"天地与我并生，万物与我为一"的"天人合一"自然观的中国诗学精神，为建筑、园林乃至城市的营造"诗境空间"提供了思维方向；反过来说，中国传统中那些诗意盎然的建筑、园林、村落和城市无不都是与其自然环境取得高度和谐的结果，这提醒了我们当代城市

和建筑的设计应尽可能多地保留和维护自然本来的面貌，人工构筑部分力争不违背自然肌理和机制而顺应自然，而园林设计应该师法自然，总之，都要在与自然的亲和中去寻找艺术真谛和生活、真意的方向。

## （1）师法自然

"本于自然"是中国文化思想下艺术创作的基本前提和艺术准则，在城市户外公共空间中，在当代园林营造中追求"诗境空间"境界，首先应该"师法自然"，其内涵包括"外师造化"为手段和"宛自天开"为评判标准两个方面。

### 1）以"外师造化"为重要手段

"本于自然"的物境空间营造与"外师造化"[1]的手段紧密相连。"造化"即大自然，"外师造化"就是向外界大自然学习。它最早由唐朝画家张璪提出，表达了艺术以"自然"作为创作楷模，如唐朝诗人王维所曰："肇自然之性，成造化之功"[2]。"外师造化"对园林营造以自然地形条件与自然变化为依据，故园林"有高有凹，有曲有深，有峻有悬，有平有坦，自成天然之趣，不乏人事之功"[3]。

中国园林历史上"外师造化"表现在许多方面，其中的一个体现就是"模山范水"，如东汉梁冀模仿伊洛二峡，在园中累土构石为山，从而开拓了中国园林对自然山水的模仿。早期园林仿真山，如北齐时期的华林园仿造五岳与四渎，唐代安乐公主定昆池叠石仿造华山，唐代李德裕平泉山庄叠石仿造巫山十二峰和洞庭九派，白居易履道里造园则仿造严陵七滩。许多园林以仿造一处自然风景而成，更常见的是

临摹自然风景中的某些片断，如杭州玉泉是以灵隐寺飞来峰前的溪涧为蓝本，经人工叠筑而成，根据自然的山水范式，加上高超的造园技法，人临其间，有山水真趣，借以展现鱼乐人乐的意境。

更多的情况下中国园林从更广泛意义的大自然中去发掘其艺术创作的素材、原形、源泉、灵感等，正如清朝文人张潮所说："山之光、水之声、月之色、花之香……真足以摄召魂梦，颠倒情思"[4]，他又说："春听鸟声，夏听蝉声，秋听虫声，冬听雪声，……山中听松风声，水际听欸乃声，方不虚此生耳"[5]。这些"山、水、月、花"等自然美景，这些"鸟、蝉、虫、雪"等天籁之声，都是以园林为典型的"诗境空间"的艺术灵感之源泉（图5.5）。

因为园林设计营造者"外师造化"——以"自然"为师、寻求"自然"之材、探求"自然"之法，从中获得了至情和至理，才有了最终园林"诗境"灵魂的逐渐彰显和展开，所以，"外师造化"亦应该成为当代园林景观兴造须尊崇的守则。

### 2）以"宛自天开"为评判标准

"外师造化"的评判标准乃是"掇石莫知山假，到桥若谓津通"[6]的"巧夺天工"地步，即"虽由人作，宛自天开"[7]。因此，园林的整体景观追求"天然图画"，以山水为主景，没有人为的轴对称形式，高低曲折、参差错落，建筑物布局亦按山水风骨、随着地形变化而有斜有正；细部营造手法，如树木花卉的处理与置设疏密相间，错杂相配，可谓树无行次，石无定位，在幽静典雅当中显出物华文茂，于是

图5.5　摄召魂梦的山水清音——"诗境空间"营造的艺术灵感源泉

图 5.6　日本某公园排水沟设计（左）与建成实景（右）——宛自天开的山间溪流

才有了桃花鲜艳盛开、松柏坚毅挺拔、柳枝婀娜垂岸、花朵迎面扑香、香草弯曲自如的诗情画意显现和审美悟道的彰显。

"宛自天开"这个命题是中国园林营造的实践经验及其理论的升华，可以理解为以自然的规律去表现自然，依据自然物质生成的机制，显现天然的情趣，表现出对事物完美的"道"的境界之追求，也为当代园林营造"诗境空间"提出了重要目标和要求（图 5.6）。

## （2）融入自然

### 1）生发"诗境"

"楼观沧海日，门对浙江潮"[8]（图 5.7）

图 5.7　楼观沧海日，门对浙江潮——杭州雷峰塔融入自然，为诗境而存在

图 5.8　江山无限景，都聚一亭中

从诗中可以强烈地感受到中国传统建筑"天地入吾庐"的理念，因而透着一股永恒的天人合一、情境相依的文化气息而诗味极浓，这其中传统建筑"融入自然"的旨趣为我们当代营造"诗境空间"提供了很好的指引。

中国传统建筑诗味极浓的取得，一个重要手法就是——建筑"融入自然"。除了建筑本身的实用功能外，其魅力还在于它成为古人实现心意与自然合一而产生"诗境"的媒介。从某种意义上讲，传统建筑中尤其是楼、阁、亭、塔、榭、轩等这些建筑，它们似乎天生就是为"诗境"而存在。例如"轩"，有诗说得好："当轩对尊酒，四面芙蓉开"[9]，此乃唐代大诗人王维在邀友时在其辋川别业的临湖轩中环顾湖光山色后的感发，只有融入自然的建筑才有此诗情。又如"亭"，是中国传统建筑中古老的形式之一，它静中有动，在造型上充分地表现出传统建筑的飞动之美；它布置灵活，对地形地势有高度适应性：立山颠，傍岩壁，临涧壑，枕清溪，处平野，藏幽林……。"亭"的审美价值与意义，超出它的实用功能范畴，也超出其自身形式美的范畴，更在于"融入自然"而得万千风景。苏东坡"静故了群动，空故纳万境"[10]和"唯有此亭无一物，坐观万景得天全"[11]可谓道出了亭的奥秘。张宣题倪瓒《溪亭山色图》诗说得更清楚："江山无限景，都聚一亭中"（图 5.8）。最终，"融入自然"的旨趣使得中国传统建筑，尤其是在楼阁亭台等风景建筑和乡村民居建筑，经常可以看到它们与周围地形、河流、山川巧妙的配合，最终整个建筑、村落乃至城市融于自然之中而诗意盎然（图 5.9）。

### 2）和谐相宜

一方面，为"融入自然"，需使建筑（人造空间）有利于与周围环境方便地接触，成为人与自然交流的载体。以楼阁建筑为例，历史上享有盛名的楼阁等建筑，常与临江临湖、青山之巅或山麓边缘等风景佳胜处有恰当的配

图 5.9　石潭村融入自然而诗意盎然

图 5.10　武汉龟山三国画馆巨大的尺度与山体环境比例失调

合，便于眺望，宜于得景，使之最大程度地与自然交流与对话；楼阁均向周围自然景观开敞，环绕各层有走廊和栏杆，供人时时登临眺望、环顾天地，楼内楼外空间相互流通渗透，"把一个大空间的湖光山色的景致都吸收进来了"。[12]人置于其中可以"仰观"、"俯察"和"环视"、"远望"等，丰富了空间感受，正如王羲之写兰亭的美感："仰观宇宙之大，俯察品类之盛，所以游目骋怀，足以极视听之娱，信可乐也！"[13]

　　另一方面，因为建筑自身也成为被观赏的对象，所以要摆正建筑与环境的关系，许多失败的例子是因为建筑体量与自然环境的比例失调（图 5.10）。要记住建筑是"宾"，自然是

"主"，建筑的尺度和造型需经过精心构思，与自然有和谐的呼应，对自然之美作必要的补充，而不是喧"宾"夺"主"。许多寺庙建筑"万绿丛中一点红"的诗意就来自此道理，通过建筑选址和建筑形象特别是建筑体量上的把握，把自身融入外界大自然环境之中，建筑以谦逊的姿态面对环境而又恰当地表现了自己。

　　3）交融一体

　　建筑融入周围自然环境，其背后反映的是人的思想感情与周围自然环境的融合与共鸣，当建筑中的人在欣赏到天地无限的大千世界时，审美心"意"与大地自然之"境"不期而遇，揭示宇宙和生命之大美，进而呈现对整个人生、历史、宇宙的一种哲理性领悟，人随建筑一起突破有限小空间，融于无限大自然，获得一种精神升华的体验，产生出丰富美感。在此意义上，"诗境空间"的营造将人造空间融于自然空间，促进人与自然融为一体的"物我交融"，最终在这种"天人合一"的追求中达到人类生活的诗意栖居。

## （3）顺应自然

　　有些现代建筑往往不尊重地形的原生形态（图 5.11），因为现代技术能力的提高，可以大规模改变地形。然而各种生态危机的出现使得人们回头审视传统设计与建造中最大程度地顺应自然地形、地势等要素和特征的智慧——顺应和呼应建筑基地的原生态大自然关系，达成人工建造与天生自然之间的和谐，但凡给予

图 5.11　某职业技术学院规划——不顾丘陵状的自然地形，僵化地以一个几何图形布局强行置入　　图 5.12　西江苗寨：随地形起伏的动人景观

图 5.13 开觉苗寨：与自然山势化作原生一体

人以诗意感受与联想的空间往往都表现出了这样的智慧，此可作为营造"诗境空间"的重要原理之一。

如贵州省雷山县西江苗寨，整个村寨建在山丘之上，却没有改变和掩盖基地地形的原生形态，反而是表现了地形的原生形态，整个村寨也就随着山丘地形起伏而创造了动人景观（图 5.12）。

又如雷山县开觉寨随山就势，与场地地形十分贴切，在这里人类的营造活动不是破坏自然的力量，而是最终与自然山势化作原生一体的有机整体（图 5.13）。

这种对地形、地势等自然因素的顺应，首先反映人对原生态自然的尊重，尽量不去破坏原自然地形环境本身的机理机制，或者说原地形地势之自然虽然经历了由人类需要而做的改变，但这种改变保留和透露了原地形地势错落有致的固有特征，甚至依据固有特征予以恰当的强化，表达出一种艺术功力的巧作，反映出建筑艺术创作灵感的真实。

## （4）巧借自然

### 1）借地势

"借势"就是巧妙地利用建筑场地有关地形地势等自然因素的特征，为我所用。这种情况在传统建筑中多见于寺庙建筑的建设，并且达到了出奇制胜的效果。

例如镇江金山寺，山地以山为基，依山而建，巧妙把握周围有开阔的视距，在体量不大的金山上设立金山塔，峭立峰顶，借金山之势插入天空，通过建筑上鳞次栉比的重楼华宇布置，使得寺庙殿宇楼阁组成了曲折高耸的壮观天际线，有"寺包山"[14]的整体气势，在蓝天白云的衬托下，成为方圆数十里范围内的风景名胜（图 5.14）。

### 2）借风景

东晋时谢灵运从山居生活实践中总结出"罗曾崖于户里，列镜澜于窗前"[15]的见解，可能是开"借景"之先河。"借景"就是借用本场景以外的景观，成为空间场景营造的有机组成部分。作为一种空间设计手法，"借景"利用视觉艺术，使前景借后景、后景借远景，还有"仰借"、"俯借"、"邻借"等多种借法。这样前为"画物"，后为"画幅"，以"叠加效应"构成层次丰富的统一景观，从而突破有限空间而至无限意象。

例如无锡寄畅园借园外自然之景，纳两山风光（图 5.15）它西借惠山，有"春雨雨人意，惠山山色佳"[16]之诗意；东南借锡山，得"今且锡山姑且置，闲闲塔影见高标"[17]之景观。

明代造园家计成说"园林巧于因借，精在体宜"、"泉流石注，互相借资"[18]，并从造园实践中对"借景"充满了诗意的领悟："扫径护兰芽，分香幽室，卷帘邀燕子，间剪轻风"[19]。

广义地讲"借景"随处可在。景可"外借"，也可在景内各要素间互借，空间才会有多种层次显现。如苏州网师园"看松读画轩"所点出的读画画面，就是冬时之"白雪松石图"，组成二层空间的中幅画面；也有叠加开敞空间中

图 5.14 "寺包山"——借山势的金山寺

图 5.15 闲闲塔影见高标——寄畅园借锡山塔景

图 5.16　雪山倒影映渠面——远借玉龙雪山之景

图 5.17　布达拉宫——近借山势、远借山景创造雪域高原上的壮丽宫宇

的多层虚实景观效应，包括借取远山近水形成大山水横幅。前面所述的融入自然的建筑其实也是自然环境与建筑的景观互借，多层次"借景"，才会有整体画面——峰峦丘壑、深溪绝涧、楼台亭榭、竹树云烟……，一派诗意景色空间。

"借景"妙在结合前后，融内外于一炉。对于城市来讲，这种"借景"可以纳城外千里风景为城所得，近水远山虽非城中而若为城备，将城市与城外自然环境从精神情感上连为一体，例如丽江古城"借景"玉龙雪山，可谓"得景则无拘远近"[20]，显出丽江"雪山倒影映渠面"[21]的诗意（图5.16）。

西藏布达拉宫是借势又借景的经典实例（图5.17）。它屹立西藏拉萨西北的玛布日山（红山）上，建筑巧妙地借红山山体地势，依山垒砌，群楼重叠，殿宇嵯峨。坚实敦厚的花岗石墙体，轻快平展的边玛草墙顶，金碧辉煌的屋面，具有强烈装饰效果的巨大镏金宝瓶、经幢和经幡，交相辉映，红、白、黄三色的鲜明组合，形成层层套接的建筑形体；同时借助四周远处宏大的重重峻岭之大场景氛围，又有灵动之倒影映于侧旁湖面之中，使这座雪域高原上富丽堂皇的雄伟宫宇愈加壮丽，有横空出世、气贯苍穹之势。

## （5）配置自然

对于在城镇之中，而非处于大自然环境中的建筑，为营造"诗境空间"，有一种重要而普遍适用的方式——"配置自然"，即按照自然原理而人造的第二自然。

### 1）庭院趣味

中国传统建筑时时出现的庭院空间为我们理解"配置自然"做出了典范。中国建筑乃至整个城镇具有以庭院院落为中心的布局特点，传统建筑群体以建筑围合形成形式不同的庭院空间，其中大的可称为院落，中等大小的一般称为庭院，小的犹如井口称为天井。中国建筑群体最基本的单元是一个围合庭院，更大的建筑群体是由许多个庭院院落纵序横列、层层相套延伸而成，例如，在民居建筑中有"二十四天井，四十八朝门"之说。这些无处不在的庭院空间使室内外空间有机交融，带来艺术表现的时空交织，表现出中国建筑庭院空间在审美上的独特意蕴和巨大潜能。龙庆忠先生提到中国建筑庭院空间时这样说道："中国建筑中之庭园布置，每爱筑山凿池，栽竹植卉，极尽天然野趣之能事，冀能与天地万物相调和，而抒其仁者乐山、智者乐水之情趣也。……建筑乎，庭园乎，盖已浑而为一，斯亦我民族艺术高度化之一表现也"[22]（图5.18）。

庭院空间是有意识地在建筑中采用"配

图 5.18　冀能与天地万物相调和（龙庆忠语）

图 5.19　晒庭柯以怡颜

图 5.20　重庆沙坪坝三峡广场——商业中心区中"配置自然"增添了城市生活诗意

图 5.21　单调而平板一块，缺乏灵动有机的自然韵致

置自然"的绿化手法，表达了中国建筑与自然的合奏，反映了中国建筑无处不在的与自然之亲和，以及在这个合奏与亲和中的栖居生活。通过在建筑中"配置自然"，使人们在建筑中既享受室外清新的自然空气，又享受"晒庭柯以怡颜"[23]的人间欢乐（图 5.19），精神欲求和物质需求的矛盾，从中得到了完美解决。穿过那些古建老宅长廊短弄的一进又一进的院落，看到石岸蜿蜒的水池、小桥、亭榭、湖石假山、花木，感受庭前清风明月、园中花开叶落、阶上苔印履痕、案间墨香灯影，还有花园长廊、镂空花窗、精刻砖雕、照壁题书……"庭院深深深几许"[24]就是其诗境之美的写照，一个"深"字，意蕴浓厚，透露出中国建筑层层叠叠、柳暗花明的深邃诗意，也表明在建筑空间中"配置自然"的效力，在于唤起人与自然相通的诗意栖居之心底意识。

2）城市添绿

城市里恰当地"配置自然"也有同样的效力，例如重庆市沙坪坝区商业中心区随着配有自然花草景致的"三峡广场"之建成，相对于原来马路型、过客式的商业空间比较，提供了

一个可以活动、休息与驻足观景的场所，平添了一方城市商业集中区的几分诗意（图 5.20）。

需要提醒的是，既然是"配置自然"，则所配"自然"宜有"自然而然"的形态，仍然贯彻"虽由人作，宛自天开"的准则，一些建筑环境所配"自然"使人感觉单调而平板一块，无自然有机趣味，当属欠缺自然诗境观所致（图 5.21）。

## 5.3.2　灌注人文艺术，升华审美品位

"诗境空间"强调"高于物境"，即建筑等实体空间之"形而上"的超越意识，代表着空间营造不止于物质功能需求，更在于对美的心灵、意念和理想的不懈追寻，所以，"诗境空间"的营造关键在于灌注人文艺术，提升审美品位。

### （1）"中得心源"——文化心理注入

唐朝画家张璪在提出"外师造化"之后紧接着是"中得心源"[25]，"心源"指的是内心的感悟，意指以大自然为师，再融入内心的感悟，然后才可创作出好的作品"外师造化、中得心源"构成了中国文化艺术思维特点的一个完整的表述，表达的是中国艺术"本于自然"而又"高于自然"的品格。正如诗曰"月到窗前疏影新，风行水面自成文"[26]所表达的，"心源"是来自内心的感悟和震撼之后所捕捉到的人生灵感和境界，是审美人格的主体投入后思想与情感的真诚流露。

在中国传统建筑的空间中，有的透出"留得残荷听雨声"[27]的婉约，抑或"何处望神州"[28]的雄浑，这是因为灌注了人在建筑中的感受，渗入了心灵的体验而超越建筑功能、形式、材质，在建筑满足避雨遮风等实用功能的同时多了一份灵气和精彩，别具一份文化意义内涵和审美情感寄托。

不仅是整体性的建筑，通过建筑的某些局部构建也被寄予了许多诗意，例如传统建筑对于"窗"的概念，不只是具备采光通风的功能要求，更成为从有限建筑空间观照无限自然空间的孔窍，显现出"纳时空于自我，收山川于户牖"的诗意心境，获得一种发自内心的感悟，在许多诗句中都体现出"窗"的丰富意义，如"窗中列远岫，庭际俯乔林"[29]、"辟牖栖清旷，开帘候风景"[30]、"栋里归云白，窗外落晖红"[31]、"隔窗云雾生衣上，卷幔山泉入镜中"[32]等等，不胜枚举。

现代建筑中不乏这种文化心理注入而提升建筑审美品位的实例。例如汪国瑜先生设计的黄山云谷山庄（图5.22），运用天井、回廊和马头墙等徽州古民居建筑符号，依据传统文化中阴阳五行概念，把山庄分成东、南、西、北、中五个区域的建筑群体组合。以中心服务区的大天井展开，东面建筑名曰"停云馆"，从这里可看云海起伏跌宕，雾中山影如画；西面建筑名曰"枕石轩"，凭栏北望，清溪顺石湍湍流下，水雾飘浮，碧透空灵；南面建筑名曰"竹溪楼"，大片竹林拥立，郁郁葱葱，苍翠欲滴；北面建筑名曰"松韵堂"，松林交相掩映，松韵如涛。整个山庄环境松环竹抱、跨溪临泉；溪曲九回、小桥流水；石刻碑群与千年古木共处一隅，实现了独树一帜的新徽派建筑与巧夺天工的园林有机结合，成为20世纪末中国建筑界"新乡土主义"之重要力作。

### （2）创造"画境"——艺术提炼

宋朝画家郭熙说："千里之山，不能尽奇，百里之水，岂能尽秀，……一概画之，版图何异？"[33]，山水画不可能对自然山水的一丝

图5.22　黄山云谷山庄——中国建筑界"新乡土运动"之重要力作

一毫"一概画之"。中国园林同样虽然师法自然，却并非依葫芦画瓢机械地照搬，而是在领悟自然之道的基础上，以"一峰则太华千寻，一勺则江湖万里"[34]来有意识地加以高度概括和提炼萃取而创造"画境"。"画境"就是在理解体会物境空间之理的基础上，对物境空间历经一番斟酌取舍、烘焙润色的艺术提炼之后，以画造景，又把空间景物幻作图画，达到"无画不成景、景景皆入画"的高级艺术境地。以中国传统园林为例，它以自然素材为基础，融入山水画的笔意和韵致，运用虚与实、动与静、因与借等艺术操作而上升到"艺术美"的层次——园林里既有"奔马绝尘"，又有"众流归海"[35]；一会儿隐约湖山、半遮楼台，一会儿豁然开朗、奔来眼底，形成一个小中见大、主次联动、烘托随形、萦绕迂回、前呼后应的完整布局和全局画境（图5.23）。

中国园林的这个艺术提炼之"画境"创造过程可作为当代营造"诗境空间"的重要方式和环节，园林中的一切创造"画境"的方式均可移植在当代诗境空间之营造中，故不妨对园林里创造"画境"的艺术手法作一番研究。

"框景"是构成图画的常用方法，它是

图5.23　主次联动、烘托随形的全局画境——苏州"拙政园"

图 5.24　框景——窗框、门洞框中见图画一幅

把园墙或建筑的门窗框架作为画框看，把门窗外面的真实山水风景或是竹石小景纳入，当作墙挂幅画（图 5.24）。例如清代画家李渔在他居室厅堂中央开了一窗，在窗框的上下左右，按照装裱画的方式来镶边，于是"俨然堂画一幅；……坐而视之，则窗非窗也，画也，山非屋后之山，即画上之山也"[36]。苏州留园揖峰轩厅正墙上开了三个尺幅窗，俨然挂了三个尺幅竹石图，石林小屋两旁的六角形小窗，收入窗外芭蕉竹石，就像两幅六角形的宫扇画面。中国园林中，月门、圆窗，如观团扇，如对明镜，如游月宫，如迷画图。

"漏景"是另一常用方法，通过漏窗的运用，使空间流动，视觉流畅，隔而不绝，空间互渗；漏窗上，玲珑剔透的花饰、丰富多彩的图案，有浓厚的民族风味和美学价值；透过漏窗，竹树迷离摇曳，亭台楼阁时隐时现，远空蓝天白云飞游，造成幽深宽广的空间"画境"。

"借景"在中国造园中大量运用，几丛花木、叠石背后一片素壁作画布，形成一幅丹青水墨小画；或是远、近两层以上的景物叠加形成趣味盎然的画面。

有"借"还有"障"。"障景"是在前面设置景物，通常是以植物遮挡后景。它起两个作用，一个是将后面若有不良景观予以遮障，即"屏俗"；一个则更主要是增加空间景深层次形成"平芜尽处是春山，行人更在春山外"[37]的深远含蓄美。如宁波天童寺，寺前有廿里松林引人行，使人慢慢酝酿宗教情绪，呈现"未入天童心先静，松风廿里引人行。千年古刹寻难见，一群散鸟起钟声"之诗境。

其他还有"对景"、"隔景"、"分景"等，都是用种种办法来组织空间，创造景观，丰富美的感受，力求在有限的地域内寻求一种突破，创造"画境"。概括说来，当如沈复所说的："大中见小，小中见大，虚中有实，实中有虚，或藏或露，或浅或深……"[38]。总之，经过取舍、概括等艺术加工以后，园林注入了艺术美，于是进入园林，就是在欣赏一幅幅山重水复、柳暗花明的步移景异之感人画面，陶醉在其迷人的"画境"之中（图 5.25）。

实际上，无论"框"、"漏"、"借"、"对"、"隔"等都是在"组景构图"，它们之间综合运用，也没有截然的区别。在形成"画境"的方式上，最主要就是"组景"，无处不在、无时不在的"组景"如同绘画的谋篇布局一样，按照自然的机理、音乐的节奏，以自然物为材料，通过高、低、直、转和奥、旷、暗、明的精心组织，最终在园林里形成一幅幅富有感染力的画境——淡云晓日、细雨轻烟；夕阳晚霞、微雪薄寒；疏篱松下、清溪竹边；横琴窗外、吹笛林间……。

在"组景"形成"画境"的过程中，适用诸如平衡、韵律、节奏、色彩等构图法则和空间构成组合的基本原理，表明通过艺术提炼形成"画境"，同时也是营造"诗境空间"必须运用的方式和必备的环节。

图 5.25　漏景（左）、障景（中）、隔景（右）

图 5.26　登鹳雀楼——唐诗意境之作

### （3）诗学点化——审美品位升华

"诗学点化"就是对物境空间进行审美观照，将物境空间的特点、意涵通过诗词歌赋的方式予以精炼地点拨和揭示，引导空间意境之生发，从而提升空间之文化品位，达到审美意念的升华，这是中国文化观下空间营造的独树一帜的方式。

在传统建筑中有着许多非常生动的诗学点化，这些在中国古典文学的一些经典作品中都有表现，如《岳阳楼记》、《滕王阁序》等都是"诗学点化"的经典事例。还有那唐代诗人王之涣登楼远观，浴乎天地，荡涤胸怀，集文人诗情、人生哲思为一体，以诗言志诵出了被后世誉为唐诗的意境之作："白日依山尽，黄河入海流；欲穷千里目，更上一层楼"[39]（图5.26）。

在中国传统城市中，处处都有脍炙人口的诗学点化。"君到姑苏见，人家尽枕河"[40]点化出江南水乡苏州的妩媚，"五岭北来峰在地，九洲南尽水浮天"[41]点化了南国广州地域的阔景，"水光潋滟晴方好，山色空蒙雨亦奇"[42]点化了人间天堂杭州的优美（图5.27）；"两岸花柳全依水，一路楼台直到山"[43]则将扬州的生活诗化（图5.28）；"千峰环野立，一水抱城流"[44]诉说山水之最在桂林，"片叶沉浮巴子国，两江襟带浮图关"[45]表现了重庆两江汇聚的山城特点，"云护芳城枕海涯，风鸣幽涧泛奇花"道出了青岛濒临大海的壮丽

景观。每一次的诗学点化，都将一个城市景象深深印入人们的脑海，成为这个城市最具特色的凝练与概括。

"诗学点化"典型莫过于中国园林，经"诗学点化"，园林才有了"寸山多致，片石生情"的诗情画意，并在其中进一步试图把握作为宇宙本体的"自然之道"和人之存在的"和谐之道"，实有"画龙点睛"之功效。例如，《红楼梦》中多次写到大观园中诗学点化的艺术创作及推敲过程，其中宝玉曾以蕉、棠两植，发掘其暗蓄"红、绿"二字的底蕴，点题为"红香绿玉"，诉诸视觉、嗅觉使美景生色，体现诗学超越物境的审美功能；后来元春命为"怡红快绿"，将主观情致渗入。《红楼梦》的其他题景艺术中，也有许多出色之作，题名如"潇湘馆"、"怡红院"等，匾额如"桐剪秋风"、"荻芦夜雪"等，对联则如："绕堤柳借三篙翠；隔岸化分一脉香"、"吟成豆蔻诗犹艳，睡足荼蘼梦亦香"。清代皇家园林也以题额作为景境的形象概念和审美特征，像圆明园四十景题引导人进入一种特殊的情境，例如其中"武陵春色"和颐和园"湖山真意"，再现了陶渊明田园山水诗和《桃花源诗及记》的情境。

园林中"诗学点化"的表现形式则主要有匾额、楹联、题刻、碑记、字画等，一方面是空间营造典雅的装饰，构成空间景境的一部分；更主要它们有韵境点景的意义，或标出季相、点明时分，或巧写景色、发抒性灵，或诉诸审美想象、勾起思古幽情……通过它们，空间中诸多直观有限的"具象"，被赋予更多深邃无

图 5.27　水光潋滟晴方好——天堂杭州

图 5.28　两岸花柳全依水——扬州

限的"象外之象、境外之境",丰富了空间内涵,拓宽了意蕴,提升空间文化品位。例如昆明大观楼建置在滇池畔,悬挂着当地名士孙髯翁所作的180字长联[46],号称天下第一联,上联咏景下联述史,洋洋洒洒,把眼前景物写得全面而细致入微,把作者借此景而生出的情怀抒发得淋漓尽致,点化出绵延无尽的意境,成为滇池的绝唱而动人心魄。

"诗学点化"是空间营造抒情置境的重要艺术手段和组成部分,但它本身只是一种形式,所以其重要性并不在于它本身,而在于"诗学点化"而生成的境界——它是营造者传神点睛之笔和设计师情意匠心独白,点出了文韵、词意、诗境,也点出了儒风、道骨、禅机,使营造的空间表达出种种高情逸思而上升到"形而上"的、无拘碍的"诗境空间"。

下面试举黄鹤楼一例表现对建筑环境特征的审美以及建筑历史纵深意涵的感受,从中领悟出可对当代设计创作的应有启迪。

"断断乎不朽矣"[47]的黄鹤楼,从三国时首建至1985年当代重建的1700多年间,虽历经20多次毁绝而均又重生,全都因为在岁月长河中它矗立黄鹄山(即蛇山)之巅、控龟蛇对峙、扼江汉合流、渊临沙洲、俯瞰大江晴川而积累的不朽诗境情结。唐代阎伯理曾如此描述:"观其耸构巍峨,高标巃嵸,上倚河汉,下临江流;重檐翼馆,四闼霞敞;坐窥井邑,俯拍云烟;亦荆吴形胜之最也"[48],如此"尽江汉形胜"[49],占高楼之便利,得山川之韵律。

图5.29 曾将黄鹤楼上吹,一声占尽秋江月

登临而望,楚天寥廓,风云交换,楼阁与大江山色融为一体,眼前壮景让骚人墨客诗意大发,如:"清江度暖日,黄鹤弄晴烟"[50]、"城下沧浪水,江边黄鹤楼"[51]、"曾将黄鹤楼上吹,一声占尽秋江月"[52](图5.29)、"黄鹤楼前春水阔,一杯还忆故人无"[53]、"谁家笛里弄中秋,黄鹤归来识旧游"[54]、"黄鹤楼前木叶黄,白云飞尽雁茫茫"[55]……每一个诗句都是作者对于黄鹤楼环境审美的心源超越。

名诗千首,雄文百篇,据不完全统计,历代咏楼诗词千余首、楹联千副、文赋过百篇。其中崔颢的那首"昔人已乘黄鹤去,……白云千载空悠悠"[56]的题咏,将黄鹤楼推向寄情托志、感怀古今的顶峰,并成就了另一佳话,即"崔颢题诗,李白搁笔",对此宋代萧溥有诗云:"仰崔老之绝唱兮,惊谪仙之搁笔"。然此情此景李白难以搁笔,又写下了这样的诗句:"黄鹤楼中吹玉笛,江城五月落梅花"[57],从此"江城"便成为夏口(今武汉)的美称,而意境最为深远的当属他那千古名句——"孤帆远影碧空尽,惟见长江天际流"[58]。

当代重建的黄鹤楼以再现黄鹤楼诗境为宗旨,采用钢筋混凝土框架仿木结构,进门大厅立柱上悬挂着长达7米的楹联,点明当代黄鹤楼诗境之所在:"爽气西来,云雾扫开天地撼;大江东去,波涛洗净古今愁"。长江、汉水交汇之处,龟蛇对峙、一桥飞架、三镇鼎立,这一带是江城最具雄浑诗境的地方。一座名楼,巍峙于蛇山之端,雄阁飞檐,金碧辉煌,波唱浪吟,守望历史变迁,"瞰三江而吞七津,控西蜀而踞东吴",上楼极目俯视,城市景观全收,楚天寥廓望尽,任江汉朝宗、纵骛八极,凭龟蛇相对、横锁云涛,黄鹤楼留下大量不朽的诗作,使这一远远超出了普通意义的建筑,其厚重的历史纵深意境成为中国建筑文化一处不可或缺的标注,也成为注解建筑意境超越实体而"中得心源"之绝好范例(图5.30)。

图5.30　任江汉朝宗，纵骛八极；凭龟蛇相对，横锁云涛

### 5.3.3　显现个性特色，表达真情创意

#### （1）个性特色是艺术创作的生命

艺术创作都追求个性与特色，古今中外的许多建筑名作都是以其个性与特色来打动人和感染人的。从西方来看，自古埃及古西亚建筑开始，历经古希腊建筑、古罗马建筑、早期基督教和拜占庭建筑、罗马风和哥特式建筑、文艺复兴建筑、巴洛克与古典主义建筑，直到现代主义建筑及后现代主义建筑等，各个时期都有着颇为明显的变化，显现了建筑清晰的时代发展轨迹特色，都是各个时期营造者劳动创新的结晶，也留给后人追索过去不同时期建筑营造的艺术智慧与情感。

在中国大一统的政治社会里，建筑形制相对较早定型，没有西方那样文化中心辗转各国而变各异的变化，但实际上东、西、南、北各地域各自发展出了不同风格样式的建筑，依气候、地理、风土人情等的差异，尤以民居建筑表现显著，显现了建筑不同的地域特征与地方个性，表现出较为明显的地域文化与场地地理环境的差别。仅从艺术角度看建筑，在艺术的世界或者与艺术紧密相关的世界里[59]，个性特色的追求似乎与生俱来。以中国传统建筑的翼角处理为例，虽有宋式营造法式、清式营造则例的官式规定，但各地营造工匠都不乏匠心独运的创造，无论是在京畿之地，还是偏远的山区村野，营造者都有别出心裁的创新处置，或高槛危檐、雄浑壮丽，或秀逸摇曳、含蓄潇

洒，最终建筑形象成为营造者的特定艺术匠心与情思的寄托。正如梁思成先生说："历代匠师不殚烦难，集中构造之努力于此。依梁架层叠及'举折'之法，以及角梁、翼角，椽及飞椽，脊吻等之应用，遂形成屋顶坡面，脊端，及檐边，转角各种曲线，柔和壮丽，为中国建筑物之冠冕，而被视为神秘风格之特征……"[60]

"诗境空间"的营造是一门高度情感投入的艺术，当然离不开个性特色与创新思维，"诗境"的本义就是经过主观思维，进行艺术点染、组织和美化，从而产生诗情画意和悟道心志，达到更高的文化审美品位。

在达成迈向"诗境空间"的创意追求中，不妨从中国传统诗学中获取营养。在浩瀚汪洋的中国诗歌历史里，那些让人回想起栩栩如生的诗人和流芳百世的诗作均有其独特的气质和个性，或浪漫，或现实，或豪放，或婉约，风格各异、观点各异、表达各异，在诗作中到处可见诗人的个性特色与创新性思维。故诗学对于创新思维有很大的促进作用，创新本质上就是诗学精神的追求目标。我国近、现代的著名科学家大多与诗学有着不解之缘，钱学森先生也是从中国诗学特别是山水诗的意境中获取灵感和营养，从而提出了"山水城市"论。在设计艺术领域，这种创新是与真情个性紧密相连的，这也更是诗学精神最突出的表现。所以，置于当代规划设计专业领域当中，应学会品味中国诗学、体会中国诗歌之中充满创意之美的无尽"诗境"，将获得重要的设计思维启发来提升建筑规划设计作品的品质。

#### （2）表达真情创意而非"矫情"，更不是"煽情"

前章曾阐述"诗境"的"创意美"主要来自"以情领衔、情理互动"的"真情个性"创造，传统诗学中的创意并非为"创"而强为"创"，也不是随意地"创"，那会陷入"矫情"甚至"煽情"的泥潭中。"矫情"和"煽情"不为中国文化

图 5.31 流水别墅——具有东方式审美意境

思想所推崇，早在战国时代哲学家韩非子曰："夫特貌而论情者，其情恶也；须饰而论质者，其质衰也"[61]。同样，营造"诗境空间"对于个性特色的追求不应陷入"矫情"之中，更不能是"煽情"，而是与地域文化、地理环境和场地具体的生态自然特征等地脉与文脉因素联系起来，取得诸因素间的和谐才能获得真正的"创意美"。

为了对什么是"创意美"有一个直观的感悟，这里以建筑名作"流水别墅"为例进行阐述（图 5.31）。流水别墅位于美国匹兹堡市郊区的熊溪河畔，由美国现代建筑大师赖特先生（F.L.Wright）设计。别墅共 3 层，以二层（主入口层）的起居室为中心，其余房间向左右铺展开来，室内空间自由延伸，相互穿插；室外空间设计有两层巨大的平台高低错落、叠摞在一起，一层平台左右延伸，二层平台向前方大胆悬挑出，出挑的楼板锚固在后面的自然山石中；几片高耸的片石墙交错着插在平台之间，平滑方正的大阳台与纵向的粗石砌成的厚墙穿插交错，宛如蒙德里安高度抽象的绘画作品，在复杂微妙的变化中达到一种诗意的视觉平衡。

整个建筑与山体脉络相连。溪水瀑布由别

墅的平台下方怡然流出，即该别墅悬浮在流水瀑布之上这正是流水别墅名副其实的经典之处，其最突出的特点就在这个人工与自然之契合的创造性处理上，赖特将大胆创新与场地特征有机结合，取得了人工与自然的和谐，实现了真正的创意而非"矫情"——以赖特的描述以"溪流音乐"和"石崖的延伸"为理念，建筑与溪水、山石、树木自然地结合在一起，自然的音容从别墅的每一个角落渗透进来，而别墅又好像是从溪流之上滋生出来；故别墅并不只是用封闭围合来形成建筑空间，而是有介于建筑与环境之间的特殊空间处理——走道、桥、平台、台阶；建筑与景观相互交融，流动的溪水瀑布是建筑的一部分，流水以一种运动感知方式经历与建筑的交流。因而流水别墅如同中国园林一样也是一个时间的艺术，流水别墅因此成为一种以建筑词汇再现自然环境的抽象表达，一个既具空间维度又有时间维度的具体实例。

流水别墅在空间处理、体量组合及与环境的结合上均取得了极大成功，通过流水别墅，赖特实现了其"山中宅居"（house on the mesa）的梦想，流水别墅建成之后即名扬四海，在现代建筑历史上写下建筑精彩的一笔。别墅主人考夫曼在落成仪式上赞扬道："流水别墅的美依然像它所配合的自然那样新鲜，它曾是一所绝妙的栖身之处，但又不仅如此，它是一件艺术品，超越了一般含义，住宅和基地在一起构成了一个人类所希望的与自然结合、对等和融合的形象。这是一件人类为自身所作的作品，不是一个人为另一个人所作的，由于这样一种强烈的含义，它是一笔公众的财富，而不是私人拥有的珍品。"1963 年，赖特去世后的第四年，考夫曼将别墅献给当地政府，成为社会公共财产永远供人参观。

赖特主张"有机建筑"设计理论，认为设计应该反映出人的需要、场地的自然特色，并尽可能使用自然材料。流水别墅成为杰作，与其"有机建筑"理论有渊源关系，流水别墅正是其"有机建筑"理论的注解。而赖特的"有机建筑"理论又与东方思维有着深沉的内部联系，赖特多次明确讲述过他推崇中国道家思想，故我们不难发现流水别墅中所透露出的东方式审美意境及诗境美学观的影响。

# 注释

[1] 唐朝画家张璪在其《绘境》中提出了"外师造化，中得心源"。见唐·张彦远.《历代名画记》卷十.

[2] 唐·王维.山水诀.

[3] 明·计成.园冶.

[4]、[5] 清·张潮.幽梦影.

[6]、[7] 明代计成在其著作《园冶》中提出.

[8] 唐·宋之问.灵隐寺.

[9] 唐·王维.辋川集·临湖亭

[10] 宋·苏轼.送参寥师.

[11] 宋·苏轼.涵虚亭.

[12] 宗白华.美学散步 [M].上海人民出版社,2005:55.

[13] 王羲之.兰亭集序.

[14] "寺包山"的说法来自陈从周先生："三山景色之美，各有千秋：焦山以朴茂胜，山包寺，金山以秀丽名，寺包山；北固山以峻险称，寺镇山"。见陈从周.梓翁说园.北京：北京出版社,2004:158.

[15] 东晋·谢灵运.山居赋.

[16] 清·乾隆.雨中游惠山寄畅园.

[17] 清·乾隆.寄畅园杂咏.

[18] 明·计成.园冶·兴造论.

[19] 明·计成.园冶·借景.

[20] 明·计成.园冶·兴造论.

[21] 参见宋廷波.流水丽江.昭通新闻网

[22] 龙庆忠.中国建筑与中华民族 [M].华南理工大学出版社,1990:52.

[23] 晋·陶渊明.归去来兮辞.

[24] 宋·欧阳修.蝶恋花·庭院深深几许.

[25] 唐·张彦远.《历代名画记》卷十中记述唐朝画家张璪在其《绘境》中提出了"外师造化，中得心源"的艺术主张.

[26] 明·吴从先.小窗自纪.

[27] 唐·李商隐.宿骆氏亭寄怀崔雍："秋阴不散霜飞晚，留得残荷听雨声".

[28] 南宋·辛弃疾.南乡子·登京口北固亭有怀："何处望神州？满眼风光北固楼.千古兴亡多少事？悠悠，不尽长江滚滚流".

[29] 南朝齐·谢朓.郡内高斋闲坐答吕法曹.

[30] 南朝齐·谢朓.新治北窗和何从事诗.

[31] 南朝陈·阴铿.开善寺.

[32] 唐·王维.敕借岐王九成宫避暑应教.

[33] 宋·郭熙.山川训.

[34] 明·文震亨.长物志.

[35] 清·王昱.东庄论画.

[36] 明·李渔.一家言.

[37] 宋·欧阳修.踏莎行.

[38] 清·沈复.浮生六记.

[39] 唐·王之涣.登鹳雀楼.

[40] 唐·杜荀鹤.送人游吴.

[41] 清·屈大均.广东新语.

[42] 宋·苏轼.饮湖上初晴后雨.

[43] 扬州二十四景之一"西园曲水"中一临岸贴水石坊名曰"翔凫"之舱门题联.

[44] 宋·刘克庄.簪带亭.

[45] 宋·黄庭坚诗.

[46] 清朝孙髯所作，上联：五百里滇池，奔来眼底，披襟岸帻，喜茫茫空阔无边。看东骧神骏，西翥灵仪，北走蜿蜒，南翔缟素。高人韵士，何妨选胜登临。趁蟹屿螺洲，梳裹就风鬟雾鬓；更苹天苇地，点缀些翠羽丹霞。莫辜负四围香稻，万顷晴沙，九夏芙蓉，三春杨柳。下联：数千年往事，注入心头，把酒凌虚，叹滚滚英雄谁在？想汉习楼船，唐标铁柱，宋挥玉斧，元跨革囊。伟烈丰功，费尽移山心力。尽珠帘画栋，卷不及暮雨朝云；便断碣残碑，都付与苍烟落照。只赢得几杵疏钟，半江渔火，两行秋雁，一枕清霜。

[47] 明·沈钟.重修黄鹤楼记.

[48] 唐·阎伯理.黄鹤楼记.

[49] 参见元·宋民望.重建南楼记："斯楼足以尽江汉形胜".

[50] 唐·宋之问.汉口宴别.

[51] 唐·王维.黄鹤楼送康太守.

[52] 唐·刘禹锡.武昌老人说笛歌.

[53] 唐·杜牧.送王侍御赴夏口座主幕.

[54] 宋·范成大.黄鹤楼.

[55] 元·陈孚.登黄鹤楼.

[56] 唐·崔颢.黄鹤楼.

[57] 唐·李白.与史郎中钦听黄鹤楼吹笛.

[58] 唐·李白.送孟浩然之广陵.

[59] 建筑是否属于艺术在学术上有争议，但不管怎样说，建筑有艺术含量是不争的事实，因此建筑至少算得上是属于与艺术紧密相关的范畴内.

[60] 梁思成.中国建筑史 [M].百花文艺出版社,2005:56.

[61] 韩非子·解老

# 5.4　"诗境空间"设计观

## 5.4.1　"诗境空间"理念的价值

### （1）深化对建筑空间理论本质认识

从古至今，在建筑、城市、园林的领域里人们营造空间，使用空间，感知空间，综观各种空间理论，大致可归纳为三类基本概念：

首先是功能形式实体意义上的空间概念。它以实体三维几何形式的操作法则为特征，如凹与凸、空间和实体结构、内部和外部以及在此之上的平衡节奏、体量比例、视觉错觉等，或许可以被称为是经典"建筑师"意义的空间概念理论。例如古罗马人用较古希腊人更为理性的原则，运用新材料和新结构，创造了更具实体形式变化的建筑空间；中世纪虽然没有太多空间概念的系统论述，但从教堂骨架券和飞券的侧推力计算等，不难看出中世纪建筑是按数理比例形式关系进行空间设计的；文艺复兴到理性启蒙时期，建筑空间更加寻求实体形式的秩序、规律和章法，奉行比较纯正的法则和度量，像帕拉第奥的《建筑四书》和维尼奥拉的《五种柱式规范》被奉为金科玉律；18～19世纪，西方进入工业化大生产，为新的建筑功能和新的结构、材料、设备等现代空间形式实体的产生创造了条件；20世纪初，新建筑运动兴起，建立在功能基础之上的现代建筑由新的功能而产生新的空间形式实体，虽然着眼点在功能，与传统空间概念有所不同，但创造了新的丰富多彩的空间实体形式，故仍然属于功能形式意义的空间概念与理论范畴。功能形式实体意义的空间理论与数理几何学紧密相关，对建筑造型等有明确的形式法则，故而对建筑空间的生成有着较强的把握。但是，功能形式实体意义上的空间理论将空间仅仅看作是客观的对象与现象，其空间形式操作与实体生成忽视了生活在该空间中的人的因素，把人和空间视为孤立的事物。

二是环境美学和心理学意义上的空间概念。兴起于1960～1970年代的环境美学和环境心理学，其所持的观点与功能形式理论截然不同。环境美学开启了西方对自然审美和把人与环境自然统一起来的思维模式，避免了主、客二分的孤立地看待空间而造成的对空间本质认识被蒙蔽；环境心理学更把关注的焦点放在人与环境相互关系上，追求环境中最适合人的心理和空间行为。相对于功能形式实体意义上的空间概念理论，环境美学与环境心理学将人与空间环境联系在一起，有助于深入认识建筑空间的本质。

三是哲学思辨意义上的空间概念。自古以来就有许多哲学家进行空间的哲学思辨。例如柏拉图把几何学当作空间的科学，反映了他数理逻辑的思维；康德认为空间是人类感知的方式而否认其物质世界的属性，说"空间以直觉的形式先存在于思想中"[1]，这又走向另一极端；存在主义哲学家海德格尔被列为20世纪最富有创造性的哲学家、思想家，他所理解的空间"既不是和主体相对的外在物，也不是主体的内在的经验"，他在《建筑·居住·思》中使用了"场所"词汇，包含了不能被测量的非量化空间的概念，建筑理论家舒尔茨追随之，把"场所"归结为空间（三维的组织系统）与特质（如空间气氛等）的总和，提出了"场所精神"[2]。

"诗境空间"理论与以上有联系而又不同，它是具文化品格和审美意识上的空间概念，更深刻地反映建筑文化内涵，是大建筑学科范畴中的一种高级空间理念类型。"诗境空间"首先表现为一定的物境空间，故而它有着可度量的三维组织系统，同样适用平衡节奏、体量比例等形式美法则；但是和普通形式主义空间不同的是，"诗境"的物境空间强调的是它有着本于自然的自然属性，在形式美学的理性操作下不偏离它本于自然、人与自然统一的基本特点，这又和环境美学意义的空间概念联系起来。"诗境空间"一头连着空间实体，一头连着"人心"，还有一头连着自然是一分为三的空间图示，是一个含有人文自然环境心理学意义上的空间概念。从哲学思辨上讲，此时"诗境空间"与舒尔茨"场所"概念有较多的耦合。然而，"诗境空间"的最后追求在于有特定文化内涵和高级文化品位，并于其中展现审美悟道，所以"诗境空间"从有形、有象、有言、有情的在场所中，显现出无穷、无尽、无限的而又是"生动感人"的境界来，之所以强调"生动感人"，表明"诗境空间"达至"无穷、无限"的过程中所秉持的是积极的人生态度。所以，"诗境空间"使城市、建筑、园林传达出深厚的人文底蕴魅力，赋予城市、建筑、园林等空间以生命气息，并穿透城市的人工构筑物表象，穿透建筑砖石、钢铁、混凝土这些死的材料，穿透园林中山石和植物等静态物境而使生命的文化精神飞扬起来。

## （2）扩展建筑环境的文化意义

建筑环境在历史上，或者说在功能形式实体意义上的空间概念那里，建筑是作为一个人工的艺术品而被关注，但建筑环境却没有取得相同被关注的地位，只不过是一个被忽略了的承托"（建筑）艺术品"的托架，实际上直到今天，在大部分的建筑学学科领域的教育和实践中，建筑与环境是比较脱离的。

在环境心理学意义上的空间概念那里，环境不再是和"艺术品"几乎无关的"托架"，而是被积极关注的重点之一，但是此时的环境主要还是基于物质、物理意义上的环境，文化环境和文化心理上的含义不太明确。

"诗境空间"的提出表明了文化品位是城市、建筑、园林的本质特征和灵魂，"诗境空间"的旨趣就在于扩展建筑环境的物质、物理意义之外的文化意义，没有文化意义的参与，空间行将衰落枯萎。当然，并不是所有的空间都必须达到"诗境"的高度，一般功能性空间为大多数，它们的诗境程度要求也不尽相同，但并不是功能性为主就不要求应具有的某种诗性，"诗意地栖居"应是普适原则，只是少数艺术化较强、文化性要求较高的空间场所才与"诗境空间"有类似的特性。

## （3）提升设计师的文化艺术修养

唯有在物境空间基础上提升文化艺术品位到一个境界，才称得上"诗境空间"，"诗境空间"的这种属性要求空间的设计营造者拥有高度的文化艺术修养。

现代社会里，虽然建筑大量地建造，关于建营的知识也在不断增加，但建筑的文化品位未见得同步提升，深陷其中的建筑人士忙碌中对建筑的生成意义和价值麻木不仁的现象却不鲜见，建筑文化思维趋于浅薄而处于一种营养不良的状况，伴随而来的是建筑艺术的堕落，结果是人们轻率地用各种造型来堆砌建筑与城市景观和人工环境，甚至不问场合、不加思索地"复制"和"照搬"，"复制"扼杀了建筑的创造机制，"照搬"消灭了场所特征，建筑与城市空间环境失去品位，结果是"建筑和城市景观在花里胡哨中显露其无知"[3]，作为设计师也最终迷失其所作所为的真正追求。

正如18世纪英国著名学者钱伯斯赞美中国造园者"是画家和哲学家"，中国园林被人称道，其中一个主要原因在于园林主人都拥有较高的文化艺术修养，园林中能够找到他们的诗兴词意和养志悟道，园林因此诗境隽永、意蕴久远。所以，在当代社会里提出受中国诗学文化唤醒的"诗境空间"思想，再次明确了设计师提升文化艺术修养的重要性。

## 5.4.2 "诗境空间"设计程序

所谓法无常法，这里探讨的主旨不是一个具体的设计程序和步骤，而是从某一个切入面表达了在设计过程中设计师树立如此这样的设计观后的一种激情创作与审美意识的变化，有助于诗境设计旨趣的培养。

### （1）取象

在诗之创作中，前期一个重要的一步就是"诗学意象"的提炼与获取，转译到规划设计领域，就是前期的"设计意象"之提炼与获取，此即为"取象"。它涉及取象来源、取象方法两个方面：

1）"取象"来源——环境文脉

设计意象的取得须有其合适的来源，方能使人觉得贴切而有说服力，否则设计思路给人以凭空捏造之嫌而失去恰当性。在中国诗学中，"意"与"境"会，才有产生"意境"的可能，于规划设计领域，在设计之"意"与场地之"境"有高度的融合才有机会呈现"诗境空间"，需要设计师主体心灵与场地环境空间之间恰当的"心物交融而对话"，遵循心灵与场地环境文脉之间的一种相互感应与共鸣共振来进行，故而获得设计意象的恰当来源就是各显特色的环境文脉。

环境文脉又可分为三个层次：首先是设计场地本身之实体的地形地貌等特征，它是空间设计的直接承载体；其次是扩展到和设计场地相关的一方地域的自然环境特征；第三，不限于以上自然环境，环境文脉还可以是地域文化历史的环境脉络，即与实体环境关联的遗闻轶事、历史典故、文学创作等。设计"意象"的获得，就从这场地环境文脉中酝酿与提取。

2）"取象"方法——诗学审美观照

设计"意象"从场地环境文脉中获取，但场地环境文脉本身是一个繁杂多样的系统，从中形成"设计意象"不能面面俱到、巨细无遗，

这里实际有一个舍粗取精的酝酿与提炼过程。从方法上讲，在酝酿和提炼设计"意象"过程中，中国诗学的审美观照的经验非常值得借鉴与运用。"观照"这个概念源于中国传统文化，诗学审美观照不是一般的现场踏勘与调查，而是设计师在进入特定的审美情境之后，以充满独特情韵的眼光对场地文脉作观察与晤对。

一方面是主体带着先验审美观和审美经验的投入。对人来说，不可能存在一个与意识毫不相干的纯客观世界，世界是人化的存在，反映不是被动的反映，而是能动的、有意识参与的反映。"意"既有通过对场地之"境"的直观感受，也必然借助于人的审美经验的积淀以触发创作灵感。另一方面它是把场地环境文脉之纷纭万象吸收到自我中来，对它们深入体验、同情和共鸣，从而酝酿形成"设计意象"。设计者通过解读场地特征，达到建立与场地的内在灵气相通，最终千变万化的场地地脉特征必然映射到设计作品之中，形成景观、城市、建筑规划设计的合适贴切的个性与特色。应该抛弃那种只看见普遍的规划原则和呆板的形式主义而忽视生动的、具体的场地环境特征和地域社会历史文脉的做法。

这也与当代环境美学的主张相契合，当代环境美学主张心灵和场所环境不可分割，提出审美欣赏的欣赏者与欣赏对象要完全地结合。当我们把设计师的心灵放在观照环境文脉中，环境文脉从多方面对心灵作了暗示和启发，从中形成"设计意象"。

### （2）立意

中国诗词创作中强调"意在笔先"，"意得则舒怀以命笔"[4]、"古人意在笔先，故得举止闲暇"[5]。它同样提示设计师在设计创作中"意在笔先"，即规划设计之前先"立意"，有好的"立意"才能"胸有丘壑"、"成竹在胸"，空间营造始有目标和依据。

1）用"心"创设意境

"立意"不只是一般所云的设计构想，而是创立设计意境。意境注重主体感悟，是人心的更加觉醒，具体说来它有一个从设计意象走向设计意境的过程。中国诗学对于"意象"和"意境"的关系问题有"象外论"、"上品论""整体论"等诸说，基本上意象是偏向零散的、个别的、分析性的，意境是偏向综合性、系统性的，意境产生于意象又谋求超越之。

就此而言，设计意境可由零散的、众多的设计意象"汇聚"而成。"汇聚"非简单叠加，而是"人心"对设计意象进行品味精炼和巧接妙组后的"创设"和"提升"，如王昌龄所著《诗格》所说："搜求于象，心入于境，神会于物，因心而得"。其中包括通过"兴象"[6]等多种方式，即借物喻情、喻志之象，触发、兴发、启迪想象和联想，达到一种新的境界。其中关键是用"心"，需要"精骛八极，心游万仞"[7]，发挥广阔的想象力，"思接千载……视通万里……烛照之匠，窥意象而运斤"[8]，设计师用"心"方能移情入景、触景生情、由情及意形成设计意境，包括设计师对场地空间的复杂体验，在心与物之间造出时间与空间。

总的来说，在设计意象基础上，通过兴发、联想等高级心理活动将众多意象汇聚与重组，延伸出"象外之象"、"境外之境"，最终形成一种整体超越的设计意境。当然，设计意境对设计意象的超越是就理论意义上而言，实际运作中许多情况下设计意境与设计意象之间并没有截然的界限。

2)"引设"意境主题

"立意"中常见的一种类型就是"引设"意境主题，是指引用别人诗作、历史典故等作为设计意境主题。中国园林都是主题诗化了的意境园，不妨以之来说明"引设"意境主题与造园间的紧密关系。

"沧浪"代表超脱世俗名利的清高意境，源于《楚辞·渔父》中渔父为屈原所唱《沧浪之歌》："沧浪之水清兮，可以濯我缨"。宋代苏舜钦引其意境于河边筑一亭名曰"沧浪亭"，留下名篇《沧浪亭记》和以其为名的园林。之后，以"沧浪"题名者很多，如拙政园"小沧浪"。

自从东晋王羲之等人在会稽山阴撰写《兰亭集序》，留下饮酒赋诗的"曲水流觞"典故。后世以"曲水流觞"为立意的有隋炀帝所建"流杯殿"、圆明园"坐石临流"、中南海"流水音"、恭王府"流杯亭"、苏州留园的"曲溪"楼、曲园"曲池"、"曲水亭"、"回峰阁"等。

引东晋陶渊明诗境来造园，有苏州"归田园居"、"五柳园"，扬州"寄啸山庄"、"耕隐草堂"、"容膝园"等。陶渊明不为五斗米折腰而辞官归田，憧憬"桃花源"式的理想社会，开创了中国田园诗派，对后世园林的意境构思产生巨大影响。苏州留园引陶诗"既耕且已种，时还读我书"[9]的诗境建"还我读书处"，又引"登东皋以舒啸"[10]建"舒啸亭"；狮子林五松园砖刻"怡颜"、"悦话"，取陶诗"眄庭柯以怡颜"、"悦亲戚之情话"[11]之意；拙政园引"采菊东篱下，悠然见南山"[12]之诗境建"见山楼"；网师园殿春簃"真意"砖刻，引自"此中有真意，欲辨已忘言"[13]的深邃哲理；还有北京颐和园"夕佳亭"则以"山气日夕佳"[14]为意境；耦园则引"少无适俗韵"[15]的诗境建"无俗韵轩"等。

受宋儒周敦颐《爱莲说》中"出淤泥而不染"之意境启发，于是有畅春园"观莲所"、避暑山庄"香远益清"、圆明园"濂溪乐处"等；王维诗句"行到水穷处，坐看云起时"[16]的意境，造就颐和园后山"看云起时"景点；颐和园"云松巢"景点则来自李白"吾将此地巢云松"[17]诗意；又如拙政园"浮翠阁"、"留听阁"分别以苏东坡"三峰已过天浮翠"[18]和李商隐"留得枯荷听雨声"[19]诗意造景；嘉兴烟雨楼的"楼台烟雨堂"乃取杜牧"南朝四百八十寺，多少楼台烟雨中"[20]诗意。

"引设"意境主题虽说是"引用"别人诗

词和典故意境，但往往与设计场地特征、地域社会文化背景和设计者自身的审美感受紧密关联，因而"引用"意境多数情况下也是一种当下的意境再创造，设计者若缺乏对场地特征和自身审美感受的把握，不顾地域社会文化背景，则所引设的意境主题难免成为不恰当之立意，也难以在实际设计与营建中予以落实。

### （3）感言

"感言"是设计师的心志感想而自己抒发或者引他人之言来抒发自己的想法，表达了设计师内在的概念性思辨。"感言"亦可算作设计中的一个程序步骤，这一程序步骤的具体表达形式并无强制性要求。如果设计者能以诗的语言表达可提倡"诗"之形式的"感言"——以生动激情的诗或诗一般的语言表述设计意境构思，因为"诗"是最精炼最能抒发心志、情感最强烈之表现形式。

诗之形式的"感言"其实也就是前文曾说的"诗学点化"，其重要作用之一就是将设计意象和设计意境揭示出来。设计意境中有些可以言说，更多的则难以言说，意境本身主要靠意会，中国哲学与文论中"言不尽意"的思想表明了意境或许不能真正被揭示言说出来，但要想方设法去接近。对于难以言说的设计意境又通过特定的"言说"去揭示，最好的方式莫过于"诗之言"，"诗"应该属于"言说"中最富深意奥妙的形式[21]。中国诗学以凝练的表现手法与形式，以有限的文字词语，状写广阔的空间景象或深远的精神内涵，激发人之想象来表现余韵不绝的意境。

"诗境"本来就是一个"言、象（境）、意"统一的系统，故"诗境空间"的营造，已经包含设计意境之诗学表达方面的考量。中国园林之所以富于诗情画意，富于典雅美丽的神韵风致，一个重要的原因就是由于"诗（言）"的点睛、形容、渗透、生发，诗的语言对于意境有着突出的精神性的生发、升华功能。

曹雪芹在《红楼梦》中借贾政之口所说："偌大景致，若干亭榭，无字标题，任是花柳山水，也断不能生色"，中国传统建筑、园林都常常通过题名、匾额、对联、刻石等"诗言"的形式，来与"形上道说（意境）"建立了一种巧妙的关联。

### （4）赋形

"赋形"就是将设计意境在具体的设计成果中予以表达与实施，"赋形"的过程就是一个"跟随诗境去设计"的过程，也就是一个从境中求画境的过程。

中国建筑的"飞檐翼角"就是对"飞动"意念之赋形。最为表率的当然还是饱浸诗学的中国园林，例如以"曲水流觞"为立意的苏州东山"曲溪园"，通过拦泉导流，赋形成"清流激湍，映带左右，引以为流觞曲水"[22]的实景。又如拙政园中，春有"玉兰堂"的玉兰、"海棠春坞"的海棠、"绣绮亭"的牡丹，夏有"远香堂"的荷花、"梧竹幽居"的绿竹，秋有"香洲"的桂花、"待霜亭"的橘子，冬有"雪香云蔚亭"的梅花等，均可看做是"四时不断皆入画"[23]之意境赋形。

对"春夏秋冬"之意境，扬州个园"赋形"表达得比较充分：春山在入口处，以春的意境赋形为粉墙前列若干石笋竿竹的春笋破土呈现；夏山在西北角，以湖石塑成白云飞卷，泉洞霏霏，配以荫林、凉亭、折桥、荷池，具有夏的意境；秋山在东方，倚立于亭之一侧，呈暗赭色，寓意万物萧瑟；冬山在东南角，石质洁白如雪，似有惨淡入睡之意，后墙凿洞引风，颇有啸寒意境。

"赋形"需注意与意境切合。它们切合度越高则设计成果越成功，空间设计与意境的统一才有机会达成"诗境空间"。例如无锡寄畅园从惠山引泉水成溪流破山腹而入，沿溪堆叠为山间堑道，水的跌落在堑道中的回声叮咚犹如不同音阶的琴声，行走于其间，耳边回响着空谷流水的琴声，非常切合题名"八音洞"之意境；反之，赋形不太切合意境，会给人以勉强或矫情的感觉，如果赋形脱离意境较大，则是诗境空间营造之大忌。所以，赋形的过程是一个必须谨慎处理的过程，需要高度的美学素养和专业技巧。

"赋形"另需注意力求完整。整个空间是一个丰富而统一的形象，只有完整的艺术化境界才能激发人在空间中诗意生存的意念，而支离破碎、缺乏有机关联的形象将使空间塑造失去其神韵。从宋代张先《天仙子》词中名句"云破月来花弄影"[24]可以看出：天上云破、地上弄影，皆因有风，"云破月来"洒下溶溶月光，又花枝弄影、环环相扣，风、云、月、花、影浑然一体衬托出这个空间的特定意境。

## （5）审情

"赋形"之后并不表明"诗境空间"营造的结束，作为创造主体的设计师，对"赋形"营造的空间还需要进行"既入乎其内，又出乎其外"[25]的反复"观照"，即反思和审视设计的诗韵意境。这也是"诗境"美学中"反身而诚"的审美悟道心理的体现，在反复"观照"中审美悟道有可能达成意境的高端——意境之升华。

需要指出的是，设计之意境形成是一个从空间对象（包括空间现状之境、所设计和营造之空间的不同时段成果）与主体意想之间的循环往复的刺激过程，主体和客体对象之间有复杂的信息交流而浑然一体，"取象立意—感言—赋形—审情"的过程也是交往反复、浑然一体的，设计创作自始至终是一个贯穿着人的能动性与所营造空间互动的过程。

# 注释

［1］康德.纯粹理性批判.转引自伍端.空间句法相关理论导读 [J].世界建筑,2005,11:18.

［2］需要指出的是，这里所论空间立足于建筑、城市、园林等大建筑学科所说的空间，故康德所谈的空间属于泛空间概念而不完全在本书范畴内，到了"场所精神"概念出现时，可算是有了较多的大建筑学科之空间意义。

［3］许耕原.当代中国建筑哲学的贫困 [J].华中建筑,1995:42-47.

［4］南朝·刘勰.文心雕龙·养气.

［5］清·刘熙载.艺概.

［6］唐·殷璠.河岳英灵集."兴象"一词最早由唐初经学家贾公彦在《周礼注疏》提出，但作为一个重要诗学范畴由唐朝殷璠首次提出.

［7］晋·陆机.文赋.

［8］南朝·刘勰.文心雕龙·神思.

［9］晋·陶潜.读山海经.

［10］、［11］晋·陶潜.归去来兮辞.

［12］、［13］、［14］晋·陶潜.饮酒/其五.

［15］晋·陶潜.归园田居.

［16］唐·王维.终南别业.

［17］唐·李白.望庐山五老峰.

［18］宋·苏轼.华阴寄子由.

［19］唐·李商隐.宿骆氏亭寄怀崔雍崔衮.

［20］唐·杜牧.江南春.

［21］、［22］韩林德.境生象外 [M].生活读书新知三联书店,1995,4:174.

［23］明·文震亨在其《长物志》中云："庭除槛畔，必以虬枝古干，……取其四时不断，皆入图画".

［24］宋·张先.天仙子.

［25］王国维在他的《人间词话》里说："诗人对宇宙人生，须入乎其内，又须出乎其外".转引自王振铎.人间词话与人间词 [M].郑州:河南人民出版社,1995:19.

6

诗境城市的创造

# 6.1 当代中国城市规划建设成就与问题

当前城镇建设突飞猛进，成就日新月异，但从"城市文化是城市建设的灵魂"这一重要原则来看，最大的问题是城镇规划指导思想总是不端正。"千城一面"遭人们普遍诟病。尤其是城镇面貌有严重的"三多三少"现象，即"西方元素越来越多，中国元素越来越少，千城一面越来越多，个性特色越来越少，商业空间越来越多，文化环境越来越少"。这种城镇是谈不上有诗境的规划。如何借鉴中国传统山水城市的规划意境，是一条具有中国特色的现代城镇规划之路，是十分必要的。

## 6.1.1 城市规划建设的改革发展成就

中国当代城市规划建设从 1979 年改革开放政策实行以后有了全新的现代化面貌，城市规划工作在经历长期的动乱特别是"文革"破坏后，开始了恢复城市规划、重建建设管理体制的拨乱反正。1980 年 12 月国家建委颁发了《城市规划编制审批暂行办法》和《城市规划定额指标暂行规定》两个规章，在规章的指导下，我国城市建设普遍进入按照规划进行建设的新阶段。1984 年国务院颁发了《城市规划条例》，标志中国城市规划从规章走入法规阶段。1990 年 4 月 1 日开始施行了《中华人民共和国城市规划法》，标志着中国城市规划正式步入了法制化道路。2007 年 10 月 28 日第十届全国人民代表大会常务委员会第三十次会议通过了新制订的《中华人民共和国城乡规划法》并于 2008 年 1 月 1 日起施行。

同时，改革开放 30 多年来，以经济建设为中心而高速增长，中国城市建设高潮兴起、突飞猛进、成绩巨大，城市面貌日新月异，城市数量和规模不断增加，质量也有所提高。仅以 2010 年与 1978 年相比，全国城市总数由 193 个增加到 661 个，100 万人以上的特大城市从 13 个增加到 49 个，50 万～100 万人的大城市从 27 个增加到 78 个，20 万～50 万人的中等城市从 59 个增加到 213 个，20 万人以下小城市从 115 个发展到 320 个，包括建制镇在内的小城镇达 2 万多个。我国城镇化水平由 17.9% 提高到 41.8%，年均增长速度是改革开放前的 3 倍多。城镇人口从 1.7 亿增加到 5.4 亿。与此同时，城市的基础设施建设和社会文化设施建设有了飞跃的进步，城市整体功能大为提升，人居环境有了明显改善，城市面貌发生了根本性的变化。市政道路交通现代化建设包括轻轨地铁发展迅速，城市用水普及率达 88.8%，燃气普及率 81.6%，污水处理率 45.7%，生活垃圾处理率 52.1%，人均公共绿地 7.4 平方米，人均住宅面积提高到 24.9 平方米 [1]。据测算，在发展最快的近十年中，每年新建城市住宅达 6.5 亿平方米，农村住宅 6.7 亿平方米，公共建筑 7 亿平方米，几乎以年均建设总量达 20 亿平方米的速度增长。这不仅在中国，在世界上也是史无前例的。

## 6.1.2 城市规划建设存在的问题

中国经济快速增长，城市建设以前所未有的态势和速度发展的同时也存在着许多规划与建设问题，甚至滑入荒谬的误区，主要表现如下：

## （1）城市用地铺张化——破坏城市生态环境、不顾城市总体结构协调

工业时代的主流经济学认为，城市化就是现代化，城市规模体现出一个国家发展和发达的水平。在此观点推动下，中国各个城市无论处于什么条件，都在千方百计地复制这种城市化进程，加上不科学的政绩观，导致好大、贪大、求大、做大、夸大成为今日中国城市发展决策的"通病"，一些城市盲目扩张，急于拉大建设摊子，到处是疯狂的"超常规"发展。其中最明显的就是大搞开发区，动辄占地几十甚至上百平方公里，许多开发区开而不发成为空壳和半空壳区，有的虽然开发了但密度过低，用地经济性很差，土地投入产出比很低。最严重时国务院不得不清理整顿全国开发区，据报道：广西壮族自治区撤销 51 个开发区，共核减规划面积 325.51 平方公里[2]；黑龙江省撤消开发区 54 个，清理开发区违规占地面积 8.14 万公顷[3]；内蒙古自治区撤销了 55 个开发区[4]；安徽省撤销各类开发区 212 个[5]，浙江省共撤销 528 个开发区（园区），涉及规划面积 1500 平方公里[6]；广东省撤销开发区 397 个，规划用地面积压减 22.81 万公顷，减幅达 70%；江苏省撤销整合各类开发区 637 个，涉及土地面积 11.41 万公顷；山东省 2004 年计划撤销开发区更高达 649 个……，此种建新城新区用地铺张、盲目扩张现象被批评为"高烧难退"[7]。至 2003 年底，全国共清理出各类开发（园）区 6015 个，规划占地面积 3.54 万平方公里[8]，取得了土地整顿的阶段性成果，也可看出城市盲目开发扩张曾经"高烧"的严重程度。除此之外，规模惊人的大学城、科技园、软件园、旅游度假村等众多名目一个比一个"高、大、全"，在建设"国际化大都市"、"区域中心城市"旗号下，城市肆意蔓延扩张，许多城市 5 年内"完成"为期 20 年的规划指标相当普遍。

经济效益不高还只是问题的一方面，更严重的是不断蚕食甚至是鲸吞土地，特别是大量

耗费十分珍稀的耕地资源，使原来地表景观丰富的农田、林地、湿地变成了单一的建设区，破坏了城市生态环境，城市与自然的关系日益不协调，未来民族生存空间与可持续发展面临重大危机。

除破坏城市生态环境外，盲目扩张城市用地和滥设开发区还造成整体城市结构的不协调，许多开发区的设立和扩展，未经城市规划的统一安排，其建设开发也处于城市规划管理体制外运行，与现有城市、现有城区之间各自为政，缺乏资源的统一调配，导致城市总体结构不协调。

## （2）豪华化、贵族化——浪费财力物力、扭曲审美品位

城市规划建设的另一个问题是"豪华化、贵族化"。一些地方城市政府不遗余力、超过实际需要地盖大高楼、修大马路、建大广场、铺大草坪，形成了一股席卷全国的热浪。它们并没有给民众带来多少便利，却造成不必要的浪费，还美其名曰搞城市建设就要超前。在什么"一百年不落后"的口号下，很多城市规划和建设迈向高档、豪华、贵族化，不惜斥巨资、倾全力，违规兴建各种豪华建筑，豪华办公楼工程接二连三，这种奢靡风如今被冠以一个新名词——"中国式奢侈"[9]。例如河南省郑州市穷区县之一的惠济区政府办公新址，六幢崭新的办公大楼，一个巨大的半球形会议中心，一如美国白宫般气势恢弘，数百亩园林、假山、喷泉环绕其中，某些地方政府奢华程度可见一斑，而这并不鲜见，类似的"官衙工程"奢侈程度一浪高过一浪。

这种"豪华化、贵族化"造成城市用地、财力、物力的极大浪费，也带来全社会审美品位的扭曲，例如民间房地产中也跟风"贵族豪庭"、"皇者之居"，一时间媚俗的建筑造型及室内装修穿金戴银、珠光宝气，"豪门华宅"变本加厉、添油加醋地成为房地产和媒体炒作的热点。在这样的审美心态下进行规划设计和建设，只有金钱的堆砌，很难出现有品位的力

作精品，审美媚俗风尚盛行，冲击着独立的思想、深邃的远见和对人道的真正关切。

### （3）欧陆化、西方化——无视地域文脉

把现代化发展等同于"欧陆化、西方化"，是往往和"豪华化、贵族化"一体出现的又一个城市规划与建设认识偏差。胡搬滥抄、盲目模仿西方历史建筑，或者是将其偷换概念，全然不顾所在场地的地域特色和内在精神内涵。一度"学欧陆"、"追西风"发展到了荒唐可笑的地步，尤其是不少地方政府及其部门的办公大楼纷纷套用欧陆建筑风格，罗马柱、

梅花窗、方尖顶、穹窿盖等泛滥成灾。其中又以美国白宫样式最受欢迎，往往成为政府领导、企业首脑等各式业主指定的"菜谱"（图6.1）。

住宅是欧式

民营公司办公楼是欧式

教学楼是欧式

政府办公楼是欧式

连监狱都是欧式

图6.1　组图欧陆风大流行

图6.2　定海古城被毁（组图）

建筑师"照单做菜"，有的是被逼无奈，有的则乐于如此，省去了费心地创作。于是各地政府、部门办公楼甚至监狱建筑都时不时会冒出美国白宫的翻版。有政府部门带头，上行下效，全国上下到处都是"欧陆风情"、"欧陆经典"、"意大利小镇"、"罗马花园"、"美加别墅"、"澳大利亚风情"等，铺天盖地。与"豪华化、贵族化"一样，这又是一种扭曲的审美心态。而这种"追西风"并没有追到当代西方有识之士所倡导的生态、环保、健康和尊重历史等的主张，反倒是追来表面的浮华，而且那些仿冒的西方历史建筑还经常仿得不伦不类，最终结果是规划设计与建设缺乏文化精神内涵，迷失方向。

### （4）大拆大建——割裂历史文化

随着特殊政治时代的结束，以古都北京的城墙及其许多文化古迹被拆和被毁为代表，给民族文化心理所带来的痛惜和创伤尚未来得及进行痛定思痛的教训反思和总结，全国范围内又迎来了所谓的"旧城改造"风潮。对此，非规划建设业内人士的作家方方曾在访问德国德累斯顿市后敏锐地感叹："德累斯顿像是要把城市的记忆留下来，但武汉是在拼命地抹掉记忆；德累斯顿在拼命地留下这些城市的记忆，而武汉就是要拼命地抹掉，拼命地拆，这个动作是相反的。[10]"

在急功近利作祟、经济利益驱使、不良政绩观冲动驱使下，对于城市历史以及有历史内涵的老城、街区、地段采取野蛮的大拆大建，完全无视城市原来长久形成的人文生态和历史环境。筑起了高楼大厦，却消灭了文化特色，一片片积淀丰富人文信息的历史街区被夷为平地，一座座具有地域文化特色的传统民居被无情摧毁，一处处文物保护单位被破坏的事件屡见不鲜。

例如，《北京城市总体规划》2004～2020年中规定北京将停止大拆大建，但是在历史文化遗迹丰富的宣武（今西城区）区，这里有辽金朝留下的街巷胡同，现存70余座会馆建筑还是"公车上书"的基地、全民"反对割让台湾"的历史见证，却都不能阻止大拆大建的步伐。首都尚且如此，其他地方更加肆无忌惮，包括许多国家历史文化名城被毁被拆事件，如襄樊千年古城墙被拆、贵州遵义会议会址周围历史建筑全部被拆，更恶劣的，舟山市当时的主要领导顽固执行错误决策，在全国舆论一致呼吁保护、谴责破坏的声音中把舟山定海古城这个中国唯一的海岛历史文化名城全部拆毁，制造了又一起破坏文化遗产的恶性事件（图6.2）。

也有的虽然保留了文化古迹，但孤立地保护文化古迹而破坏了其周围和谐一致的环境，也无异于是整体破坏。例如南京最老的明朝建筑——嘉靖年间的状元楼，曾被定为市级文物保护单位，因要盖高层的大厦，连同周围的传统民居通通拆掉；又如沈阳市素有"一朝发祥地，两代帝王城"之称，可原来围绕在沈阳故宫周围的传统民居全被拆掉，致使沈阳故宫只能尴尬地混迹于一片混凝土楼房丛林之中。

## 注释

[1] 建设部副部长刘志峰公布我国城市发展"成绩单"，中国政府门户网站 (www.gov.cn),2005-11-9.

[2] 陈瑞华 . 广西撤销 51 个不符合保留条件的开发区 . 新华网 ,2005-2-24.

[3] 姚建平 . 黑龙江省摘牌 54 个开发区 8 万公顷土地重归农民 . 中国新闻网 ,2004-5-17.

[4] 李泽兵 . 内蒙古撤销 55 个开发区 无偿交农民耕种 . 新华网 ,2004-04-28.

[5] 安徽"拿掉"212 个开发区 . 新华网 ,2004-04-12.

[6] 朱立毅 . 浙江半年撤销 528 个开发区涉及规划面积 1500 平方公里 [N]. 人民日报 ,2004-1-12.

[7] 邓大洪 . 各地建新城"高烧难退"[N]. 新闻周报 ,2004-6-1.

[8] 开发区"消肿"初见成效 [N]. 中国房地产报 ,2004-6-16.

[9] 中国式奢侈两会代表痛批 [N]. 联合早报 ,2007-03-04.

[10] 方方女士做客大楚网嘉宾访谈室 http://hb.qq.com

# 6.2 规划建设指导思想的定向

当代城市规划建设中的问题与误区，反映出其背后基本指导思想的偏差。在走向未来的发展进程中，援引现代工业社会以来的规划建设思想与理论已不足以挽救我们所处的危机，应该寻求一个健康、正确的规划指导思想与理论，以符合当今中国城市现代化的时代要求，这个寻求过程不妨从审思问题产生的根源开始。

## 6.2.1 规划建设问题的审思

对问题产生的根源之审思基于如下三点进行，而三点之中以第一点最为根本。

### （1）是否以"人与自然和谐（天人合一）"为基本准则

造成这些问题与误区，首要的原因在于缺乏和偏离了"人与自然和谐（天人合一）"的诗境价值观，这实际也是所有问题与误区产生的总根源。价值观的混乱颠倒，产生一系列不良后果，把种种问题和误区反当作人类社会的成就和行政的功绩。

"人与自然和谐（天人合一）"也是解决社会矛盾的基础与前提，凡是人与自然不和谐的地方，人与人的关系也强烈冲突。这个世界上许多包括看似纯粹人与人关系的社会矛盾，其实归根结底也在于人与自然的非和谐在前造成，迄今为止、特别是从近、现代的发展历程看，人类社会所存在的种种危机，有时甚至为之诉诸"革命"，最终最根本的还在于人与自然是否和谐的危机。可能在经历了为解决社会矛盾一连串"革命"之后，还是需要先认真树立"人与自然和谐（天人合一）"的诗境观指导思想才能为"和谐城市"铺平道路。

### （2）追求功利主义还是人文精神

很大程度上讲，近现代工业社会以来城市建设受"功利主义"的支配，人们追逐利润的激情被充分调动，开始奔走于世界各地，寻找新大陆，开辟新市场，掠夺资源与利润，近乎疯狂地对自然的掠夺和索取，拼命地进行城市

"高度竞赛"和"尺度竞赛"。人类改造、征服自然能力的发挥到极致，显示了"功利主义"的威力，但也是有史以来人与大自然分裂最彻底的时候，城市成为人与自然的冲突最强烈的地方，人类与自然共生的诗意本真生存状态在现代大城市里加剧异化，芒福德就曾把发达的大城市称作"暴君城"，正像日本学者所说"自从18世纪末以来，西方文明已失去了美感"[1]。

然而，当代中国的一些城市发展有变本加厉"功利至上"的趋势，以"现代化"的名义，以及伴随的"工业化"、"城市化"的名义，只注重物质利益，而忽视人文精神，盲目攀比，热衷于搞"形象工程"，虽然一度看到的是城市快速发展，形象大变样，但另一方面却表现出对城市文脉和文化传统认知的肤浅，对城市文化精神理解错位和对发展前途的迷茫等一系列可持续发展的困境和危机。

"功利至上"实质是传统"理性主义"和"人本主义"在没有"天人合一"诗境价值观作前提准则的约束下，任由陷入"工具理性"和"人类中心主义"的混合产物，其结果最终也会偏离真正的"人本（以人为本）"和"（科学）理性"。西方近、现代的发展史说明了这一点，"功利主义"在处理人类物质生活方面有突出能力，但随之而来的却是在物质利益的争夺与享受之中泛滥出生命的虚无之感，就在物质财富被大量制造出来之时，人类已经陷入了"人生价值"的困惑之中，人生除了在物质与功利的包裹之外找不到更深的意义，说明了"功利至上"无法担负起给人的生命以终极安顿关怀的责任，应该代之以人文精神的追求，即以人道、人生、人性、人格为本位之一种知识与价值意向，在规划建设领域即以有人文美学意蕴的城市文化为指导来引领经济建设的发展。

## （3）有无中国文化自信及其文脉传承

偏离"天人合一"的基本准则，任由"功

利至上"泛滥，一方面导致城市环境危机事件层出不穷，另一方面城市的特色、个性、氛围以及特有的生活方式，也在其中加速地崩溃。这里伴生着另一个危机，那就是缺乏中国文化自信及其精神传承而导致中国文化身份的自我否定——最直观的表现就是以"现代化、城市化"的名义不再尊重自然与传统，中国传统城市那种与自然的和谐有序的格局被打破，城市传统形态与精神个性迅速消亡，城市空间在现代化、国际化浪潮中正在变得无法分辨，从城市到人，比以往任何时代都更加随波逐流、迷失自己。

为何会集体无意识地对欧陆风"投降"？也是缺乏有效的民族文化自主意识和中国文化在现代社会传承缺失的结果。历史和文化遗产是一个城市和民族的文化脉络，但在现今许多人特别是一些领导的思维中，这些是落后的象征。这种思维影响到城市建设，一边是忽视对固有文化遗产的保护，到处是通篇的大拆，造成城市文化空间破坏、历史文脉割裂、社区邻里解体、城市记忆消失；另一边是大建不伦不类的所谓欧式建筑，其中包括城市政府力图打造国际化、为此吸纳西式城市景观，还包括房地产开发商在极力创造"想象中的西方"的消费需求。对于这样徒有其表、连欧洲人都没见过的所谓欧式建筑，法国建筑师菲利普·莫罗明确表示难以理解欧式建筑对中国人意味着什么，他曾对《南方都市报》记者说："这些欧式的建筑在我们看来都不是欧洲的东西，从来没见过的"[2]。美国建筑师安诺尔·格尔勒（Arrol Gellner）也说："中国古代的设计遗产已经在新建筑中所剩无几了。中国建筑师愉快地将现代主义的细部与古典主义结合在一起。在这些胡乱交错在一起的西方风格设计中，中国所失去的正是对他们自己的建筑传统的承认——在这块辽阔和古老的国土上创造恰如其分且富有内涵的建筑特征"[3]。应该看到，现在已到了需要重拾中国文化自信心和再传承中国文化精神，进而探索中国特色的城市规划建设理论的时候了，这是时代赋予中国城市规划建设的要求。

以上三点实际也可作为寻求规划建设指导思想的三个重要线索，即在当代中国城市规划的实践中，什么是符合时代要求的健康正确的规划建设指导思想，在于看它：是否有利于促进建设"天人和谐"的城市、是否有利于促进达成有人文美学内涵的城市和是否有利于促进发展有中国文化精神品格的城市。

## 6.2.2　规划思想的时代要求

寻求符合时代要求的健康、正确的规划指导思想，不能绕开对"生态城市"和"山水城市"思想的思考。

### （1）对"生态城市"思想的思考

"生态城市"概念的提出，基于西方1960年代以后生态思想的觉醒。自从1971年联合国教科文组织在第16届会议上提出了"关于人类聚居地的生态综合研究"，"生态城市"的概念应运而生。此后，就生态城市设计原理、方法、技术和政策都进行了深入的探讨并进行了大量的案例研究，"生态城市"成为各国研究的热点。例如1992年，澳大利亚社区活动家戴维·恩奎斯特(David Engwicht)出版了《走向生态城市》(Towards an Eco-city)一书，指出"生态革命的火种已撒播在各地，城市是生态革命主要的前线阵地"[4]。

我国"生态城市"概念是从国外引进的，以1984年12月在上海首次举行的"首届全国城市生态学研讨会"为标志，虽然研究起步较晚，但发展很快。目前，城市规划学界研究"生态城市"也越来越深入，影响范围也越来越广，建设"生态城市"成为世界范围的广泛共识和普遍认同，到20世纪后期，生态城市已经被公认是21世纪城市建设模式。

深入对"生态城市"的思考，生态学

(ecology)主要来自于1869年德国科学家海克尔(Haeckel)首先将"生态"这一词汇借用于"自然科学"的意义所提出的概念——"研究有机体与其生活环境之间相互关系的科学"，总之，生态学是作为生物科学的一个分支学科出现，本质上是属于自然科学的范畴。

因为人类本质上属于"自然"的一部分，所以城市规划在指导思想上应该以自然生态的维护作为出发点和重要的基本要求，自然生态系统是城市永续发展的必需的基础。同时，也正因为如此，仅凭"生态"本身恐怕并不能成为城市规划设计高级而完整意义上的目标，因为"城市"这一词汇本身就说明它不能做到"未经人类加工的自然运行的本来面目"[5]，难以完全符合作为自然科学客观研究的对象，而作为属于自然科学范畴的"生态学"，从基本意义上讲，它几乎不涉及人类栖居的精神文化意义(至于涉及精神文化意义的"社会生态学"、"政治生态学"、"文化生态学"等属于词汇借用和引用，已经不是原本所说的"生态学"含义)，而对健康正确的规划思想的寻求，除了考量其科学意义，也要考量精神文化上的意义，"生态城市"的思想需要深化。

### （2）对"山水城市"思想的思考

20世纪90年代，钱学森先生首次提出了"山水城市"的思想，随即获得了极大的反响，因为其矛头直指当代中国人居环境的恶化和人文精神的失落。实际上其中还包含了规划设计领域的中国文化问题，因为"山水"在中国人的心目中并非只是物质性的山和水，而是有特殊的文化意义，此种文化意义，对于处于中国文化"失语"状态下的城市规划设计业界，不啻是一道久违的彩虹，给人带来欣喜。

怎样解读"山水城市"呢? 且回顾一下讨论"山水城市"的文章，基本上可分为两类，以及因此而呈现的两类问题:

一类是研究我国传统城市规划营建的有

关思想作为"山水城市"思想的重要内容，随之也存在一个问题，就是此类研究多数是只涉及古代，就古代谈古代，如何与现代规划设计相结合的实例并不多见，因此曾有专家呼吁要"此时此地"地为当代中国城市规划服务。然而，这正是困难之所在，且不说古代规划营建模式难以与现代城市规划有关规范对接，以现代的价值观而言，古人的许多重要观念已不为今人所信仰，虽然我们可以研究并作为一种知识来了解古人的规划设计观念与行为，但以之作为当代规划的准绳则要打许多问号，例如对古代城市形态有强烈影响的礼制思想和"依物象形"，在今天讲究现代民主的社会里显然不可能不加分析地遵照执行，在今天讲究科学的时代已经失去对"依物象形"的顶礼膜拜。所以，这其中有个如何将民族文化智慧传统作为借鉴与启发的过程。

另一类是从现代城市生态学等理论角度来论述"山水城市"，从"生态学"角度把握"山水城市"应该说比较准确地抓住了"山水城市"追求人与自然和谐的思想内核，而且实际上这方面的研究已有一定的建树，同时"生态学"也是世界热门课题，有发达国家的理论和实践可作借鉴。但随之也存在着将"山水城市"几乎等同于"生态城市"的倾向，前文说到与"生态城市"紧密相关的"生态学"主要属于自然科学领域的范畴，故它并不成为城市规划设计完整意义上的高级目标，把"山水城市"等同于"生态城市"来理解是不全面的，离"山水城市"所要体现的华夏民族文化精神还存在一定距离。换句话说，对于"山水城市"思想的深入研究，在与国际上"生态城市"研究同步的同时，还要特别突出"山水城市"的中国文化精神内涵。

从以上"生态城市"和"山水城市"可以看出："山水城市"思想应比"生态城市"具有更深刻的含义，它不仅要求生态环境良好，而且要求有山水美学的意境，而这一美学与文

化精神层面的要求却在"生态城市"理念中看不到（至少是不明显）。从某种角度讲，"生态城市"概念多少还是处于国外"功能城市"（功能主义）层面思维方式中。不过，"生态城市"提出倡导尊重与保护自然而可持续发展是它具备的重要价值和意义之所在，它所表达的生态科学态度表明它当之无愧仍是当今城市规划学科领域的重要思想。总的来说，寻求符合时代要求的健康、正确的规划指导思想应该站在"生态城市"和"山水城市"这两个伟大思想的肩膀之上。

## 6.2.3　诗境中的乡愁文化

针对改革开放 30 多年来城乡规划建设的迅猛发展所取得的成就与经验教训的反思总结，中央新型城镇化工作会议提出了今后城乡规划建设新的指导思想，即"要体现尊重自然、顺应自然、天人合一的理念，要依托现有山水脉络等独特风光，让城市融入大自然，让居民望得见山，看得见水，记得住乡愁……要保护和弘扬传统优秀文化，延续城市历史文脉"。这不仅是当今城乡规划建设战略与理论的重大转变，也为"诗境城市"的创造指明了方向。

上述指导思想的描述，特别是提出"乡愁"的理念，具有重要的意义。何为乡愁，如何才能"记得住乡愁"，为什么要留住乡愁，都是规划建设必须回答的问题。也就是说，"乡愁文化"应当融入城乡建设领域。"望得见山，看得见水，记得住乡愁"这句话，是用诗一般的语言表述了一种城乡规划理念，是对诗境规划思想的体现和对诗意栖居的追求。

乡愁是什么？怎样正确理解乡愁文化？它与诗境创造有何关联度？

乡愁是传统。热爱故土是中华优秀传统文化精神的高尚德行和品质。思乡之情，自古有之。这方面的诗词文学作品无计其数。

最有代表性的莫过于唐代李白的诗，"床前明月光，疑是地上霜，举头望明月，低头思故乡"。但是，把"乡"与"愁"联系在一起用来形容思乡之情的，可能最早要数唐代早期诗人崔颢的七言诗《黄鹤楼》，其中结尾的两句，"日暮乡关何处是，烟波江上使人愁"。传说后来李白游黄鹤楼，有人请他题诗，李白却说。"眼前有景道不得，崔颢题诗在上头"。可见崔颢的七言诗抒发的乡愁之深。这种故土情怀几千年传承至今，仍然凝聚并感动着每一个华夏子孙。

乡愁是情怀。用诗境语言来表达这种故土情怀，则有——

乡愁是一捧土，乡愁是一朵云；

乡愁是一溪水，乡愁是一片林；

乡愁是一条路，乡愁是一扇门；

乡愁是一杯酒，乡愁是一生情。

乡愁是心灵。用诗境语言表达心灵感悟，则有——

乡愁是对往日生活环境的思念同记忆；

乡愁是对故土养育之情的释怀并感恩；

乡愁是对人生情怀心灵的慰藉与寄托；

乡愁是对乡土文化纯真的寻求及抒发；

乡愁是对地域特色文脉的诗咏和传唱；

乡愁是抚今追昔高情感的升华跟呼唤。

乡愁文化就是民族地域历史与文化的浓缩，本土文化遗产就是乡愁。

乡愁是人性。留住乡愁是人生情怀提升的最高境界，记住乡愁是人品的历史情结和文化修养的体现；奉行乡愁是感受建筑伦理文化空间的集中展示；守望乡愁是人性孝道文化精神的典型表现。

乡愁力量。中华民族的乡愁是华夏民族文明传承的根脉；中华民族的乡愁是文化自信与文化自觉的渴望；中华民族的乡愁是实现中国梦的追求；中华民族的乡愁是民族复兴的力量。

所以，留住乡愁是我们这一代感恩先人，无愧子孙的历史责任和神圣使命。为此，我们要大力唤醒乡愁，"故土寻根为乡愁，乡愁感恩养育情，记住乡愁不忘本，还须更多乡愁人。"我们要在诗境空间以及诗境城市的规划建设中注入乡愁文化的色彩，与此同时，保护传承弘扬乡愁文化并在实际规划设计作品中加以表现，会使人居环境和诗境城市更加增添风采和诗韵。它们二者是相得益彰的。它们的有机结合，才能使地域特征、民族特色和时代风貌得到真正的融合与体现。

## 注释

［1］［2］佐佐木健一著．王小明译．日本反都市文化的审美生活［J］东方丛刊,1998,2:218-228.

［3］何树青.本土风格渐行渐远［J］选自何树青.连城诀［M］,新星出版社,2006.

［4］Engwicht,David.Towards an Eco-city: Calming the Traffic. Envirobook,Sydney,1992.转引自王军生.关于生态城市的若干思考［A］.第二届中国（海南）生态文化论坛论文集,2005.

［5］国际上现在有部分学者和学术流派反对用"生态建设"这样的词汇，认为它似是而非，他们转而提倡"生态保育、维护"以及在了解自然生态原有情况下的"生态恢复"。关于"自然"的概念可以参见第2章论述.

# 6.3 "诗境城市"思想及其特性

## 6.3.1 "诗境城市"概念

### （1）"诗境城市"概念的提出

城市是由人所建并为人服务。在形态上，城市特别是现代城市表现为人工的巨大聚集和展现，人规划、建设、治理着城市，其过程必然表现为一个"人心"的介入过程，并且正因为"人心"的介入才使城市产生文化之意义，也使城市成为某种"艺术品"，这或许算得上是人类的一件最大的"艺术品"。然而生活于这个巨大"艺术品"中的人们并不总是感受到惬意，相反不少人还会感觉到一种莫名的浮躁、烦闷和窒息，当原生态的地表景观都被沥青水泥严实地覆盖、被巨型尺度的高楼大厦屏蔽时，浮躁、烦闷和窒息的感觉挥之不去，由此证明生活的惬意相当程度上有赖于这个"艺术品"与自然的和谐程度。

和西方"让自然感到羞愧"[1]的艺术思想相比，在中国以"诗境"为代表的文化传统里，艺术并不与自然相对立，此种文化思维导致了中国传统城市并不把自然拒之于其空间之外，而是把自然引入城市、城市融入自然；此种"诗境"文化思维还导致了既有对（人工）艺术品的审美，又有对自然的审美，而且两种审美意识在城市营造过程中同时进行，并早就成为富有深远意义的城市营造传统。

探究中国"诗境"文化，从深层意义上讲，在于中国人以谦逊的主体虚位精神，去寻求自然之美，所以中国传统城市的主要特征不是表达人类对自然的征服，而是在很大的程度上依赖于大自然的地理特征与形象，并与之"心"、"物"对话。中国古代先贤以"天人合一"哲学为源，以积极的审美"人心"投入，形成一条以"诗境"为中心表现的文化与

美学智慧之"水"，传统城市就是那生于"水畔的花草"，始终得到它的滋润和浇灌。从"山水城市"思想开始，我们回头豁然发现，传统聚落和城镇营造的时候也一直从事着精神家园的营造和追求，古代营造家选择风水佳地营造聚落与城镇，同时在其中注入和唤起人类的情感，而且以中国的独特方式——借助诗词歌赋来达到寓情于境、情景交融的高级品位，使人融入充满诗意的空间而获得真意的诠释和感悟。

所以，正值当代中国城市规划建设面临环境危机挑战、人文困境的迷茫和中国文化缺失而导致种种误区的时候，在努力寻求健康而恰当的规划建设指导思想的过程中，以"生态城市"的科学态度，沿着"山水城市"思想所开启的美学视野和文化方向深化思考，在城市规划建设中引入、传承和发扬中国"诗境"文化之智慧。用"诗境城市"的概念来表达这一种适用于当代城市规划建设所追求的目标与方向，其定义表述为——与自然生态整体和谐、含深厚人文底蕴，又延续城市文脉追求诗情画意高尚审美境界、具有高度文化品位的山水园林式城市。

### （2）"诗境城市"规划思想

历史上许多被冠之以"某某城市"的名称，不仅是表达一种城市的建设目标，也表达一种城市规划思想，例如"田园城市"、"广亩城市"、"山水城市"。援引到本书中，本书的旨趣不止于重新认识"诗境"文化下的中国传统规划营建，更在于如何"此时此地"运用于当代中国城市的规划实践，故"诗境城市"作为一种规划思想，其含义还在于：它遵循生态科学原理，受中华诗学意境的浸润与引领，努

力寻求有鲜明中国文化特色，运用于当代具体实践，以建设理想人居环境为目标的城市规划理论。

## 6.3.2 "诗境城市"特性

### （1）"以人和天"的本真性

城市是人工物质财富的集中地，也是人性容易走向异化之地，防止异化的关键是维持城市的"天人合一"。从城市进入现代社会以来的历史来看，无论有意或无意，事实上都秉持"人类中心主义"的思想为主，发展到极端则将人类的中心地位和作用无限夸大，认为人是自然的中心、主宰、征服者和统治者，人对自然有着绝对的自由支配权利。

"诗境城市"与之相反，主张"天人合一"，并且认为"天人合一"关键在于"以人和天"，即保持人对自然的尊重。对于规划建设来说就是保持城市应有程度的自然本真性，例如在满足正常使用需求下，一切人工的事物以尺度得体、大小适用为准，广场够用就不要盲目求大，马路合适就不要无谓放宽，建筑尺度得体就不要为了面子一味巨型，城市用地适当就不要"超常规"扩张……，尽量多留空间给本真的自然地表，有利于栖居其中的人保持本真的天性。

### （2）"精神安顿"的归属性

城市对人们而言，不仅仅是一部提供"存放人"功能的庞大"机器"，而更是一种归宿，是精神安顿的家园。精神安顿除了"天人合一"外，人与人关系融洽的"社会和谐"必不可少。人是社会存在物，人与社会的相互关联构成了人类社会现实的存在状态，人之和谐发展与社会发展是一个相互偶合、不断提升的互动过程，人和社会只有在互为前提和基础的动态平衡过程中，才能相互促进。社会失去和谐，也就没有人的诗意栖居。

"诗境城市"就是追求一个使人精神安顿、有归属感的城市。一方面在处理人与自然关系时不是只用自然绿色僵化地点缀人居环境，而是使人于其中得到精神陶冶而安顿；另一方面，在处理城与人的关系上，强调以人为本，营造高度人性化，充满人情味，富有文化气息而产生归属感的城市。

### （3）"情理相依"的和谐性

在论述"天、人"关系中，有一派极端突出自然"极端的自然论"，又称自然（或生态）中心主义，不将人与自然其他物相区别，甚至将人喻为"宇宙之癌"，认为人如同癌细胞一样夺取了其他生物的生存空间而破坏了宇宙和谐。

"诗境"反对"人类中心主义"，但也不主张"自然中心主义"，两种都是不理智的偏激态度。所以"诗境城市"既强调尊重自然本真性故而遵守生态科学之"理"，又强调美的心灵之积极投入而非纯粹被动接受自然，以科学态度与艺术情感和审美精神相统一。以"天人和谐"为基础，诗境城市追求兼顾人、自然、社会、城市、经济之间相互理智而又富于情感的和谐，实现社会生产力与自然生产力相和谐、经济再生产与自然再生产相和谐，以及经济系统与生态系统相和谐，体现人合乎自然天理规律的理性光彩，更显现人类理想生存的诗意。

### （4）"承故托今"的记忆性

城市是历史形成的，随着时间的轮转，城市中积淀着文化、历史的变迁印痕，真实地记录了人类发展的足迹。存留于城市中的历史传统建筑、地段乃至整个旧城区，是宝贵的文化财富。当前城市化战略实施，城市高速现代化发展，城市改造步伐加速，但城市原有文化特色也在快速地被吞噬，中国当代城市记忆面临荡然无存的危机，此时更加关注和强调"城市记忆"具有重要意义。

从历史角度考察,城市是物质环境的荟萃、历史文化的聚集,一个有着丰富历史内涵的城市才能意境隽永,城市的意韵许多来自长期的文化积淀而形成的特殊记忆,一个无记忆的城市必将是一个索然乏味、枯燥苍白而缺乏诗意的城市,而"诗境城市"追求可以"承故托今"、具备丰富深远之历史"记忆性"的城市。

### （5）"与时俱进"的持续性

"诗境城市"也是与时俱进而发展的,追求与现代生活的合拍,因此"诗境城市"并不要求人们抛弃现代科学技术生活模式,回复到古代的生活,而是力求从诗境美学中建立起对现代科学技术辩证的评价体系,在倡导现代文明条件下,力求做到人文形态与自然形态的结合,社会生态理性和人文理性的回归,以促进人性的完善、人格的健全,力求尽可能减少现代科学技术的负面影响,全面看待现代科学技术与人性自然乃至人生境界之间的关系。

### （6）"意境升华"的品格性

城市规划的目的就应是创造美的人居环境,这要求在规划设计中怀着一份心境去酝酿一种美的意念,对规划对象美的潜质进行情感上的提炼,捕捉心境与对象美的潜质之间的蓦然相遇。"诗境"就是在美学的境界里精炼地认识、追寻和创造世界,城市规划与设计的高品位目的就是追寻"诗境"。

王国维说:"词以境界为最上,有境界则自成高格,自有名句"[2],道出了判断艺术品位高下的标准。中国传统城镇的独特而辉煌的品质就是它的"诗境"呈现,例如"两岸花柳全依水,一路楼台直到山"[3]的扬州城、"三山万户巷盘曲,百桥千街水纵横"[4]的绍兴城等。在中国文化氛围中,"诗境"代表着城市规划的高品格追求,当代城市规划缺少"诗境"也难成上品,尤其是风景旅游城市更应以"诗境"为核心价值观,有"诗境"者,自成"高格"。"诗境城市"追求的就是这样的诗境"高格",应表现为这样的陶冶人的可贵品质:

> 天人合一,
> 文采诗韵;
> 情理相依,
> 和谐共存;
> 物我交融,
> 升华意境;
> 品格高雅,
> 山水园林。

## 注释

[1] 17世纪法国造园大师勒·诺特 (Le Notre) 曾说:"以艺术的手段使自然羞愧."

[2] 王国维这里说的境界就是指意境,他早期时而用意境、时而用境界,实际是将它们等同使用,后期主要偏向使用意境一词。（参见王振铎. 王国维人间词话与人间词 [M]. 郑州：河南人民出版社,1995:3）

[3] 清·乾隆. 题瘦西湖.

[4] 陈从周诗. 引自陈从周,潘洪萱编著. 绍兴石桥 [M]. 上海：上海科学技术出版社,1986:4

# 6.4 "诗境城市" 规划策略

## 6.4.1 山水美学策略

**（1）城市规划引入山水美学——从大环境观入手使城市与自然艺术地相融**

人不离自然，即使处于城市中也力求能方便地感受自然的"脉搏"。同时，城市也非孤立的存在，而是产生、生长和存在于其所处自然地理环境之中。城市之优劣很大程度上有赖于是否与自然环境建立良好的联系，在这个过程中城市规划要引入山水美学，以指导城市规划从大环境入手使城市与自然艺术地相融。

山水是自然的代称，可作为自然的一面镜子、宇宙的一个缩影，是人与自然"心物感应"的物质基础。皑皑白雪中怒放的花朵宣告了春天的来临；树叶坠地、落英缤纷，表明秋之将至；鸟儿在树上鸣唱着生命的美丽，松树从枝端叶丛中奏出风的音乐；还有一股明月清风、石上清泉的声音——这是宇宙的声音，已经超出了普通自然物体进入美学的境地。

从魏晋时代开始，对自然的审美进入了艺术上的自觉时代，晋代陆机就描绘了心物相感的情景："遵四时以叹逝，瞻万物而思纷，悲落叶于劲秋，喜柔条于芳春"[1]。不同时令的山水有不同的景物而激发人不同的情感。此后山水美学用之于艺术创作和规划营造，有意识地竭力与山川之美相比照，把山川之美的特质施之于建筑、城市、园林和其他艺术作品，使它们获得外在风采与内在神韵，山水美学从此成为东方文化中的亮丽奇葩，成为民族审美心理的普遍基础，故而"诗境城市"的规划与营造中，山水美学不能缺席。

从古代城镇图中我们总是看到城与周围山水一起表达，表现出古人是将山水和城市纳入了一体化考虑（图6.3）。中国传统城市凭山水美学的诸多概念来丰饶空间实体，产生了气脉连贯、虚实贯穿、含蓄隽永的无尽美感，城市环境在山水美学的浸润下有气又有势、韵高而意深。钱学森先生提出"山水城市"的本意就是和"中国的山水诗词、中国古典园林建筑和中国的山水画"的概念联系在一起的[2]，而这些都是源于山水的美学境地。中国古代对城市的关照，通常是从山水美学的角度艺术性地切入，形成城市"诗境"特色，如济南之"四面荷花三面柳，一城山

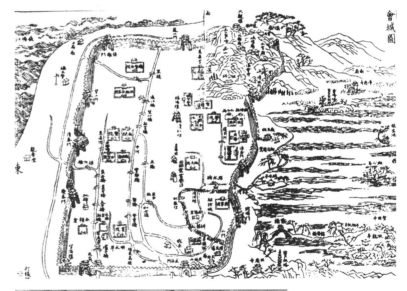

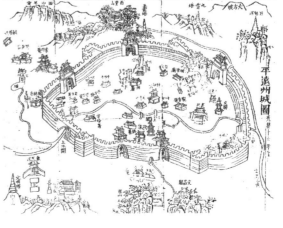

图6.3 杭州城（上）、贵州织金县城（下）之古地图——反映了古人将城与周围环境纳入一体化的思维

图 6.4 四面荷花三面柳，一城山色半城湖——济南

图 6.5 一水绕苍山，苍山抱古城——大理古城

图 6.6 千峰环野立，一水抱城流——桂林

图 6.7 江门龟鹤万年雄，下瞰江流日夜东——武汉龟山、长江与汉水

色半城湖"[3]（图 6.4）；又如浙江台州府城"四面轩窗宜小坐，一湖风月此平分"[4]让人感受特别的风雅逸致；再如江西宜春古城"袁山大小双螺并，秀水东西一带横"[5]的诗句则城中大小山体并置，秀丽的河水横穿全城的诗美景象印入眼前。

若心中存有如大理古城"一水绕苍山，苍山抱古城"[6]（图 6.5）和桂林古城"千峰环野立，一水抱城流"[7]（图 6.6）这样的城市环境意象和意境，相信对于一个城市该如何确立其建设模式，如何协调城市与环境的关系可以心领神会。山水美学首先提醒我们视野不能限于城市规划所划定的城市建设区，因为城市中秀丽的山水是那样影响着一个城市的精神面貌，让人赏心悦目，怡情畅神。山水美学还提醒我们超越现代城市规划中大多仅以一种指标看待绿地的功能思维，这是一个在理性之外还有精神情操的概念，

在其引导下，从大环境入手使城市与自然山水艺术地相融，是建立"诗境城市"的开步之路。

**（2）因应山水美学的规划艺术手法**

因应山水美学的要求，可有 6 条规划艺术手法：

1）地块使用——保山护水

管子曰："凡立国都，非于大山之下，必于广川之上"。山水对城市无论从生态物质基础，还是景观美感等都有非常重要的作用。山得水而活，水得山而壮，进而城得山水而灵。杭州、桂林、苏州、绍兴等城市，都以其独特的山水作为城市突出的构成要素，而成为闻名中外的风景旅游胜地。

"保山护水"是"诗境城市"规划的首要任务和重要守则，体现在城市开发用地选择上应避免选在生态敏感度较高的山地和湿地上，

进入城市规划区内的山地和湿地要尽量以城市公园绿地、防护绿地、自然生态绿地乃至森林公园和风景区等名义予以妥善保留。

"保山护水"就保住了城市栖居的诗意根基，城市中那些山水保护较好的地方往往是这个城市获得诗意的地方，如武汉龟山前长江、汉水交汇处"江门龟鹤万年雄，下瞰江流日夜东"[8]（图6.7），合肥淝水护城河"肥水长萦一带回"[9]（图6.8），南京莫愁湖"石城湖上美人居，花叶笙歌春恨短"[10]（图6.9）。

2）道路规划——顺山应水

在一片无限平坦、均质的土地上营建城市，理论状态下的城市规划道路呈现棋盘方格网状，这是建设城市、使用城市道路的正常理性。但当进入一个实际用地境况时，则地理地貌状况千差万别，道路规划在满足现代车行和人行要求等正常理性的同时，应该与具体的地

图6.8 肥水长萦一带回——合肥淝水护城河

图6.9 石城湖上美人居，花叶笙歌春恨短——南京莫愁湖秋景

理地貌相感应而做出适应性调整，这就是道路规划的"顺山应水"。那种不顾地形条件、强力劈山填水的做法应该被摒弃。

道路规划"顺山应水"是"诗境空间"营造原理中"顺应自然"在城市规划上的具体体现。顺应自然也是一个建立城市个性的恰当方式，因为自然风貌本是各具特色、千差万别的，顺应它的城市营建必然继续体现这种千差万别的个性，因此建立的城市个性是"自然而然"的而不是"矫情"的，因而也是恰当的，好的城市规划就是把创建城市个性与城市原生自然有机地联系起来，体现在道路规划上也是如此。

当然，道路规划不可能一点不改变原生地形，实际上是在保护原生地形和满足人类使用（行车要求）之间作出的偏向保护原生地形的恰当平衡。例如山地城市有时可以以适当的隧洞和桥梁构建道路体系，尽量避免开膛破腹的露天开挖式建设。

3）建筑布局——显山露水

山水美学必须仰赖于活灵活现的山水实体向城市居民方便地显现。有的城市从绿地指标上似乎环境并不差，但居于其中的人却未能感受到环境的改善，原因在于山水自然被建筑包围而不能显现出来。许多城市都有这样的情况，沿着山水行走的城市道路，其两旁均建起房屋，于是将山水完全遮挡。

因应山水美学的规划手法要求将城市山水

图6.10 完全没有公共岸线的沙湖

图 6.11　紫阳湖
（左）、洪山（右）被
各单位完全包围

图 6.12　武昌拆除建筑显露蛇山

图 6.13　汤逊湖沿岸正被一个个封闭式小区分割，看得出规划管理当局也不准备留下可为城市享用的公共岸线

绿地环境向城市级别的道路（哪怕是城市支路或者城市公共步行道）亮开，不允许在道路靠向绿地的一侧修建哪怕是一层皮的房屋，以达到"显山露水"，让山水自然被公众感受而成为城市公共福利，而不是仅为某个单位、某个小区甚至仅为某个"贵族"个人所享用的内部花园。

　　武汉市在"显山露水"上令人遗憾。百湖之市的武汉湖泊众多，又有以龟山、蛇山、洪山等东西连绵的山岭群体横贯，本有着较好生态与景观环境，本是武汉人民幸福的天然公共福利。然而由于规划认识不足、管理粗放的历史原因，致使除了东湖因风景区的名义有所管控以外，其他几乎所有的山麓、水边均被各个

单位沿线包围，蛇山、洪山、紫阳湖、沙湖、南湖等莫不如此（图 6.10、图 6.11），市民临山近水却找不到山和水的感觉，除非闯入某单位内部，否则看不到、更不能方便地享用这些在规划总图上赫然在目的、纳入指标的公共绿地。现在市政府实行"显山露水"战略，下决心拆除了武昌蛇山南麓沿武珞路北侧（靠山一侧）密密麻麻的包裹蛇山的建筑，如今蛇山绿意盎然，逐步重新显现"龟蛇锁大江"[11]的壮景（图 6.12）。在赞扬的同时也必须反省认识和管理上的滞后，否则无需现在劳民伤财地拆除建筑。

　　即使有蛇山这个教训在前，却并不表明城市规划管理者都有真正的反省。如果说蛇山等

图 6.14　袁山大小双螺并，秀水东西一带横——宜春

尚属历史原因，但在蛇山之外，有更多、更大量的城市山水正被新开发的某小区、某单位甚至个人占领。例如武汉美丽、壮阔的汤逊湖畔已被新开发的大量楼盘小区沿线包围，这些封闭式管理的小区把湖岸线分割，公众不可能再在烟波浩渺的汤逊湖畔散步赏景了，作为城市公共福利的汤逊湖即将消失，只有等不知哪个、下一次政府再发出"显山露水"的豪言和再来一次劳民伤财的拆除（图 6.13）。

4）园林设置——依山傍水

城市园林绿地的布局依山傍水，结合现状的山水环境设置，以此尽最大程度地做到城市区中生态敏感的原生自然，留给人工化的城市里一片自然的天地。

有的城市规划，从总体规划到详细规划，包括为数不少的小区规划，先是无视有声有色的山水自然，将之推平填埋，却又在原来没有什么自然条件的土地上规划为城市绿地或小区绿地，机械地完成城市规划中关于绿地的指标，而这样的绿地要真正实现绿地作用还需要大量人工投入，可谓事倍功半。相反，城市园林绿地依山傍水地设置，是一件营造城市绿地系统事半功倍的事，利用自然山水，城市园林绿地也天生有情。

例如江西宜春市依托大、小袁山和秀水设置了城市公园绿地，延续着自古而来的"袁山大小双螺并，秀水东西一带横"之诗意（图 6.14）。在"依山傍水"进行园林设置上，武汉市汉口江滩绿化工程可以算是正面教材，它在汉口长江边形成了一个壮阔的、可为市民公众开放的沿江大型绿地（图 6.15）。

5）空间组织——迎山接水

城市空间组织，包括广场、街道、景观视廊、制高点、建筑天际轮廓线和城市空间节点系统等，若做到"迎山接水"，即与自然山水巧妙配合，使山水纳入参与城市空间的有机塑造，能再次取得事半功倍的极佳效果（图 6.16）。

传统风水中，就有许多这样的成功事例，其"水口"、"砂"、"朝山"、"来龙去脉"、"天心十道"等等术语，都与"迎山接水"的空间组织紧密相关。

6）环境修复——治山理水

图 6.15　傍长江水的汉口江滩绿化

图 6.16　绍兴城市街道空间迎着戢山

图 6.17　锦江春色来天地，玉垒浮云变古今——整治后的成都府南河

"治山理水"是指若现有山水环境已经遭受破坏或不够理想，则需要积极地依照自然机理机制进行环境生态修复和再培育。现在绝大部分城市的自然山水环境都不同程度地遭到污染和破坏，有的甚至引发公共社会危机。对此，应积极进行治山理水使环境得到回复，一个污染的环境无从谈起山水美学。

例如，成都府南河综合整治工程取得了较好效果（图6.17）。府南河（现在正名为"锦江"）是成都的生命之河，随着现代化工业发展和人口增长，河水污染、生态恶化，当时府南河被市民称为腐烂河。1992年启动了集防洪、环保、绿化、安居、道路管网及文化六大工程于一体的府南河综合整治工程，1997年底城区段竣工后，扼制了生态环境恶化，明显地改善城市环境条件，也极大地提升了成都的知名度，为城市可持续发展提供了保障。在整治过程中由于民众参与，普遍提高了环境意识。府南河综合整治工程得到了联合国及世界其他权威机构的认可与赞扬，先后获得人居、优秀水岸奖最高奖、环境地域设计奖、地方首创奖和联合国2000年最佳范例奖。"锦江春色来天地，玉垒浮云变古今"[12]的诗意又重现锦江城。

## 6.4.2 生态科学策略

### （1）"诗境城市"规划建设遵循生态科学原理

"生态学"由于它对"人与自然关系"这一人类基本问题的科学理性认识与研究，成为当代科学体系中最具活力的一个方面，在整个当代科学体系中居于特别重要的地位。国外学术界甚至已经把生态学看作整个现代科学体系的基础和方向，认为"现代自然科学的主导趋势是它的生态学化"，因此"科学的未来是生态学的综合"[13]；有人甚至认为21世纪的科学实际上就是生态学[14]。

"诗境城市"规划首要追求的是人与自然和谐的"天人合一"。城市虽然是高度人工化的人居环境，但自然仍然是城市得以存在和发展的基础，保护自然成为人类的重要任务。而有效地保护自然有赖于生态（科）学的深入研究，而不是靠神秘唯心主义。面对日益严重的城市病，人们对生态学寄予厚望，希望能以生态（科）学的智慧之手去拯救病重的城市。故对于作为一门综合性学科的城市规划而言，应该凭靠"生态（科）学"为城市规划设计提供科学认识与行动依据，遵循生态科学原理进行规划设计。

增加城市规划学的科学含量在当代来说主要就是吸取来自于生态学的科学营养，特别是需要对生态学的真正、全面的科学理解，才有助于走出城市规划中许多停留于表面的想当然，或者是许多有意无意间断章取义、似是而非的概念。例如，有的设计师狭隘地理解生态学的重要概念之一——生物多样性，于是在设计中不顾当地原生态自然条件，大量引种各种奇花异木以增加"多样性"，但这些奇花异木可能会因为气候等条件不能良好地生长存活，或者要耗费大量人工和财力去维护，与生态原则相悖。更严重的，可能因为盲目引种而打破当地原有生态平衡，导致生态灾难。

没有生态科学的基础保障，城市规划建设的种种活动往往很容易从良好愿望的初衷走向误区与歧途。

### （2）积极运用生态科学的研究成果

由于城市规划师不是生态科学家，自身并不具备直接进行生态科学研究的素养，专业性质也决定了城市规划师并不处于自然科学研究的最前沿。但生态科学对于城市规划又是如此重要，因而，积极运用生态科学的研究成果于城市规划中是一条应走的道路。目前比较获得公共认同的生态化规划设计包括如下几点：

1）考虑城市土地使用模式对当地流域和野

生动物栖息地与湿地的影响，为野生动物如候鸟留出专用空间走廊和迁徙所经路径以及宿地；

2）使用天然雨水处理系统，例如使用透水路面和屋顶绿化，净化地表径流并且促进地下水回注；

3）应用更清洁的能源，如风能、太阳能和其他可再生能源，减少对矿物燃料的依赖；通过利用植物降噪，并以景观的视线组织增加人们的身心健康和舒适性体验；

4）评价材料在整个使用周期内对环境的影响、资源效率和性能，尽量从当地的、可再生和可持续获得的资源中寻找无毒的材料，并将生产、安装和维护中产生的废物和污染降到最小；

5）为了使植物在降低维护和灌溉的情况下能继续生存，应使用适应当地气候和土质的植物材料，最大限度地使用本地物种；拒绝从山野向城市移植大树；

6）限制使用需要高维护的景观美化并且最大限度利用自然景观。

另外，必须清醒地知道，大量的生态自然规律是我们没有认识的，这需要生态科学的长期和深入的研究，所以规划设计应该时时关注、紧密跟踪生态科学研究发展的种种成果，及时对照和修正城市规划中不合生态科学的观念和做法。

## （3）"中新天津生态城"规划建设实践解读

现在国内外都在积极探索生态城市建设。最近，随着国家重点项目之一的"中新天津生态城"总体规划正式推出（图6.18），该项目备受瞩目。这是中国和新加坡两国政府顺应当今世界探索城市可持续发展的潮流、改善环境、建设生态文明的战略性合作项目，它致力于建设成为综合性的"生态环保、节能减排、绿色建筑、循环经济"等技术创新和应用推广平台、国家级生态环保培训推广中心、现代高科技生态型产业基地、"资源节约型、环境友好型"宜居示范新城和参与国际生态环境建设的交流展示窗口。生态城用地中盐田、水面、荒滩各占三分之一，土壤盐渍化程度高，如此选址突出了生态城的示范意义。生态城总体规划从城市定位、经济职能和规模、生态保护与修复、空间布局、公共设施与交通等方面，勾勒出一幅生态之城的未来景象，主要有以下几个特点：

1）建设绿色新区

天津生态城总体规划以生态保护为优先原则，尊重本地自然条件，采取适宜的生态修复和重建手段，恢复自然水系、湿地和植被，构筑以多级水系、绿色网络为骨架的复合生态系统（图6.19）。具体包括将蓟运河和蓟运河故道围合的区域规划为生态核心区，建设六条生态廊道，加强核心区与外围生态系统的连接，推进区域生态系统一体化；保留西南侧水系入

图6.18　中新天津生态城规划总平面

图6.19　中新天津生态城规划效果图

图6.20　中新天津生态城之生态核心区规划效果图

海口的大面积生态湿地，形成咸淡水交错的复合式水生态系统；预留七里海湿地鸟类迁徙驿站和栖息地，保障"大黄堡—七里海"湿地连绵区向海边的延续；完整保留蓟运河故道，保障北部蓟县自然保护区通往渤海湾廊道的畅通，形成以河流为脉络的区域生态网络；在生态城内部，沿河道、湿地建设楔形绿地，形成与区域联系的生态廊道；在蓟运河、津汉快速路等河道和对外通道两侧设置防护绿带，为生态城提供生态屏障；结合自行车道系统和步行系统，建立覆盖范围广阔的绿廊系统，构建"水库—河流—湿地—绿地"多层次生态网络格局（图 6.20）。

2）建设宜居友好的生态社区

中新天津生态城总体规划根据生态型规划理念和我国社区管理要求，形成了对应"生态细胞、生态社区、生态片区"的"基层社区、居住社区、综合片区"三级生态社区模式。其中，

图 6.23　中新天津生态城太阳能发电系统

基层社区由城市机动车道围合形成约 400 米 × 400 米的地块，内部包含绿地率不低于 40% 的绿地、完整的步行和自行车道路，基层社区中心服务半径为 200 米至 300 米，服务人口约 8000 人，可满足社区居民就近获得日常医疗卫生、文化体育、商业服务的需求；居住社区由 4 个基层社区组成，通过步行和自行车系统连成网络，其中心服务半径为 400 米至 500 米，服务人口约 3 万人，主要为居民提供日常医疗卫生、文化体育、商业服务、金融邮电等服务；综合片区由 4~5 个居住社区组成，片区中心结合轨道站点配置更高一级的管理、服务设施和公共绿地（图 6.21）。

3）构建水资源综合利用体系

中新天津生态城以节水为核心，将实施污水集中处理和污水资源化利用工程，多渠道开发利用再生水和淡化海水等非常规水源，提高非传统水源使用比例到 50%；实行分质供水，建立污水处理、中水回用等水体循环利用体系，合理收集利用雨水，加强地表水源涵养，建设水生态环境（图 6.22）。

4）构建能源安全高效、可持续的供应体系

规划按建设"资源节约型、环境友好型"社会的要求，构建清洁、安全、高效、可持续的能源供应系统和服务体系，促进高品质能源使用的同时，禁止使用非清洁煤、低质燃油等高污染燃料，减少对环境的影响，至 2020 年

图 6.21　中新天津生态城三级生态社区模式

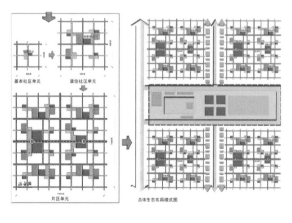

图 6.22　中新天津生态城水循环利用系统

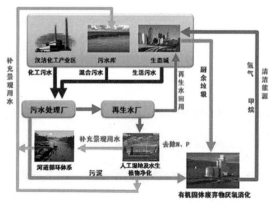

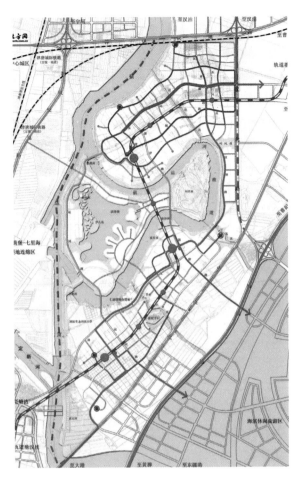

图6.24　中新天津生态城绿色公交系统规划

里服务范围覆盖80%的片区用地；慢行交通网络：结合社区建设和滨水地区改造，建立覆盖全城的慢行交通网络，采用无障碍设计，创造安全舒适的慢行空间环境，引导居民的绿色出行（图6.24）。

结合公共交通站点建设城市公共设施，使居民在适宜的步行范围内解决生活基本需求，减少对小汽车的依赖。80%的各类出行可在3公里范围内完成，规划设立2020年生态城内部出行中绿色交通方式不低于90%的目标。

6）规范指标体系与量化生态标准

总体规划按照国际化标准，结合地域资源、环境特点，制订了生态城指标体系，确定了生态环境健康、社会和谐进步、经济蓬勃高效的22条控制性指标和区域协调融合的4条引导性指标，作为管理生态城发展建设的量化标准。其中，百万美元GDP碳排放强度低于150吨，可再生能源利用率达到20%，区内绿色出行比例达到90%，垃圾回收利用率达到60%等指标接近甚至超过先进国家水平，为生态城可持续发展提供了科学依据。

生态城要全部采用清洁能源；优先发展可再生能源，包括积极开发应用风能、太阳能（图6.23）、地热、生物质能等可再生能源，要求可再生能源使用率不低于15%，以优化能源结构，提高利用效率，形成可再生能源与常规清洁能源相互衔接、相互补充的能源利用模式；充分应用建筑节能技术，生态城内建筑全部按照绿色建筑标准建设。

5）建设以绿色交通系统为主导的交通发展模式

对外快行交通：以津滨轻轨延长线串接生态城主次中心和各片区，形成对外大运量快速公交走廊，既满足生态城内部长距离交通需求，又便捷连接生态城与周边重要区域；内部公交系统：在生态城内部，构建以轨道交通为骨干、以清洁能源公交为主体的公共交通系统，轨道站点与公交线路无缝衔接，轨道站点周边1公

### （4）"诗境城市"规划应充分重视生态伦理观的价值

从自然科学的角度看，生态伦理观是对生态科学的完善与补充，"诗境城市"观与生态伦理观有密切关系。

其一，城市规划应遵循生态科学规律，但是自然生态是这样庞大深奥的系统，人类对其科学研究还十分有限，大量的生态科学规律尚待认识，对自然生态演变规律的掌握还很粗浅。因此，一方面有赖于生态科学的深入研究；另一方面，现阶段尚无法在生态科学完整的知识链指导下进行非常具体的规划设计工作，故城市规划在以生态学作为科学依据的同时，仍然需要充分重视自古就有

的生态伦理的价值与智慧。所谓生态伦理，是指人对自然所持的道德文明法则。在当代西方，和生态科学紧密相关的，是敬畏生命、敬畏大地的生态伦理学，后期海德格尔哲学也被列入这个体系之中。这些学说的特点是抛弃人类中心主义，即认为人非万物存在的目的，而是与鸟、鱼、树木一起的世界成员之一，所以人除了要关心人，还要关心、维护甚至是敬畏所有生命生态整体。中国生态伦理的传统精神资源非常深厚，如老、庄哲学，老子思想的深度在过了二千多年后，才在海德格尔后期哲学中达到近似的程度，海德格尔认为世界是四域——"天、地、人、神"——的反映，而老子早就更彻底提出"人法地，地法天，天法道，道法自然"的"天、地、人、道"系统并更具理论意义。虽然古人对生态科学的认识与掌握远不如今人，但却通过对"天、地、人、道"[15]系统的尊重，维持着比今天更好的生态环境。所以，对于规划设计师来说，怀着一分自古以来就有的对自然的尊重之情，坚守人与自然和谐的生态伦理非常重要，在具体规划设计中，对于没有明确的生态科学依据的地方应采取审慎的态度避免头脑发热的大干快上。

其二，所谓生态城（包括生态建筑）是相较于普通方式规划建造的城市（建筑）而言的，是在该城市（建筑）确有必要进行建设的前提下，针对所说的生态建设方式比普通建设方式少一些消耗资源与能量、少一点改变原生生态自然，这也是生态规划师（建筑师）的工作。因此，就全球社会保护生态这一事业而言，在生态城（建筑）开工之前，有必要形成一个机制去先论证一下这个新的城市（建筑）的可行性，这是真正想要保护地球生态，而不是仅拿生态作为美丽装饰辞藻的一个重要机制。只有经过社会各界（而非只有规划建筑业界）充分论证，确因人类生产生活空间需要而必须进行城市（建筑）拓展开发时，那些称为生态规划师（建筑师）

的人才可以开始工作。以为仅凭生态规划师（建筑师）的"建设"方式可以保护生态是南辕北辙的误解[16]，必须永远清醒地知道，最大的生态乃是什么也不要人为地建设的保持地球原生自然状况的生态，故对于尚未开发的大地原生状态区域，是否要把城市和建筑（哪怕是被称为生态城市、生态建筑）推进到这里，必先需要回到生态伦理的整体思考中去加以全面的生态论证。

### 6.4.3　文脉主义策略

#### （1）文脉对于城市意境具有"根基"的作用

文脉（Context）一词，最早源于语言学范畴，是上下前后之间即上下文之间的关系。在建筑规划领域，简单地说，"文脉"就是历史建成环境中所表现出的空间与文化特质以及它与新建建筑的相互关系，基本含义就是强调新建筑既尊重既有的建成环境，又要延续文化特色的现代演绎。

对于一个城市形成整体性印象与认识的特殊城市意境，"文脉"在其中起着根基性的重要作用，可以从"历史文脉"和"地方文脉"两个方面来说明这一点。

1）历史文脉

首先，或许有人对于"文脉"含有"文化"和"历史"的概念存有异议[17]，但由于"文脉"往往在建筑、城市、文化背景的长期相互联系与影响中形成，所以"文脉"不但实际与文化紧密相连，还更进一步表现为与历史、传统的文化紧密关系，故而通常连在一起说"历史文脉"，如美国著名学者芒福德（Lewis Mumford）也曾在他的《城市文化》一书中写道："一个良好的居住环境，需要能使它的居民同传统文化浑然一体"[18]。

对于城市的认识把握，无疑需要以"文脉"为背景，由于自然条件、经济技术、社会文化习俗的不同，建成环境中总会有一些特有的符号和排列方式，形成这个城市所特有的文化，也就形成了这个城市独有的城市意境。如果没有了巴黎圣母院、卢浮宫、凡尔赛宫等，巴黎将是何等的苍白与单薄？如果没有了"紫禁城"，北京还能是我们现在印象中的古都吗？所以，"历史文脉"对于一个城市意境塑造具有根基性的作用，"历史文脉"是城市"诗境"重要源泉之一。

"历史文脉" 主要体现在各个城市尤其是历史文化名城的"历史城区、街区、地段和历史建筑"上，因为这些城区、街区和地段的形成都是历史的产物，无法复制到别的城市当中，也就成为某个城市独特个性的表现载体。随着时代的前进，科学技术和文化交流的频繁，国际化发展可能使新城和城市新开发区的形象走向趋同，此时"历史文脉"不时让我们从中找到发展城市个性特色的亮点，这也是一座城市精神文化复兴的动力所在，以巴黎为代表的欧洲城市自19世纪中叶以来，就是依靠以历史建筑保护为核心的大手笔城市规划设计，推动了城市的复兴，甚至在学术界缔造了沿用至今的名为"美丽城市"的保护设计理论[19]。

建设"诗境城市"，不能放纵破坏城市历史环境的行为，而是要把"历史城区、街区、地段和历史建筑"纳入城市规划设计的大框架中进行谋划。在城市的新建设中不忘历史的记忆，延续历史文脉，是在当今国际化发展背景下城市仍然能够显现个性气质、塑造城市独特意境的重要保证。

2）地方文脉

"地方文脉"是从另外一个角度认识"文脉"。实际上，"文脉"都表现为地方性的，"文脉"一词本身就含有"地方"的意义。一个地方的历史建成环境是该地方文化长期积淀的结果，故"地方文脉"与"历史文脉"其实浑然一体，只是看问题的角度有所不同，地方

文脉物化了地方历史文化内涵。

1999年在北京召开的国际建筑师大会上，吴良镛教授的主题报告提出了21世纪要促进地区文化精神的复兴："区域差异客观存在，对于不同地区和国家，建筑学必须探求适合于自身条件的蹊径，即所谓的'殊途'。"弗兰姆普敦教授也曾提出："创造具有'地域形式'而不是'产品形式'的建筑"，即强调建筑形式更多地取决于所在地域的特点。有意义的设计作品都充分体现了地方文脉，带有地方地域特色，如北京的"菊儿胡同"、苏州的"桐芳巷"等，乡土情结、本土文化是"诗境城市"规划设计非常重要的艺术灵感来源。

另外，除了地方历史文化内涵外，"地方文脉"的概念还与一方地理环境特征相连，或许此时可以称作"地理文脉"或"地脉"（地理环境脉络），与前文所说的"山水美学"有内在统一性关联。各个城市正是充分利用其河流、湖泊、海岸、港湾、山脉、高地、森林、植被等各种地理要素特征，通过对城市环境的处理，将建筑、规划和园林结合，营造出各具特色的城市意境，或豪迈奔放，或洒脱秀丽，显现出不同的性格特征，并从中衍生出不同的地域文化。

历史文脉、地方文脉、地理文脉实际紧密

图6.25 高原城市丽江云天高远的场景给人以气宇疏朗的诗韵之感

图6.26 江南城镇小桥流水、粉墙黛瓦让人感受幽然遐思的画境

相连，都证明了"文脉"对于城市意境的"根基"性的作用，这才有了高原城市苍山云天、辽阔高远的场景给人以气宇疏朗的诗韵（图6.25）；江南城镇小桥流水、粉墙黛瓦的街区巷陌无不让人感受幽然遐思的画境（图6.26）；还有山地城市的错落有致，平原城市的庭院相套等等，它们源于一方地域自然而又高于自然形成一种地方文化印象与思维，所有一切正是诗境城市概念的合成，它充分说明，"文脉"是城市诗境之源千真万确。

### （2）文脉被破坏的沉痛

作为文明古国，中国城市多是经过精神上的长期文化熏陶和技术上的长期风水经营而形成的，是在"意"与"境"的相会中，积淀成了人与自然和谐、有特殊历史文化含义的诗意栖居的城市文脉。著名画家陈丹青曾说："譬如苏州园林那样成熟的美学，就是一整套上千年积累传递的文化教养、文化样式、文化符号。中国人在这种样式和符号中构成一代代心理景观，又构成文化记忆，一见到那种样式、符号，心里就踏实"[20]。但是中国近百年的历史，被殖民侵略、内战不止，以"文革"动乱为代表的特殊政治时代留下大规模的破坏记录，现在又正经历着改革开放后的超常规开发、全球化经济大潮冲击等，这是一个传统价值观被彻底颠覆的时刻，中国城镇的传统历史文脉相当大程度地被破坏了。其中，作为首都的北京首当其冲。

早在三千年前的《周礼·考工记》中就已有明确的王城规划思想表现出壮阔华美、层次分明的总体布局："匠人营国，方九里，旁三门，国中九经九纬……"。从汉、唐长安、宋汴梁到金中都、元大都，中国历代均是这种方整有序的都城规划，然长安、汴梁都毁灭埋入地下，古都北京是现存唯一见证。北京古城内众多灰色四合院拥托着红墙黄瓦的皇宫殿宇，建筑群与城楼完成着"主座朝南，左右相称"

的总体布局，如东直门对西直门、朝阳门对阜成门、崇文门对宣武门、左安门对右安门，天坛对先农坛（山川坛）、日坛对月坛、太庙对社稷坛等。在总体布局的平衡之下，各个建筑相互呼应形成整体的庄重与气势。这个元代初创、明代确立、清代扩建并定型的北京古城布局统一有序、层次分明，气象浩阔，为世界古都规划范例之作。

先看雄大遒劲、张弛有序的中轴线：从永定门始，经正阳门、天安门、端门、午门、太和门、太和殿、中和殿、保和殿、乾清宫、交泰殿、坤宁宫、神武门、景山万春亭、寿皇殿、鼓楼、钟楼，这条长达15华里的北京古城中轴线，有收有放、有开有阖，其间空间序列起伏、环境节奏转换，大量民宅里坊、会馆、店铺、牌坊、广场、华表、石桥、城台、苑囿、府衙、坛庙等规划布局有序。其中，永定门到正阳门的3000米长是舒缓的序曲，中间正阳门到景山这2500米是高潮，景山到钟鼓楼的2000米长是逐步向下滑落的尾声，景山及万春亭是故宫高潮的制镇山背景，也是全城的几何中心和制高点。

再看气势轩昂的城墙和城门：北京3000余年建城史，特别是850余年建都史，留下了气势轩昂的完整城墙和城门体系。1924年，瑞典学者喜仁龙在《北京的城墙和城门》中描述过永定门："……使你可以看到永定门最美

图6.27　被拆前的北京东直门——唯一的明成化年间雕梁画栋阁楼式楠木建筑

丽、最完整的形象。宽阔的护城河边，芦苇挺立，垂柳婆娑。城楼和弧形瓮城带有雉堞的墙，突兀高耸，在晴空的衬映下显出黑色的轮廓。城墙和瓮城的轮廓一直延伸到门楼，在雄厚的城墙和城台之上，门楼那如翼的宽大飞檐，似乎使它直插云霄，凌空欲飞……"[21]。

这是中国古都发展的最后硕果，梁思成称赞说："……以至于今，为世界现存中古时代城市之最伟大者"[22]，国外专家学者对之也以"伟大文明的顶峰"、"人类最伟大的单项工程"、"丰富的思想宝库"等评价称赞不已[23]。就是这样一座在布局、规模、延续时间等方面都堪称世界都城建设最高成就的北京，1957年以中轴线最南端的永定门（包括箭楼、瓮城）被拆开始拉开大规模拆毁北京古城的序幕，1958年中轴线上中华门被拆除，至1970年基本拆完。其中东直门城楼尤为可惜，它是唯一的明成化年间雕梁画栋阁楼式楠木建筑（图6.27）。而北京的胡同四合院已从原七千多条被拆到现在只剩下一千余条。北京大学教授、历史地理学家侯仁之在20世纪50年代受邀去美国匹兹堡大学访问，带去的礼品是两块刻有"嘉靖三十六年"（1557年）的城砖，礼品受到了隆重迎接，因为它烧制的年代比美国独立建国要早219年。但是，凝聚劳动人民的大量心血、由大约四千万块砖书写史书的北京内城和外城城墙，转眼灰飞烟灭（图6.28）。与城墙一起拆毁的还有大量的历史建筑，现在留下的文物，建筑如故宫、天坛等，也只是极少的局部地段，在古都整体上失却了往日的完整与华美、儒雅与宁静，古都形象只能在书本和回忆里驻留和传诵。

对于特殊政治年代造成的古城破坏，现在不便过多追问。更痛心的是1990年代以来，许多"文革"中尚幸存下来的四合院随"旧城改造"名义迅速瓦解，还有大量的王府侯门、簪缨世家、庙宇寺院等文物建筑和文化景观被铲除，不少重要的历史街区整体消失，代之

图6.28 西直门的过去与现在——一座文明顶峰的古城灰飞烟灭

以建筑平庸的巨型商厦、密集的商品住宅和体量庞大的写字楼。房地产商、土地投机者、某些官员视历史建筑为草芥，大肆以推土机方式抹平古城最后的空间和连同一起的传统民俗故事、艺术和历史记忆。例如嘉应会馆是清末大诗人、变法维新斗士黄遵宪故居，随所处的外香炉营胡同一起烟灭；原宣武区粤东新馆为明代严嵩别墅，又是维新派人士"保国会"旧址而成为"戊戌变法"的标志性古建，还是1911年孙中山喊出"推翻封建，建立共和"之地，却难逃房地产商、官员的联合"剿灭"；美术馆后街一处始建于明代、有300多年历史的两进四合院，是中国现代基督教领袖赵紫宸故居，有保存完好的落地雕花槅扇、博古架、圆光罩和精雕细镂的"象眼"砖雕，曾使1998年初几位古建专家激动不已，这样一所"集建筑、人文、文物于一身"的小型博物馆2000年10月26日让位于商厦开发迅速被拆；广渠门内大街207号四合院，是目前唯一公认、有案可考的曹雪芹故居，数天之内被拆毁……。2005年7月，以米市胡同、贾家胡同为中心的十几条胡同被北京国信房地产有限公司"现代化拆迁"，殃及300多个明清以来所建会馆，其中有著名的泾县会馆（陈独秀、李大钊创办的《每周评论》旧址）、潮州会馆、浙江会馆、江阴会馆、开郑会馆、河北会馆、重庆会馆、六安会馆、太平会馆、关帝庙、观音庵、华严庵、秋瑾故居、曾国藩故居、张君秋故居、李万春故居、奚啸伯故居、清代大学者潘祖荫和李慈铭故居等三十余处会馆、寺庙、名人故居。甚

至，连梁思成、林徽因故居也在要保护的呼吁声中被无情地折毁。与此同时，被拆迁的还有北京至今保存最好、范围最大的一片前门大街东侧以鲜鱼口、打磨厂、冰窖厂、兴隆街为中心的胡同四合院群，此举将毁掉大量明以来的寺庙、会馆、戏院、米庄、店铺、名人故居[24]。

现在，北京划定了 45 片文化保护街区，总共只占古城总面积的约三分之一，这是否意味着 45 片文化保护区之外可以大拆大建，使这最后的 45 片文化保护区成为零碎的孤岛。而且，这 45 片文化保护区也并没有得到真正的保护，四合院故居仍在拆毁不时见诸报端，各界有识之士无不为之扼腕。

首都尚且如此，其他地方古城、历史街区、地段、建筑被毁事件一浪接一浪。最新又有河北省保定旧城被一概推平，始建于魏晋六朝的保定府开始了大规模的城市改造，随之古建老街也灭绝临头，除了直隶总督署、莲池书院等几个明星般的官方古建被保留外，老护城河内的民居古建被剃头般地铲除，钢铁履带将一排排明清至民国初年所建、伸展着精美雕饰的古建民居碾成碎瓦残片。有识之士在愤怒之后是无奈，无奈之后只剩麻木。

他山之石可以攻玉。法国巴黎旧城从 1970 年代开始，用 30 年时间在旧城之外建新城 5 座，疏散旧城 75 万人至新城。旧城则保持原貌，每一栋古建都被定期修缮，人居环境舒缓，坐落在塞纳河两岸和西岱岛上的巴黎圣母院、凯旋门、罗浮宫、埃菲尔铁塔、香榭丽舍大街周边，有四百多座花园与四万多亩绿地，林木难以计数。旧城内新建筑被严格限制，并限高在 24 米以下，旧城内为数不多的新建筑也是建筑中的上乘之作，如 1977 年蓬皮杜文化艺术中心、1989 年的巴士底歌剧院等。

英国对于民居保护也有独到之处，它们将有意义的老屋挂上蓝牌，牌上记载着此间老屋何时曾住过的名人，自 1867 年第一块蓝牌挂在诗人拜伦故居门口始，伦敦已有数百块蓝牌，包括反英斗士印度圣雄甘地住过的老屋，还有圣詹姆斯花园 31 号因中国老舍 1924 年至 1929 年在伦敦教书 5 年也被挂上了蓝牌。一经挂上蓝牌，便成为"英国遗产"，虽然房产属性没有变更，但不得拆除和改变原貌，并定期修缮。

其他城市如罗马、威尼斯、里昂、开罗、君士坦丁堡古城都保留了下来，这里人民保持着自身文化传统的底线，也成为世界人民旅游向往之地。在日本，仿长安建造的京都和奈良也保留下来了，整座城都成为历史博物馆。而在它原创的故土，诗画古韵一样的北京城却面目全非。

## （3）延续和重塑文脉

日本著名建筑师矶崎新曾说他从水墨画和苏东坡诗篇里面体会到的杭州，而今却在"现代化"建设中正失去自己原有的品位，曾经代表诗意栖居的北京四合院、杭州园林庭院等，今天已被淹没。确实，在当代中国快速城市化进程中，我们看到了许多传统风貌的城镇、历史街区正在消失，石桥、木桥变成了水泥桥，石板路变成了水泥路……，现代化发展正吞噬着以历史城镇、历史街区、古老建筑为标志的城市历史文脉和民族文化特色，消灭着一座座城市的记忆。

对于如今现代化发展进程中所出现的大规模文脉破坏，当代中国人不得不经常扪心自问：

图 6.29　练铺淮水际天浮（淮安清江浦楼）——诗意往往富集在有历史文脉的地方

现代化是否一定以切断历史为代价？彻底地破旧立新是否就是现代化建设的标志？新的城市建设是否一定不能容忍旧建筑的存在？我们在追求现代化的同时是否真的不再需要看到历史的遗存？

答案是否定的。文脉是一个城市厚厚积淀起来的历史，一个有历史的城市才具有魅力。历史建成环境的形成，根植于人的精神文化土壤，这些历史风貌街区与建筑真实地记录了城市发展的足迹，见证了城市的过去和现在，在历史长河中一点一滴地积累起城市的记忆，从古街老巷到文化景观，从文物古迹到地方民居等，众多历史环境，都是形成一座城市记忆的有力物证，也是一座城市文化价值的重要体现，在这里最容易找到这个城市的诗意（图6.29）。将这些历史风貌街区与建筑环境从城市版图上抹去，意味着城市记忆的永远消失，意味着民族文化的重大损失。精心呵护历史文化遗产，维系历史文脉，留住城市记忆，是人们生存发展的心理需求，也是当代人上对祖先、下对子孙的责任。且记住这样一句话："开发商有开发商的孔方，政府有政府的权杖，但在这一切之上，应该有一杆正义的标尺和最高的立场——中华民族数千年文明的标尺和立场"[25]。

有所欣慰的是，现在已经重新意识到传统与文脉的价值意义，又开始了对中国历史文化的再认识和认同，民众、开发商和政府也都有了认识的回归过程。有些古镇已出现了保护后的成果，如江南的周庄、同里、南浔、西塘，湘西的凤凰城等，还有南京古城秦淮河、乌衣巷的历史文脉保护与再塑等都取得较好的效果，它们都以其独特的历史建筑与环境风貌，经过恰当的规划与修缮后，散发出特殊的文化风采，在这里可以品味"旭日满晴川，翩翩贾客船"[26]（图6.30），回想"一带妆楼临水盖，家家分影照婵娟"[27]（图6.31），走进这些历史文脉的场所，犹如置身画里，使人陶醉其中。

图6.30 旭日满晴川，翩翩贾客船——西塘晓市

图6.31 一带妆楼临水盖，家家分影照婵娟——南京秦淮河

历史文脉并不是抽象，它通过建筑、街道等城市空间环境表达出来，城市历史文脉的遗存，寄托了世人对城市辉煌的梦想。爱护自己的城市必须爱护它的历史，而有着悠久历史的中国，每一个历史文化名城、名镇、名村，还有几乎每一个城市的历史风貌老城区、街坊和地段，都是一座座城市文化意境的"富矿"。所以，当代中国营建"诗境城市"，需要延续历史文脉，以及对于受到严重破坏的历史风貌街区，需要重塑历史文脉。这其中包括让我们仍然可以看到保护良好的名城古镇、特色街区、古建筑和与之相应的"地脉"包括山川田园、古树名木等，并且更进一步地在这个长期经营所形成的空间里延续诗意的生活方式；还包括在建造新的城区时，使优秀的历史文化之魂渗入现代城市的建设规划中，这也是一种伟大的艺术创举，它给城市传统历史注入了新的生命力，民族文化得以传承。

图 6.32　北枕居庸——北京大风水环境

图 6.33　山环宫阙龙虎尊——北京风水诗境

此时，旁观者清的话也可使我们有所触动。请倾听一下美国建筑家R.A.M.斯特恩所说："不要把规模等同于荣耀，并且应当记住：激励人们并保持恒久不变的不是建筑的高度，而是它的诗意"[28]。

### 6.4.4　风水借鉴策略

当前，世界范围内许多学者将眼光转向东方，发现了延续了几千年的"风水"思想，竟与当代全球的期盼合拍，包括现代生态科学意义上和人文心理美学方面。尽管"风水"原本不是为了科学，也不完全是为了美学，但是其"培风脉，纪地灵，壮人文，正风俗"的主张与实践，高度注重了栖居环境却又不只停留于表层的绿化和美化，而是对山、水、城、人的融合进行了有意识的经营和培育，并且与环境场所的文化涵义结合，使中国传统城、镇、村充满了诗意，因此相当程度上讲"风水"模式就是一个"诗境"图式，当代城市规划不应抛弃来自"风水"的智慧，并且可以在以下四个方面借鉴"风水"以生成不同特色的城市"诗境"。

#### （1）借鉴风水"观照自然"的生态环境美意识

风水正如其名，特别关注两个概念，一是

"风（气）"、一是"水"。首先，风水认为"风（气）"是根本，万物由"气"生成，"气"之所聚处是生命生成和生长之地，因此风水追求"藏风聚气"。"气"简单理解之可以做大气环境理解，而大气环境与草木植物有直接的关系，故风水认为草木繁茂方能"气"运昌盛，如"乡中有多年之乔木，与乡运有关，不可擅伐"和"盖树之位吉者，伐则除吉，位凶者，动亦招凶"等风水观点客观上保护了乡村聚落的绿色生态环境；同时，风水认为"水"是生"气"之源，故水环境更是风水对待的重点，例如许多村落前都有池塘曰"风水池"，使得村庄和四周景观尽入水中，波光水影，画面绚丽，客观上起到了保护水环境的作用，又美化了景观视觉。

在以上观念下，风水认为依山傍水、负阴抱阳之地才是吉祥上乘之地，所以乡村聚落和城镇选址通常在背山面水、山环水抱的环境佳处。理想的风水模式概括来说是："背有靠、前有照，负阴抱阳，左青龙右白虎，明堂如龟盖，南水环抱如弓"，就是一个"藏风聚气"的环境模式写照，古都北京即是按照风水模式来选址和营造的（图6.32），形成了"山环宫阙虎龙蹲"[29]的壮阔意境（图6.33）。

除了选择自然佳地之外，风水更因应自然，对环境有着一份经营，例如按照风水的要求，保护和建设村落和城镇周围的"风水林"，形成了良好的小气候，也是村落和城镇长治久安的保证。另外，遵循风水的要求，很多村落的村口总有参天的"风水树"，南方地区多为榕树、山樟，北方地区多为古槐树等，根深叶茂的参天古树巍然耸立给村落增添一份别致的韵味和怀念，表达出中国人亲近自然美景，追求恬淡抒情的生活倾向。所有一切都证明了风水通过观照山川自然，包括其地质、水文、气候、气象、景观等一系列自然地理环境因素，结合人文情感与美学心理等做出评价、选择、因应和应对，事实上追求和经营了一种生态环境优美，进而可以赏心悦目、安顿心理的栖居空间。

风水这种追求生态环境美的意识与当代城市规划之要求原理相通，而这种意识却又是城市规划相对忽视和较为欠缺的。目前的城市规划多呈现为"人口—规模—布局"之思维顺序模式，即以不断增长的人口乘以近乎一成不变的人均城市建设用地的需要值，得出数据后就毫不犹豫地向城市周围无限扩张，似乎周围自然大地及其生态环境是取之不竭的、可以无条件地被人工城市所替换。虽然现代城市规划在选择城市发展用地也有"用地评价"这一环节，但主要是从为建设服务的单一功能目的去考察用地承载力等方面看是否符合要求，并没有生态意义上的考量，更不用说考虑城市周围自然环境与城市之间的美学关系。

现在国际上城市规划受到景观营建学（Landscape Achitecture）的影响，有了对"城市建设用地"与周围环境（非城市建设用地）的生态关系的思考，其实这思想原型早就存在于中国传统"风水"中，风水思维模式立足于先观照自然，而后因应之做出恰当的规划应对，一直都主张和实践着城市建设用地与环境之间的生态关系。不仅如此，风水还明确涉及城市建设用地与周围环境之间的美学关系，所以当代城市规划向传统风水借鉴其"观照自然"的生态环境美意识是十分有必要的。

图 6.34　前照后靠的完整统一风水构图形式美——京西古村"川底下"

## （2）借鉴风水富于变化而又完整统一的构图形式美

当前我国经济飞速发展，城市建设繁荣中又显混乱，特别是城市形象的混乱，平添了人在城市中的不舒适感。视觉心理学研究表明，富于变化而又完整统一的视觉构图能使人身心愉快又有安定安全的感受，而风水理论正好给予我们理论与经验上的指导。

风水忌讳有"破、败、坏、断"等不完整的构图形式，风水两大大宗派之一的"形势宗"在基地选址、建筑建造、环境经营上都特别追求一种富于变化而又完整统一的如画般的构图，例如以风水模式经营的北京西部古村"川底下"就是一个优美的构图形式：以主山—基址—案山—朝山为纵轴；以青龙山—白虎山为两翼，高低错落变化，却又均衡协调；同时，风水依五行"金生水"概念，而"金"象为圆，所以风水认为水的构图以"金水环抱"为吉，加上后面靠山具有饱满圆润的木山形象，整个村庄形态犹如一只"金元宝"，这种环抱的水形与四周远峰近山共同构成了富于变化而又完整统一的构图形式美（图 6.34）。

风水的构图形式美也包括色彩浓淡的协调美，有以丹青比喻风水吉地的说法："如画工丹青妙手，须是几处浓，几处淡，彼此掩映，方成佳境"[30]，表现了风水手法选择吉地景色对比协调、意象隽永。

图6.35 城市景观构图中心并形成与风水案山（锦屏山）对景——阆中华光楼

构图完整不等于平淡乏味的四平八稳，风水主张通过适当修景、造景、添景的手法来达到构图形式的灵动有致，特别是当山形水势较为普通时。例如在山上建造的风水宝塔、在河流上修建风水桥、城中建阁楼等措施，以期获得视觉兴趣点和构图的动态平衡，如杭州六和塔、南昌滕王阁、阆中的华光楼，这些风水建筑都起了完善景观的作用，并且成为标志物和构图中心，使整个城市和聚落景观构图完美和有机（图6.35）。

可见，风水实际上掌握了视觉心理学，在城市、聚落的规划设计上运用视觉中心、对比协调、节奏韵律的形式美法则，故借鉴风水思维，对于塑造现代城市优美的天际轮廓线，建立和谐的城市色彩搭配等城市形象的改善具有现实意义。

### （3）借鉴风水"寄意抒情"的意象艺术美

风水除了选择和维护生态环境，运用视知觉美学原理达到追求美好吉祥之外，还大量地运用象征手法等意象艺术，包括数的象征、形的象征、物的象征等来表达人类寄意抒情、追求吉祥的美好愿望。风水两大宗派之一的"理气宗"，根据河图洛书、九宫八卦和阴阳五行的宇宙图式，把天上星官、地上宅主之命相与住宅之时空气运相联系，依照表征万事万物序列关系的宇宙图式，以象、数、理的意义加以推演，计算其间相生相克

的关系，进行类比推理，断定吉凶，当然其中有许多牵强附会、迷信和无稽之谈，但是抛除其中的伪科学方面，从艺术角度看，风水包含许多意象艺术原理，展现出意象艺术美。如阳宅九星飞宫法是以八卦为基础，推算宅主的"命宫"和"宅宫"相配，推论八个方位的吉凶，并以此为依据来确定建筑的朝向、门的朝向，以及灶、床、厕所等位置，按照九星临宫，吉位宜修建高大的建筑物的原则，岭南的民居多在相应的吉位修建有风水楼和风水影壁，为聚落建筑增添了"寄意抒情"的意象艺术美。

当代因为世界观的改变，固然诸如"象征"之类的意象艺术已不再具有原来满足顶礼膜拜的信仰之作用，不过意象艺术中的"寄意抒情"在今天仍然有重要意义。其实这样更回归意象艺术的本质面目——满足人类自然与吉祥的情感，特别是在现代高技术的社会里，对情意、情感的追求一点没有减弱，即所谓"高技术、高情感"。现代城市规划体系中对于"情意、意象"的涉及相对欠缺，风水正可以给予我们以启示。无独有偶，美国著名学者凯文·林奇(Kevin Lynch)在其《城市意象》(The Image of The City)一书中指出城市"意象"对一个城市来说极为重要，在谈到如何弥补"意象性缺点"时，林奇认为中国传统的风水思想能处理城市设计中某些难以达到的"意象"。

### （4）借鉴风水追求"万物相通、彼此感应"的和谐关系美

风水思想的文化源泉是"天人合一"的中国哲学思想，反映出万物相通、彼此相融的整体和谐思想。在此思想背景下，产生风水的胎息孕育原理，认为天地运动系统往往与人的生命系统有关，自然大地就像人体一样，具有经络穴位体系，不同部位和区域是相互关联、彼此贯通的，如《淮南子·本经训》中说："天地宇宙，一人之身也"和中医经典著作《黄帝

内经》中说:"人与天地相参也。"

风水思想关注"天时、地利与人和",重视"尊天道、顺人伦",强调天道、人道相通,正如《黄帝宅经》谓:"人因宅而立,宅因人得存,人宅相扶,感通天地,故不可独信命也",也就是说风水的核心思想是"天、地、人"三才合一。所以,在乡村聚落和城镇营建的实践中,为取得自然和人伦社会的协调,创造和谐共存的理想境界,风水一直在孜孜不倦地探求建筑的择地、方位、布局与天道自然、人类命运的协调关系,注重人类对自然环境的情感与心灵感应,由此防止人类对自然环境造成破坏的不恰当行为,并指导人如何按这些感应来解决乡村聚落和城镇的选址和营造,在风水指导下建造的中国传统聚落和城镇,大都表现出人、建筑和自然大地和谐共处。

## 6.4.5 诗学修养策略

### (1)历史文化名城杭州的启示

传统园林兴造中有"三分匠人,七分主人"[31]之说,意即园林水平高低很大程度取决于园主(主持园林规划设计人)的品位和修养。同样,城市营建也是如此,中国传统城市拥有丰富的诗境蕴含,源于历代文人墨客与城市主政者共同努力,留下许多佳话。其中城市主政者是关键,那些极具美感的传统城市背后常有具备诗学修养的行政长官。这是诗文化在中国传统文化中占有重要地位的结果,在唐代甚至以诗取仕,即以作诗来科举考试、选拔官员,作为城市营建指挥与管理者的行政长官,大多具有一定程度乃至很高水平的诗学修养,并灌注、转化在城市营建之中,使城市诗意盎然、意境隽永。

其中之典型当属"上有天堂、下有苏杭"的江南名郡——杭州。杭州拥山抱水、怀瑾揣玉,城市之西有湖名钱塘湖,宋始称"西湖",城依西湖而栖、山屏湖外而居,东南、西南、西北三面环山,东北开阔平原为杭州城,云淡

图6.36 三面云山一面城——杭州城与西湖山水

风轻、秀丽飘逸、浓墨淡彩、风景如画,构成了"三面云山一面城"的独特景观(图6.36)。美丽的杭州有幸让文明古国两位震古烁今的大诗人白居易与苏轼先后成为其行政长官,并且是在那样诗学的伟大时代——唐与宋,于是,才华出众的知识分子与东南形胜的结合,演绎出一段令人动容的千古佳话;诗学大家的行政长官与钱塘古郡之期会,谱写出流芳百世的精美华章。

1)"绿杨阴里白沙堤"——唐代大诗人白居易执政杭州

唐长庆二年(公元822年),白居易带着中国知识分子"寄情山水"的情怀和"鳏茕心所念,简牍手自操"[32]的为政之心上任"杭州刺史"[33],他将热爱山水与造福于民联系起来,一上任就十分注重西湖环境保护与治理,规定犯法穷人罚在西湖边种树、富人去开西湖葑田作赎罪,很快西湖"湖葑尽拓,树木成荫",更加"此景幽绝"[34]。

图6.37 一半勾留是此湖

西湖上原堤年久失修且堤身较低，不能起到天旱储水灌溉、汛期蓄水防洪的作用，凭着"唯留一湖水，与汝救凶年"[35]的士大夫以"治国、平天下"之情怀，白居易决定兴修西湖水利。他亲自主持修建了一条后来著名的拦湖大堤——"白堤"[36]。建成后的白堤使西湖周围千顷农田得以灌溉，民以殷富，又增添了杭州美景——春天堤上万木竞发、生机盎然，白居易的心境也与环境和谐统一而流连忘返："……最爱湖东行不足，绿杨阴里白沙堤"[37]。

环境治理、农业发展，促进了杭州的全面和谐与繁荣，白居易醉心诗曰："碧毯线头抽早稻，青罗裙带展新蒲；未能抛得杭州去，一半勾留是此湖"[38]（图6.37）

白居易又把唐德宗时杭州刺史李泌创造性开掘的六井重加疏浚，使杭州居民饮用淡水又恢复了方便，还把西湖水引入运河，使大运河与杭州城市相沟通，进一步推进了杭州城市发展。于是，其治下的杭州风景与城市交相辉映——湖上尽见草长莺飞、画船笙歌，城内一派楼阁、丝织、酿酒、市井、名胜的繁华生活画卷："望海楼明照曙霞，护江堤白踏晴沙；涛声夜入伍员庙，柳色春藏苏小家。红袖织绫夸柿蒂，青旗沽酒趁梨花；……"[39]

白居易不但从民生角度把握住杭州城与西湖山水之间紧密的生态关系，作为诗之大家他还"敏锐"地把握了城市与山水之间的美学关系，其有诗专门概括杭州的景观盛况：

余杭形胜四方无，州傍青山县枕湖；绕郭荷花三十里，拂城松树一千株。[40]

杭州山水到处都留下了白居易的足迹，又如题咏西湖春景："湖上春来似画图，乱峰围绕水平铺；松排山面千重翠，月点波心一颗珠；……"[41]，其笔下的杭州秋天也毫不逊色："淡烟疏雨间斜阳，江色鲜明海气凉；蜃散云收破楼阁，虹残水照断桥梁……"[42]。

白居易积极提倡诗教，推动杭州文化发展，"唯化州民解咏诗"[43]——让州民理解诗、

吟咏词是白居易的一个文化建设功绩，此后杭州诗的气氛越来越浓，历代诗豪、名篇层出不穷。

三年任满，白居易对杭州人民怀有强烈的感情："若令在郡得五考，与君展覆杭州人"[44]；对杭州山水十分留恋："处处回头尽堪恋，就中难别是湖边"[45]。但在说到自己的政绩，被百姓称为"贤太守"的白居易很谦虚："三年为刺史，无政在人口；唯向郡城中，题诗十余首"[46]。离开杭州那天，杭州百姓提着酒壶前来送行，抓住他的马缰舍不得松手，后来杭州人民在孤山南麓建立了白公祠以纪念他的政绩。为官清廉的白居易没有带走金钱，只捡了天竺山上"此抵有千金，无乃伤清白"[47]的两块石头以作纪念，而把自己大部分俸银留在杭州，更有他那在杭州所作的200首诗、那种可贵的人文精神留在了杭州、留给了西湖。

杭州人民怀念白居易，白居易也一辈子牵挂杭州，离开杭州十年后，回首人生经历，他在洛阳写下："历官二十政，宦游三十秋。江山与风月，最忆是杭州"[48]；另一首诗中又表达了同样的心迹："自别钱塘山水后，不多饮酒懒吟诗；欲将此意凭回棹，报与西湖风月知"[49]。当他听说姚合将任杭州刺史时，为再次有诗人做杭州行政长官而高兴："且喜诗人重管领，遥飞一盏贺江山"[50]，并嘱姚合道："与君细话杭州事，为我留心莫等闲"[51]。

图6.38 春来江水绿如蓝，能不忆江南？

公元838年，66岁的白居易在洛阳遥望杭州，写下了充盈着崇高审美情致、让人深深动容的不朽诗词（图6.38）：

江南好，风景旧曾谙；日出江花红胜火，春来江水绿如蓝，能不忆江南？[52]

2）"欲把西湖比西子"——宋代大诗人苏轼执政杭州

星移斗转，时光来到北宋，杭州历史上迎来了继白居易之后又一位留下不可磨灭影响的行政长官——诗词和散文都代表着北宋文学最高成就的大文学家和书画家苏轼。

诗词大家的苏轼和白居易（字乐天）在出身、遭遇、思想、创作上有许多共同点，苏轼自己也说："出处依稀似乐天，敢将衰朽较前贤"[53]，因而苏轼同样带着中国知识分子"兼济天下"和"亲近山水"的诗教传统与精神走马上任。来到杭州，即被杭州的秀美所折服，发出"湖山信是东南美，一望弥千里"[54]的感叹。苏轼将这种敏锐的山水环境观与"心则在民"[55]的实际行动良好地结合起来。宋熙宁四年（1071年）苏轼作为通判[56]第一次来杭州，就与知州陈述古一起组织人民整治六井，从而抵御了随后的江浙大旱。宋元祐四年（1089年）苏轼作为知府第二次来到杭州，一上任就遇严重的冬春水涝灾害，经苏轼得力指挥而度过大灾。灾后苏轼即率杭州百姓兴修自唐末五代以来失修之水利，又筑堤闸控制，使海潮不侵入市，河道不淤，舟楫常行；对于再度废埂枯涸的六井，苏轼亲谒拜求并采纳了老僧建议，以瓦筒垫石槽代替易坏的竹筒做输水管，从此"西湖井水，殆遍全城"[57]。

宋初以来，西湖野草丛生，横葑淤塞，失去蓄洪灌溉之用，一湖波光粼粼的盈盈碧水之美学价值也极大受损。苏轼实地考察后提出了浚湖计划，并以浚湖淤泥筑长堤，这就是至今天下闻名的——"苏堤"。施工时苏轼每日巡视，常与筑堤民夫同吃住，不久堤成。堤上建有六桥使水系保持生态连通，堤边广植杨柳、

图6.39　山色空蒙雨亦奇——一方水土织进诗人梦里

桃花、芙蓉。"苏堤"起到农业灌溉，清淤防涝，连接湖之南北交通的综合作用，苏轼因此充满豪情地诗曰：

六桥横绝天江上，北山始与南屏通。忽惊二十五万丈，老葑席卷苍烟空。[58]

"苏堤"使西湖恢复了往日的美丽，自身又成为新的一景。每至夏季，湖中荷叶葱翠、莲花点点，堤上绿柳成荫、风光旖旎。最美时分首数春季清晨，满堤桃红柳绿、雾晓烟轻、莺声鸟鸣，让人感觉到大自然那天衣无缝的和谐与浓情，因此人们将之作为西湖十景之一，称"苏堤春晓"。

苏轼为杭州作出贡献，杭州的山水也唤起了诗人的才情，留下瑰丽诗句：

"水光潋滟晴方好，山色空蒙雨亦奇；欲把西湖比西子，淡妆浓抹总相宜。"[59]

诗人带着梦赴任一方，结果一方水土不但编织进了诗人的梦里，也使这梦成了现实（图6.39）。

## （2）诗学修养的为政之道

《西湖游览志余》有云："杭州巨美，得白、苏而益彰"。两次出仕杭州的苏轼后来以杭州人自居"自意本杭人"[60]，和白居易一样，以诗家之博爱精神，对杭州山水有深深的眷恋，对杭州人民有深厚的感情。带着这样的精神感情，白居易、苏轼前后为政杭州，理城池、浚

图6.40　烟柳画桥，风帘翠幕……云树绕堤沙——人间天堂

西湖、筑长堤、咏湖山。"白堤"与"苏堤"是最好的证明，堤名均不是官方所命，正反映了白、苏二人深得民心。"白堤"和"苏堤"既是雪中送炭的实用基础工程，又是锦上添花的两处胜景——两堤辉映、穿湖而过，如西湖上两条梦幻飘逸的彩带，千古流芳、永存其名。从中我们看到了白、苏二人都以其深厚的文化水准和诗学修养，将实用价值、人文价值和美学价值高度统一，故其治下的杭州达到了环境、经济、社会统一的良好效果，才有了环以湖山、左右映带、人文与自然融为一体的和谐城市，才有了柳永笔下的"烟柳画桥，风帘翠幕，参差十万人家。云树绕堤沙……有三秋桂子、十里荷花"[61]的"人间天堂"（图6.40）。

传统杭州的城市建设与西湖山水之巧妙组合，充分表现了对"诗境"文化之追求，终而构成了一部山水与人文交融的"诗境城市"之经典。而这部"经典"的形成，与诗人长官的执政管理有莫大的关系。有道是"文如其人"，文章的面貌反映出作者的气质，同样，城市的和谐优美考验出这个城市营建管理当局的文化涵养。今天，我们许多的城市建设被人质疑、

诟病和不满，对个中原因的追问，比照白、苏两位前贤，是否能够获得启示？我们现在城市建设中的种种误区与不和谐，其背后必能发现城市管理当局的种种行政理念失当。反过来在思考为政之道时，从白、苏二人"德泽雅韵满余杭"[62]的启示中，是否可以应该将行政长官的诗教文化涵养作为一项重要内容？

"与物为春政自高"[63]——"春"是人对物（自然）不生违逆、雕琢的态度和心、物遇合的心灵愉悦。"与物为春"即是这样一种人与自然和谐相处、毫无功利之心的审美态度和生活态度，乃是因和谐融洽的物我关系所引发的审美体验。表现在城市行政管理上，就是城市行政关键要保证城市与环境的和谐相处，进而达成一方人民与环境自然之间心、物相感相通而"应目会心"的"畅神"，如此自然就是高明的政绩。以此为基础才有可能达成行政当局与人民群众及人民群众之间的社会融洽，最终迈向诗意栖居。这不是为政之道的城市文化价值观到底是什么，起码这是一个值得现在所有城市行政当局官员深思的重要课题。

## 注释

［1］晋·陆机.文赋
［2］钱学森语.转引自傅礼铭.山水城市研究[M].湖北科学技术出版社,2004:4.
［3］清·刘风诰.题济南大明湖.
［4］清·俞樾.题湖心亭.
［5］唐朝诗作，参见易国民.话说宜春.中国宜春政府网.
［6］指云南大理古城.
［7］宋·刘克庄.簪带亭.
［8］明·朱衣.大别山.（武汉龟山古又称大别山）.
［9］宋·郭祥正.郡城眺望.
［10］明·汤显祖赋诗.
［11］毛泽东.菩萨蛮·黄鹤楼
［12］唐·杜甫.登楼.
［13］叶峻.自然生态、社会生态与社会生态学[J].贵州社会科学,1998,4:25-31.

［14］P. 亨德莱. 生物学与人类的未来 [M]. 科学出版社 ,1977:254.

［15］海德格尔的"天、地、人、神"系统尚带有西方宗教（神学）的影子，比较来说老子"天、地、人、道"系统不依赖宗教（神学）而更把握世界本原.

［16］现在国际上有部分生态研究与保护专家反对"生态建设"这样的词汇，认为"生态"就是地球原生自然，是不能被人去"建设"出来的，"生态建设"这一词汇反倒为那些打着"建设"旗号实为破坏生态的行为开了绿灯.

［17］由于对"文脉"的翻译有争议，这里稍作一点辨析。在中文语境中"文脉"可理解为"文化之脉络"，而文化是经长期历史积淀形成的，因此文脉经常与历史连用成"历史文脉"一词。就专业内所提的"文脉"，译自英文"context"，强调新建建筑尊重既有的建成建筑及其环境并与之协调，可能因为在欧洲所谓已建成建筑往往就是历史建筑，所以"context"到了中国一开始就被译为"文脉"。但就"context"的本意是"上下前后之间（上下文）的关系"，它应是一个不带文化感情色彩的中性客观概念，故有人认为译为"文脉"不恰当，由此"context"单译为一"脉"字即可，但译为"文脉"已成习惯，实际使用中"文脉"与"文化"确有紧密关联，笔者认为对"文脉"的理解除应结合英文原文外，也应在中文语境中理解，并根据实际情况有概念延伸.

［18］转引自刘沛林. 人居文化学——人类聚居学的新主题 [J]. 衡阳师专学报（社会科学版）,1998,1.

［19］杨俊. 保护历史建筑延续上海文脉 [N]. 新民晚报 ,2006-5-8.

［20］陈丹青. 退步集·心理景观、建筑景观与行政景观——同济大学建筑学院讲演 [M]. 南宁：广西师范大学出版社 ,2005:34.

［21］瑞典·喜仁龙. 北京的城墙和城门 ,1924. 转引自李江树. 创巨痛深老北京 [J]. 中国作家 ,2006.06.

［22］梁思成. 中国建筑史 [M]. 百花文艺出版社 ,2005.

［23］丹麦建筑与城市规划学家罗斯穆森《城镇与建筑》："整个北京城（平面设计）匀称而明朗，是世界奇观之一，是一个卓越的建筑物，是一个伟大文明的顶峰。"美国建筑学家贝肯《城市建设》："在地球表面上，人类最伟大的单项工程可能就是北京城了。这个中国城市是作为封建帝王的住所而设计的，企图表示这里乃是宇宙的中心。整个城市深深沉浸在礼仪规范和宗教仪式之中……它的（平面）设计是如此之杰出，这就为今天的城市（建设）提供了丰富的思想宝库。"美国规划学家亨瑞·S·丘吉尔："北京是三维空间的设计，高大的宫殿、塔、城门所有的布局都具有明确的效果……金色的琉璃瓦在单层普通民居灰暗的屋顶上闪烁……大街坊被交通干道所围合，使住房成为不受交通干道所干扰的独立天地，方格网框架内又有无限的变化。"（以上转引自 李江树. 创巨痛深老北京 [J]. 中国作家 ,2006.06）

［24］、［25］李江树. 创巨痛深老北京 [J]. 中国作家 ,2006.06.

［26］明·周鼎（桐村）. 西塘晓市 .

［27］明·孔尚任. 桃花扇 .

［28］转引自 李江树. 创巨痛深老北京 [J]. 中国作家 ,2006.06.

［29］明·岳文肃公正. 都城郊望 .

［30］青囊海角经 .

［31］明·计成. 园冶·兴造论 .

［32］唐·白居易. 初领郡政衙退登东楼作 .

［33］相当于现在的市长 .

［34］《西湖游览志》载："白乐天守杭州，政平讼简。贫民有犯法者，于西湖种树数株。富民有赎罪者，令于西湖开葑田数亩。历任多年，湖葑尽拓，树木成荫"，"倚窗南望，沙际水明，常见浴凫数百出没波心，此景幽绝"。

［35］唐·白居易. 别州民 .

［36］据考证，如今西湖上的"白堤"并非当时白居易做的那条，但人们为了纪念白居易，还是愿意把现在西湖上的那条堤称为"白堤"。这种历史形成的误解，体现着人民的情感，已经成为历史的一部分。

［37］唐·白居易. 钱塘湖春行. 钱塘湖即西湖，该诗作于唐长庆三或四年春（823～824）正任杭州刺史时。

［38］唐·白居易. 春题湖上 .

［39］唐·白居易. 杭州春望 .

［40］唐·白居易. 余杭形胜 .

［41］唐·白居易. 春题湖上 .

［42］唐·白居易. 江楼晚眺景物鲜奇吟玩成篇寄水部张员外 .

［43］唐·白居易. 留题郡斋 .

［44］唐·白居易. 醉后狂言酬赠萧殷二协律

［45］唐·白居易. 西湖留别 .

［46］唐·白居易. 三年为刺史 / 之一 .

［47］唐·白居易. 三年为刺史 / 之二 .

［48］唐·白居易. 寄题余杭郡楼兼呈裴使君 .

［49］唐·白居易. 杭州回舫 .

［50］唐·白居易. 送姚杭州赴任因思旧游 / 之一 .

［51］唐·白居易. 送姚杭州赴任因思旧游 / 之二 .

［52］唐·白居易. 忆江南 .

［53］宋·苏轼. 去杭州 .

［54］宋·苏轼. 虞美人·有美堂赠述古 .

［55］语出自宋·苏轼. 谢晴祝文

［56］注：即副知州，相当于现在副市长 .

［57］语出自《吏林正气集》。转引自电视专题片《水与中华》解说词. 央视网 http://space.tv.cctv.com

［58］宋·苏轼. 轼在颍州 .

［59］宋·苏轼. 饮湖上初晴后雨 .

［60］宋·苏轼. 送襄阳从事李友谅归钱塘 .

［61］宋·柳永. 望海潮 .

［62］语出自王水照，崔铭. 苏轼传. 天津：天津人民出版社 ,2000-01-01.

［63］宋·罗与之. 寄个梅兄. 其中"与物为春"语出自《庄子》，是庄子美学中的重要观念。

# 6.5 西安规划"诗境"蕴含解读

关中大地自古贤才辈出，深厚的历史积淀起西安这座三千年古城和千年古都，在中国历史前半期繁荣昌盛的周、秦、汉、唐时代，西安作为国都其经济文化高度发展，影响力通过丝绸之路远播到东、西各方。

自 2000 年以来，西安市启动了一系列的规划与建设，例如明城墙修复贯通、浐灞生态区、曲江新区、唐皇城复兴等。与此同时，新的一轮城市总体规划着手进行，2008 年，《西安市城市总体规划（2008-2020 年）》获得了国务院批复，确定了西安城市性质为：陕西省省会，国家重要的科研、教育和工业基地，我国西部地区重要的中心城市，国家历史文化名城，并将逐步建设成为具有历史文化特色的现代城市[1]。

纵观西安规划与建设，其中"诗境"蕴含主要表现在如下两个方面。

## 6.5.1 山、水、城关系统筹

### （1）保护城乡一体的大生态环境体系，展现城市山水意境

古代称赞西安"沃野千里"[2]、"四塞之国"[3]，从地理环境看，其主要特征是"面山、水绕、倚塬"。西安地处平原腹地，南依横亘秦岭、面对终南山；北傍渭河、泾河，共有沣、涝、潏、滈、浐、灞诸水经流；山水间又形成许多风景优美的台塬，如白鹿塬、龙首塬、乐游塬、凤栖塬、少陵塬等。从现在的西安行政辖区来说，有东西长 200 公里、南北宽约 100 公里的带状依山傍水之格局。

西安市城市总体规划力图统筹城乡一体的大生态环境之科学与美学关系，提出把西安建设成为"山、水、城、田、塬"协调共生，人

与自然和谐共处的生态城市之目标。为此，按照西安的自然、历史地貌特征，在城市规划区范围内首次划定了数类城市禁建和限建区，其中包括规划基本农田保护面积 2552.11 平方公里，并划定至 2020 年全市耕地保有量 3082.51 平方公里[4]；还包括秦岭自然保护区、河湖水系保护区和自然塬坡等，旨在通过保护田园、森林、湖泊、河流、湿地等，维护一个城市赖以可持续发展的科学基础。

保护也是一个以多种形式来增加绿地的方式，规划绿地指标上达到了国家园林城市的标准，至 2020 年，规划主城区城市绿地面积达到 70.40 平方公里，其中公共绿地 63.40 平方公里，人均公共绿地达到 12 平方米[5]。

特别是分别依托城市南面的秦岭北麓自然生态屏障和城市北面的渭河流域湿地，规划确定了以山为特征的"秦岭北麓山地生态环境建设保护区"和以水为特征的"渭河流域湿地生态环境建设保护区"。最终，以此两个保护区为主体，结合自然的"山"、"林"、"塬"为骨架，以各级风景名胜区、遗址保护区、自然保护区为重点，以主要河流、交通廊道沿线绿色通道为脉络，形成城乡一体的"大水大绿"之大生态环境体系（图 6.41）。

大生态环境体系也是构建城市"诗境"美学的重要源泉和基础。可以相信，按照总体规划一步步实施，经过一系列的城乡一体大生态环境保护和恢复，唐代骆宾王所描述的"五纬连影集星躔，八水分流横地轴"[6]（图 6.42）和杜牧颂扬的"洪河清渭天地浚，太白终南地轴横"[7]之城市山水诗境将再现和永存。

图 6.41 洪河清渭天地浚，太白终南地轴横——西安市域绿化体系规划之大生态环境体系

图 6.42 五纬连影集星跛，八水分流横地轴——西安大生态环境体系散发出的山水诗境

## （2）现代市政工程结合历史意象，重现诗情画意

远在两千年前，西汉司马相如称颂："荡荡乎八川，分流相背而异态"[8]，是指古长安依山傍水，有以"渭、泾、沣、涝（潦）、潏、滈、浐、灞"八河为主的众多河流缭绕长安，它们既是古都人民民生的基础，又构建了长安独特的风景美学，故今天提起西安的水环境，人们总不免向往昔日"八水绕长安"的盛景。

"八水绕长安"具体乃是"潏滈经其南，泾渭绕其后，灞浐界其左，沣涝合其右"[9]。其中，"潏滈经其南"——潏河和滈河流经长安城南，著名的"樊川"就是潏河经过少陵塬、神禾塬之间形成的一个地沃景美的平原；"泾渭绕其后"——泾河和渭河流经长安城北，横贯关中平原，为"八水"中最大两条河，西汉时期就有"引渭"、"凿泾"等大

型漕运和灌溉水利工程；"灞浐界其左"——灞河和浐河流经长安城东，唐代起灞河沿岸遍植柳树，春天柳絮纷飞如雪，造就了著名长安八景之一"灞柳风雪"，留下"折柳送别"之典故[10]；"沣涝合其右"——沣河与涝河（又称潦河）流经西安之西，沣河两岸有西周的丰、镐二京，秦咸阳、汉长安位于沣河、渭河交汇处，汉、唐时引沣河水形成昆明池，古代沣河沿岸景色秀丽，唐人祖咏写道："南山当户牖，沣水映园林"[11]。

由于历史、气候、人类活动等种种因素，这些河流大多已水量很小甚至断流，而且污染严重。为实施城市总体规划确立的恢复"八水绕长安"之旖旎景观，西安启动河流综合治理与流域生态重建，并发展符合区域实际的特色产业。值得一书的是成立了浐灞生态区（图6.43），这里枕二水、依三塬、连秦岭，曾是被誉为"浐灞之间，三辅胜地"的重要区域。但在浐灞生态区组建之前，这里已是水灾频繁、水环境污染、垃圾围城、沙坑遍布，一幅破败景象。根据西安市总体规划，浐、灞河采用全流域治理，综合治理区域为129平方公里，其中，集中治理区89平方公里[12]。2005年起，

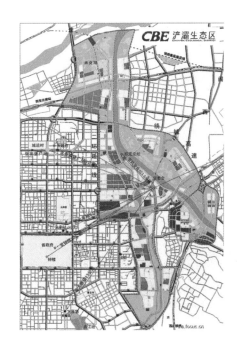

图6.43 西安浐灞生态区规划

浐灞河区域综合治理全面铺开，因地制宜地完成了几项重点水生态建设工程，包括建成百年一级生态化堤防、沿浐河两岸铺设截污管道、封堵排污口，还有桃花潭生态景观工程、雁鸣湖湿地工程和广运潭生态景观工程等。通过大力治理，使浐河城市段水体水质由劣V类达到地表Ⅲ～Ⅳ类水标准，曾经是污染、垃圾、采沙聚集泛滥的两河流域，正在实现由生态重灾区向生态补偿区的转变。

以位于浐、灞交汇处的广运潭（潭名系唐玄宗所赐）生态景区为例（图6.44），截止污水排放，关闭了沿线22个沙场，利用原采沙坑和河滩地建成新广运潭，占地面积共1100亩，平均水深1.5米，共蓄水110万立方米[13]。完全建成后将新增绿地面积492.78万平方米和水面511.3万平方米，平均每天可以吸收二氧化碳900吨[14]，产生氧气650吨，年滞留粉尘1090吨，极大提高西安市整体空气质量，有效改善人居环境。生态环境改善也引来该区域经济大发展，欧亚经济论坛会址、商务中心、丝绸之路国际贸易区、广运波庄等一批项目在

此落户，浐灞将成为带动西安社会经济文化快速前行的重要引擎力量之一。

现在的浐、灞生态区，呈现出湖光倒影、垂柳掩映和游船划波的美景，阔别已久的诗情画意重现了，曾经消失的长安八景之一"灞柳风雪"又回来了，成了西安人心目中欣赏水景、放松心情、享受水边生活的首选之地，延续既是自然河流、更是文化河流的辉煌历史，人们在灞河岸上重温"杨柳含烟灞岸春，年年攀折为行人"[15]、在浐河水边再现"青门烟野外，渡浐送行人"[16]的动人景观，正是："天下风光何处好？八水三川，自古长安道"[17]。（图6.45）

## 6.5.2　承续名城唐风

### （1）多层次保护历史文化名城

西安古称长安，是我国历史上建都时间最长的都城，共有13个王朝在此留下1100多年的建都史。其中，公元6～9世纪长安是人口超百万的世界最大城市，城墙内面积84平方公里，是全世界向往之地和整个华夏民族的文化、精神的中心。现有文物保护单位国家级重点23处、省级重点62处、市县级134处，登记在册文物2944处。辉煌历史留下丰厚的地上和地下遗存，堪称天然的中国历史博物馆。

为此，城市规划确立了历史文化名城的多方位保护概念。以保护优先、有机更新为原则，整合历史资源，挖掘文化内涵，弘扬优秀传统文化，重点保护传统空间格局与风貌、文物古迹、大遗址、河湖水系等，对历史文化遗产的全面保护（图6.46）。其中具体确立了保护包括自然生态环境及历史文化环境、城市历史格局、都城遗址、非物质文化遗产等13项内容，包括对地下文物埋藏区的强化保护，特别是周丰镐、秦阿房宫、汉长安城、汉杜陵、唐大明宫等大遗址，以遗址公园（图6.47）等多种形式明确界定了大遗址、古陵墓区、寺庙院落等

图6.44　青门烟野外，渡浐送行人——广运潭规划设计

图6.45　天下风光何处好？八水三川，自古长安道——重现诗情画意的浐灞生态区

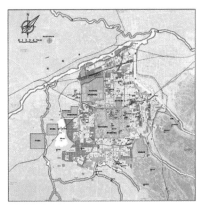

图 6.46　西安历史文化名城保护规划图　　图 6.47　大气磅礴的唐城墙遗址公园——迎山接水的城市公共空间

图 6.48　重现风采的西安老（明）城墙及护城河

图 6.49　西安老城（明城墙内）保护规划图

大遗址和重点文物保护单位保护区域。

　　城墙是古城的重要标志。西安古城墙始建于明朝洪武年间，是在隋唐皇城的遗址上扩建而成，是中国现存规模最大且保存最好的古城垣。城墙自建成后共有三次大规模维修，前两次分别在明、清，第三次是自 1983 年开始，通过实施环城建设工程，对历经 600 年的古城墙进行了大规模修复，采取保护文物和复建相结合方式，对裸露的明城墙黄土覆盖城墙砖石，其他缺损部分采用"中空外墙"方式修复，达到与原城墙浑然一体。还复建了已被拆毁的东门、北门箭楼、南门闸楼、吊桥，展现古城墙的整体风貌，并建成环城墙公园，从而使这座古建筑焕发了古韵新辉风采。2004 年接拢了西安火车站前最后一段"缺口"，从此周长 13.74 公里的西安古城墙全线连通，以完整、

雄伟的身姿展现在世人眼前，中外来宾尽可沿着宽敞平展的城墙绕城一周，欣赏古城的浑朴与秀丽（图 6.48）。

　　着重对老城（明城）进行了整体保护（图 6.49）。在"老城"保护规划中，提出了保护历史街区、恢复老城传统空间格局：即平面形状、方位轴线、路网格局、城墙、护城河系统以及由街、巷、院构成的空间层次体系。形成"一环（城墙）、三片（北院门、三学街和七贤庄历史文化街区）、三街（湘子庙街、德福巷、竹笆市）和文保单位传统民居、近现代优秀建筑、古树名木"等组成的保护体系[18]；建设环城西苑二期工程，完成顺城巷环境综合整治，治理朱雀门－五味什字段环境等工程；合理调整用地结构，改善老城的城市功能，增强老城活力，通过一系列保护措施，逐步改变西安老

城"有古城墙而无古城"的局面，最终通过保护一系列有形及无形的历史文化遗产来展现西安地区独特的文化特色及内涵，延续历史文脉，构建具有古城特色的和谐西安（图6.50）。

## （2）"九宫格局、轴线突出"的规划布局延续古都空间文脉，统筹古今发展

城市总体规划采用了"九宫格局、轴线突出"的布局。其中，"九宫"具体指：中心的唐城区、东部的国防科技区、西部的综合工业区、南部的科研文教区、北部的经济开发区、东南部的曲江旅游度假区、西南部的高新技术产业开发区、西北部的汉城遗址、东北部的浐灞生态区。这样每一"宫格"都有不同的定位，也就明确了城市各区块功能与发展方向及风貌特色，逐步把不适宜中心区发展定位的城市功能迁移，中心区与外围组团、新城之间，以交通轴、大遗址、生态林带、楔形绿地等为间隔，形成功能各异、虚实相当的"九宫格局"。

"轴线突出"则合理地延续和发扬了盛唐时留下的城市空间历史遗产——"长安龙脉"——南眺终南山、北望渭水、纵贯西安南北的一条城市主轴。还有一东西轴线系统，即

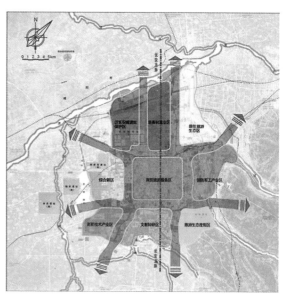

图6.51　轴向伸张，九宫格局——总体规划布局结构

以钟楼为中心、东西大街的轴线，它与南北轴十字相交，形成西安棋盘结构的"十"字形格局。

"九宫格局、轴线突出"是对西安古都建设文脉的合理继承和发展，是对半个世纪以来西安现代建设所形成的城市图式之概括，是对城市发展方针的整体描述和发展模式的优化选择（图6.51）。在对古都西安的城市规划，新唐风创造和古都保护中，张锦秋大师功不可没，为表彰她的贡献，国际天文学界把中国人发现的一颗行星命名为"张锦秋星"。她和其他有志者对西安总体规划作了诗意的解读：

　　古城中央，轴向伸张，九宫格局，虚实相当；
　　初期发展，东西南向，古城保护，控制中央；
　　近期发展，南北延长，高新经济，曲江空港；
　　功能整合，各有特长，卫星棋布，米字方向；
　　户县周至，兰田阎良，韦曲高陵，临潼咸阳；
　　放眼关中，集群带状，九城之都，大市泱泱。[19]

## （3）提出"唐皇城"复兴宏大规划，构建东方大唐神韵城市

经过改革开放30多年的发展，城市化进程超乎人们预计，也使古城风貌剧然改变，就在古城墙全线贯通后，许多中外游客被其

图6.50　西安古城历史街区保护

风采和神秘感吸引上城，却见到古城墙内现代高楼大厦"丛林"，这哪里是人们向往中的那座古城？更不是那座历经荣耀与辉煌的盛世大唐古都。无法掩饰的失落感让游客匆匆一游即离去，很快忘记了唐长安城的存在。为改变"有古城墙而无古城"的局面，西安最初着手进行"老城（明城墙以内）百年规划"，后经考证，现存的老城 11.7 平方公里全部在唐长安城的城址范围上，并且老城面积的 2/3 为唐长安城的皇城和宫城（图 6.52），因而提出了"唐皇城"复兴的宏大概念与规划，即是指复兴以盛唐为代表直至明清，包括近现代城市建设成就的完整链条，复兴极具地方文脉特征的古都风貌，特别是凸显中国最辉煌的盛唐文化，以符合国人对古都的心理期待，并以之带动城市现代发展，最终构建具有东方大唐神韵的现代城市。

20 世纪 80 ～ 90 年代，通过陕西历史博物馆等，让人看到了大气、开放的唐风建筑。如今已不满足于仅从单座建筑"点"，而是要从整座城市"面"上展现向往中的大唐，"唐

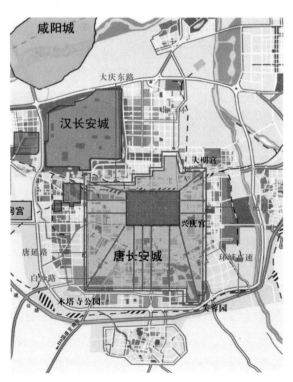

图 6.52　唐长安地图示意

皇城"复兴规划就是从城市"面"意义上对以下内外三个层次范围拟定的、时间长达 50 年坚持不懈的长远规划：内层范围——以外环城路（沿明城墙外）为界，是"唐皇城"核心区，用地面积 13.11 平方公里；中层范围——以环城路中线外延 200 ～ 500 米的区域作为"唐皇城"协调区，用地面积 7.23 平方公里；外层范围——依据原唐长安城范围划定了总面积 84 平方公里的宏大区域（设立为规划控制区），包括大明宫、兴庆宫、青龙寺、曲江、大小雁塔、唐城林带、东市、西市、木塔寺、兴善寺等历史遗迹节点。

1）内层范围：再塑古城意象

首先在内层范围内，以再塑古城意象为核心主题，规划逐渐弱化和迁移现在其内的行政、交通、居住等功能，降低人口密度，结合旅游和当代城市生活需求强化其旅游观光、文化交流功能。内容包括三大方面：

其一，更严格地保护城内所有（主要是明、清时代的）古迹建筑与历史街区，并在其周围结合旅游、特色商业等，运用传统建筑语言，如坡屋面、墙线脚、挑檐等建筑造型构件，以白墙、灰顶为主，点缀以褐色壁柱等造型构件恢复传统街区气息，沿街商业店铺建筑，采用传统建筑的尺度，通过屋顶和门窗细部处理营造历史街区氛围。

其二，重点再塑"唐皇城"历史意象——恢复经考证界定的唐皇城与宫城的城市肌理，特别抓住了可以指认城市空间历史构架的轴线景观系统（包括朱雀路、莲湖路、东西大街、南北大街、含光路、柏树林路，延伸了朱雀门通向城内的历史纵轴，如过去唐皇城御道之宽 180 米的开放空间朱雀广场、太极公园等）和城市节点地标系统（包括东、西、南、北各大城门以及火车站等城市主要门户和城楼、钟楼、承天门等古城地标）等，并逐步改造周围现有建筑，形成大片古朴浑厚的唐风建筑街区，再现辉煌古都风貌（图 6.53）。

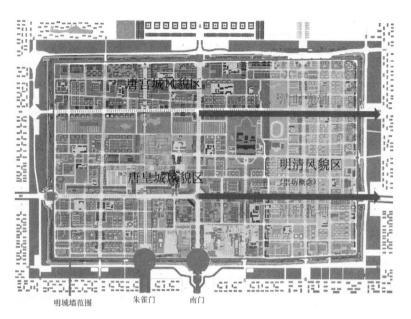

图 6.53　古城风貌分析图

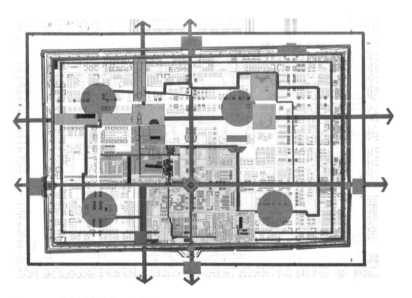

图 6.54　唐皇城总体布局规划图

其三，营造与古城意象协调的现代里坊单元和城市活动场所：规划推动与传统里坊概念结合的邻里单元模式，每一单元面积 20~25 公顷，容纳 5000 居住人口，范围内保留原有小学、中学，并设置邻里公园、社区中心，并规划人车分离交通线路；同时，结合历史节点，开辟系列城市公共文化活动场所，包括环城园林、东、西、南、北大门广场、大街广场、横街广场、太极广场、钟鼓楼广场、革命公园、莲湖公园、新城广场沿线等。

再塑古城意象，超越单纯考古学意义，是具有历史延续性的城市文化发展和城市建设概念，其中"唐皇城"历史意象更是跳出了明清风貌与现代城市发展窠臼所营造的更久远、更能表达中国曾经盛世历史的古城意象，为世界性的西安确立新的远景与方向（图 6.54）。可以设想，徜徉在这个弥散着历朝古风和遗韵的古城大街小巷中，将会唤醒对城市久远的记忆，发现丰富历史的美感。在这里将会发觉历史、人文的厚重遗存随着时间的推移而积淀成巨大的财富，令人情不自禁地梦回前朝，遥想当年情景，勾画当时繁华，任历史与现实若即若离地在眼前交错叠映。

2）中层范围：协调古今

中层范围的风貌协调区，规划要求充分考虑与古城的协调，建筑风格应尽量将传统与现代语汇结合，创造出既有传统特点，又富有时代精神的建筑风貌，形成旧城与新区之间的过渡区。

3）外层范围：再现与演绎大唐胜景，在追思历史中建构城市现代发展蓝图

在外层范围，先围绕长安城南著名的历史建筑大雁塔展开城市公共环境建设。

带着唐朝"玄奘藏经"、"雁塔题名"的经典故事（图 6.55），2004 年以唐文化为主题的大雁塔北广场正式免费向西安市民和游客开放，西安从此有了与自身傲人的历史文化资源相匹配的城市客厅。广场上布置初唐时期的"贞观之治"文化景观，八位大唐精英人物雕塑和"贞观之治"丰盛的艺术画卷都在那里展示。大雁塔北广场的开放，大幅提升了西安在全国甚至世界心目中的城市形象和地位。

一池曲江、半个盛唐，留下"曲江流饮"故事。曲江，这个历史上最负盛名的皇家园林起始于秦，汉时疏凿扩大水源建成一个周长达五六里的大池，隋朝池中广植芙蓉易名"芙蓉池"。唐代曲江进入最繁荣兴盛的时期，唐玄宗对曲江进行了大规模扩建，修建了紫云楼、

图 6.55　雁塔题名——大雁塔北广场

彩霞亭、临水亭、水殿、山楼、蓬莱山、凉堂等建筑，并建了从大明宫途经兴庆宫直达芙蓉园的夹城（长 7960 米，宽 50 米）。经过唐玄宗的扩建，芙蓉园内宫殿连绵，楼亭起伏，其盛况空前，各类文化活动也趋于高潮，唐玄宗经常在此举行盛大的祭祀、宴庆及节日巡游活动与民同乐，百姓也为一睹皇帝尊容而踊跃参加，有诗记载："上巳曲江滨，喧于市朝路；相寻不见者，此地皆相遇"[20]。斗转星移，随着唐王朝的衰亡，曲江也逐渐败落退出了那风云际会的历史舞台，宋以后曲江水系干涸，地上建筑荡然无存。

然唐代诗人们为曲江留下了无数诗篇，在唐诗里曲江还在舞动着婀娜的身姿，《全唐诗》收入的 500 多名诗人中，竟有一半以上曾吟咏曲江。"烟气笼青阁，流文荡画桥"[21]、"容辉明十地，香气遍千门"[22]、"鱼戏芙蓉水，

莺啼杨柳风"[23]……，更有大诗人杜甫"三月三日天气新，长安水边多丽人"[24]，"忆昔霓族下南苑，南苑万物生颜色"[25]生动地展现了唐长安的富庶与开放，被后世作为"盛唐气象"的典型画面和题材。动人诗句让人怀念唐朝，证明了曲江代表着西安繁华的过去，意寓着这座城市最绚烂的历史。

2004 年，随着重开曲江水建成的大型主题公园——"大唐芙蓉园"开园（图 6.56），人们再次近距离体验到曲江往日的大唐气象，也标志着"唐皇城"复兴规划在外层范围的全面启动。重开的大唐芙蓉园中亭台楼阁、雕梁画栋，包括有紫云楼、仕女馆、御宴宫、芳林苑、凤鸣九天剧院、杏园、陆羽茶社、唐市等众多景点。例如唐市展现当时各国使节的频繁往来及民间"商贾云集、内外通融"、"四方珍奇，皆所积集"的繁荣景象，陆羽茶社则集中展现唐代茶道文化。全园分为十二个文化主题区域，从帝王、诗歌、民间、饮食、女性、茶文化、宗教、科技、外交、科举、歌舞、大门特色等方面全方位再现了大唐盛世的灿烂文明，集中展示了唐王朝横贯中天、辉耀四方的精神风貌和璀璨多姿、无与伦比的文化艺术。特别是在园中观看大型诗乐舞剧《梦回大唐》，创演盛世气概，达到游园高潮（图 6.57）。

大雁塔及北广场、大唐芙蓉园让隐形的历史成为有形的风景和可观文化产业，以之为核心，西安市成立"曲江新区"，辐射带动区域

图 6.56　大唐芙蓉园总平面

图 6.57 梦回大唐——大唐芙蓉园组景

面积 46 平方公里在（大明宫遗址保护区、法门寺文化景区、楼观台道文化展示区）。曲江新区以盛唐文化为品牌，挖掘深厚历史遗存，在大雁塔北广场、大唐芙蓉园之后，继续建设"大唐不夜城"、"曲江池遗址公园"等几个重大文化旅游项目，使曲江新区成为旅游胜地，并带动了城市发展（图 6.58）。现在一进入曲江新区，就能感受到古代长安的壮阔之美，遥想当年曲江一地人潮涌动，车马如流，上至皇帝、三公，下至黎民百姓，尽在此游玩、设宴，或观赏乐舞百戏，或泛舟曲江池中，这种开阔恢宏的公共文化气氛，成了现代曲江新区发展的最为重要的文化遗产和基因。

通过"大唐芙蓉园"及曲江新区开发我们看到，"唐皇城"复兴不是被动"复古"，而是顺应文化复兴的大潮，通过复兴规划，提升西安文化历史在中国同等城市中的代表性和唯一性，实现对传统的创造性转化。它一方面忠于历史，以"唐"为其时间坐标、以老城作为其空间坐标，寻找周、秦、汉、唐以来的历史印记和文化遗存，认真加以挖掘、整理及保护；一方面以"唐文化"为切入点，弘扬优秀传统文化、振兴文化精神，打造一个涵盖西安各历史时期的、完整的文化板块，使城市更富人文精神、更具文化魅力，以构建具有东方文化神韵的城市，并以文化带动经济，增强城市整体竞争实力，凸现古都风貌的大气派，建构重返世界中心地位的发展蓝图。

图 6.58 西安曲江新区规划

# 注释

［1］《西安城市总体规划 (2008 — 2020 年 ) 概要》. 西安市规划局网站 (www.xaghj.gov.cn),2009-02-25.

［2］《前汉书》："夫关中左崤函，右陇蜀，沃野千里，南有巴蜀之饶，北有胡苑之利……"

［3］《史记·卷六十九苏秦列传》："秦，四塞之国，被山带渭，东有关、河，西有汉中，南有巴蜀，北有代马，此天府也。"

［4］、［5］《西安城市总体规划 (2008 — 2020 年 ) 概要》. 西安市规划局网站 (www.xaghj.gov.cn),2009-02-25.

［6］唐·骆宾王. 帝京篇

［7］唐·杜牧. 长安杂题长句六首之五

［8］西汉·司马相如. 上林赋.

［9］清·毕沅.《关中胜迹图志》卷三,《关中丛书》本. 转引自康震. 文化地理视野中的诗美境界——唐长安城建筑与唐诗的审美文化内涵 [J]. 文艺研究,2007.9.

［10］据《三辅黄图》记载："灞桥在长安东，跨水作桥，汉人送客至此桥，折柳赠别"。

［11］唐·祖咏. 苏氏别业.

［12］张宁. 山水相连之处——西安浐灞生态区. 光明网,2008-04-05.

［13］马益华，王文瑾. 西部大开发 10 周年，古都西安交出精彩答卷 [N]. 春城晚报,2009-07-01.

［14］张琦. 浐灞生态区——西安第三代新城正崛起 [N]. 西安晚报,2008-01-20.

［15］唐·杨巨源. 赋得灞岸柳留辞郑员外.

［16］唐·温庭筠. 早春浐水送友人.

［17］元·丘处机. 凤栖梧 寄东方学道者.

［18］西安市规划局. 西安城市总体规划 (2008-2020 年 ) 概要 [J]. 建筑与文化,200807.

［19］和红星. 凸显西安古都文化营造现代城市精神——西安第 4 轮总体规划修编的重点思考 [J]. 规划师,2004(12):13-15.

［20］唐·刘驾. 上巳日.

［21］唐·李峤. 春日侍宴幸芙蓉园应制.

［22］唐·周弘亮. 曲江亭望慈恩寺杏园花发.

［23］唐·张说. 赴集贤院学士上赐宴应制得辉字

［24］唐·杜甫. 丽人行.

［25］唐·杜甫. 哀江头.

# 7

住区规划建设的诗意栖居

# 7.1 住区规划建设的进步与误区

## 7.1.1 人居环境的改善与进步

### （1）改革开放前住房建设严重滞后

改革开放以前，我国城镇住宅建设实行国家包揽分配方式，鲍家声先生曾总结其为："一包、二排、三平均"[1]，"包"是国家包投资、包设计、包建造、包维修；"排"即排除居住者在住宅建设中的作用；"平均"就是住宅平均分配，实行低租金供给制。

但是按照"先生产、后生活"的指导思想，国家长期不重视住宅建设，又经过 1950～1970 年代的盲目生育和生育高峰，造成住房严重短缺，到改革开放前的 1978 年，全国城镇居民人均居住面积仅 3.6 平方米，城镇住宅面积总量只有约 40 亿平方米，而这其中 1949 年以后新建的仅占百分之十几[2]，即全国城市大部分人住的是陈旧不堪的新中国建立前的房子，迫于人口与住房的矛盾，一家三代八九口人挤在一套十几、二十平方米的住房里司空见惯，两三家人共居一户住房也非常普遍，十多户人家同处一个大杂院、共用一个厕所的情况也并不鲜见。

基本上改革开放以前的情况是住房紧缺，使人的基本的物理、生理需求都难以满足，更谈不上对居住环境质量上的追求。

### （2）改革开放后住房建设的改善与进步

1）住房建设持续发展，人均住宅建筑面积快速提高

改革开放以后，我国经济建设持续增长，人民生活水平快速提高，国家加大了住宅建设的投入，同时以 1983 年发布《城镇个人建造住宅管理办法》为标志鼓励城镇居民个人建造住宅。到 1993 年，城镇人均居住面积已达 7.4平方米，比 1978 年提高一倍多[3]。

进入 1990 年代中后期，国家全面实施了城镇住房制度改革，住房作为商品正式进入市场。特别是 1996 年联合国召开了第二届人居大会（简称"人居二"），根据会议提出的"人人享有适当住房"和"城市化进程中人类住区的可持续发展"两大主题，中国政府提出了《1996年中华人民共和国人类住区发展报告》（以下简称"96'国家报告"），加大城镇住房改革力度，全国绝大多数的城市都已出台了住房分配货币化方案，并颁布了一系列住宅商品化的配套金融、财税政策，住房分配体制有了根本性转变，住区建设的潜能得以极大地释放。至 2000 年，全国城镇年竣工住宅面积 5.1 亿平方米，农村竣工住宅面积 8.5 亿平方米[4]，同时城镇住宅人均建筑面积已达到 20 平方米，农村住宅人均建筑面积达 25 平方米。从 1996 年至 2000年期间累计看，"中国城镇建成住房约 31 亿平方米（含建制镇）、合 4430 万套，平均每年建设 6.2 亿平方米、合 886 万套；农村建成住房约 33.7 亿平方米，平均每年建设 6.7 亿平方米。城镇和农村年均建房数量均大大超过"96'国家报告"确定的目标；城镇住宅建设投资占国内生产总值的比重 2000 年达到 6.1%，高于"96'国家报告"确定的 4% 的目标"[5]。

2000 年以后，我国住宅建设更加提速，每年住宅建设量超 1990～2000 年期间年均一倍以上，例如 2006 年中国住宅竣工面积达 13.1 亿平方米，2007 年住宅竣工面积高达 14.6 亿平方米[6]。援引 2008 年初，建设部相关数据改革开放以来，随着经济的高速增长，我国的人居环境得到了巨大的改善，进入 21世纪以后，我国城乡每年新建住宅达到 13 亿平方米左右，其中城镇每年新建住宅 5 亿～6

亿平方米，住宅投资年均增长 19.8% 以上，城镇人均住宅建筑面积从 1990 年的 7.2 平方米提高到 2007 年 28 平方米[7]，从那时起我国已成为世界住宅建设年竣工规模最大的国家，取得了举世瞩目的成就。

2）住区综合环境质量不断提升

不仅是住宅"量"的提高，更注重了住区环境"质"的提升。城镇新建住宅更加注重环境、功能和质量，旧住区的改造充分尊重不同民族、不同习俗的传统文化，1990 年代中期以来，全国建成了一大批环境优美、建筑品质较高、配套设施完善、物业服务良好的住宅小区，住宅的综合质量有了较大的提高。农村住房也逐步向统一规划、配套建设、综合开发的方向发展。如北京、上海等城市近几年来在加大住房建设，实现住房总量增长的同时，致力于改善居民现有居住条件，对城市危房改造做了大量工作，取得了明显成效。

住宅建设数量快速增长的同时，住宅的功能配置、工程质量、装修水平和住宅小区的环境质量、综合配套水平也有了很大的提高。在绿色人居的建设方面，我国在过去的二十多年当中首先是集资进行建设，从而引发了绿色建筑挑战和实践创新行动，后来又向深度和广度拓展，形成了比较完整的生态理念，并建设一批体现生态、绿色、健康、亲情理念的住宅小区，使人居环境的整体性、系统性、根本性达到了一个新的高度和深度。最近又根据上述理念的深层次、多角度的科学内涵，提出了指标定量的要求，研究制定人居环境的量化指标和评价体系。

## 7.1.2 住区规划建设的误区

### （1）不尊重自然地貌特征

1）削足适履的场地处理破坏生态

目前住区建设普遍存在的一个问题，甚至恐怕可以说是严重的问题——不尊重场地的原生特征。不尊重场地的原生特征，也就不可能对场地作出应有的观察和观照而做出适宜场地特征的恰当设计，恰恰相反，对于场地的处理经常采取"削足适履"的办法。

其中有的规划设计师为求简单了事，或者是出于其他心理而无视场地原生特征，而对场地做肆意改动，往往将基地内茂密的山头"气概豪迈"地削平，将原有大面积水塘毫不留情地填埋等，甚至把这种做法当作有意识的"大手笔"，殊不知却造成住区环境生态质量下降，与自然的亲和力先天性地受损。例如 1990 年代所建武汉虹景花园别墅区，用地位于大湖泊水系末端的一个水汊，有着良好的地形起伏景观，巧妙地利用本可以为别墅区环境增辉，但实际情况却是将场地一律推平，建成后别墅一排排平整地排列，住区环境缺乏自然感，也没有特色，可以说浪费了这个选址；十几年过去，这种场地处理的思路并未好转。随州市某新建成的别墅区仍然执行的是无视场地丘陵起伏的有机特征，而一律推平的规划建设方式（图 7.1）。

更多的情况是设计师为着一个僵化的形式美学，强行推行一个先验形式的、自以为美的布局，而不是依据具体场地原生特征进行量体裁衣式的恰当设计。这种现象颇为普遍，即使是一些有所追求的知名开发商都是如此，例如万科开发的在南海所建"四季花城"，在规划设计中僵化地执行规整的半弧形几何图案，使得原生态的自然山体基本上消失[9]（图 7.2）。

图 7.1 别墅开发推平了原场地丘陵起伏的有机形态和植被——随州某高级居住小区

2）劳民伤财的"捡芝麻、丢西瓜"

可搞笑的是，许多住区开发先推平山头、砍伐树木，却又过后耗费巨资从别处移植大树，多次多处破坏环境；填埋了天然水塘，却又劳民伤财挖起人工湖，等等，不一而足。其实，不尊重场地原生特征而造成的住区生态环境下降和受损，再依靠后来花费巨资的绿化建设投入也往往于事无补，并且这种耗费巨资的绿化建设投入由于缺乏天然场地环境之依据，容易滑向陷入一种设计和建造上的"矫情"。总之，不尊重场地原生自然特征，又靠巨资投入再进行"环境建设"，实为舍本逐末，可谓一种"捡了芝麻、丢了西瓜"式的规划设计思路。

### （2）住区环境设计失态

1）建筑与环境比例失调症

不自然的住区环境首先表现在区内绿化景观偏少，甚至几乎没有。多数是因为容积率过高，建筑体量过大，而使住区环境拥挤不堪，建筑与环境比例失调，没有给绿化景观留下多少空间，满眼是冰冷的混凝土，这是个不宜人的住区空间，回家得到的不是心理放松，反而给人造成极大的心理压力。

在一些早期开发的楼盘中，特别是在老城区内开发的楼盘中，这种现象比较突出，片面追求利润，忽视法律法规和规范规定，造成住区内部分住宅不能保证阳光和健康的气流等基本要素，甚至出现近乎"握手楼"乃至"亲吻楼"，终年不见阳光，空气污浊，严重影响人的身心健康，住区环境更是无从谈起。

2）景观环境设计单调冷漠症

有的居住楼盘虽然提供了合乎规范面积的，甚至是比较大面积的景观环境空间，但是缺乏适宜的景观设计，表现为设计过于简单、粗糙和空洞，反映出设计师思想的贫乏与麻木，以至于住区景观环境空间单调、冷漠，没有人气（图7.3）。

3）景观环境设计堆砌臃肿症

如果说建筑与环境比例失调主要原因不在规划设计师的话，那住区环境景观设计本身的不自然则主要在于规划设计师观念上的失误，以致处理人工环境与绿色自然环境之关系时失衡，以过大面积的人工硬质环境（铺地、广场等）挤压了软质的植物环境的存在空间。更值得深思的是，如果说过去建筑与环境失调是因为经济能力不高而不得已，那现在却是一些投入巨资的豪华楼盘，因为开发商和规划设计师决策与设计概念上的错误，片面追求所谓大手笔、大气派，将大面积的混凝土覆盖的广场设在住区环境中，使住区地表生态环境受损，同

图 7.2　僵化的形式美规划布局不顾场地原初环境

图 7.3　单调冷漠的住区环境设计

时也使得人们生活居住在不自然、不宜人的空间环境之中。

过去或许是经济实力所限，或许是设计师思想贫乏，造成住区环境设计曾经比较单调，缺乏人情味。但是，现在似乎又走向反面，患上了"景观豪华症"、"景观拥挤症"和"景观巨型症"等（图7.4），特别表现在一些"高档豪华"住区的公共环境设计中，热衷搞豪华水景园林，于是喷泉阵阵、雕塑连连；左一个图案花坛、几何水池，右一个尺度超大的气派广场、镶砖贴石……，极尽堆砌之能事，甚至还有一些浅薄空泛、牵强附会的、不惜破坏生态环境的尺度巨大的巨无霸"公共艺术"，导致住区环境有的犹如游乐场，有的犹如热闹炫耀的城市庆典广场。例如武汉市东湖边某水景楼盘里有大小喷泉多处，人工湖、叠泉瀑布也随处可见。它们都是采取机电式循环，使用钢筋混凝土湖底结构建成。这种做法浪费大量的水资源和资金，钢筋混凝土湖底割裂了与天然湖底的生态联系，最不妥的是，这种"亢奋"的景观设计并不适宜于住区的环境氛围。

在这种看似丰富的景观背后，从另一侧面反映了仍然是设计师思想的贫乏和麻木，是对住区

居民下班回家后需要轻松休息的生理和心理等需要的漠视，而那些不顾住区场所适宜性的景观设计"堆砌"，实际上是在制造"环境审美疲劳"。

### （3）居住楼盘欧陆风泛滥

#### 1）盲目洋化百相

建筑"欧陆化"：曾几何时，一种风潮刮得非常强劲，并且直到现在全国东、西、南、北许多地方仍热度不减，那就是全国上下无论什么地域都奉所谓"欧式风格"为圭臬，即建筑的所谓"欧陆式"。它不但在行政办公楼建筑中很风行，在许多楼盘更表现得极为盛行，于是一些小区楼盘里，满是"西班牙"别墅、"地中海"风情、"古罗马"会所、"巴洛克"大门，"下沉式威尼斯"广场等等。

楼盘命名"欧陆化"：楼盘命名也是"全盘西化"，诸如"蕾丹妮公寓"、"圣爵菲斯"、"托斯卡纳"、"比华利山"、"纽宾凯新时代国际公寓"、"威尼斯水岸"、"新里·派克公馆"、"凯莱丽景雅筑"、"诺丁山"等，让人不知所云。

环境景观设计也"欧陆化"：例如种植"模纹草坪"成为"风尚"，然而仅有草坪的环境不能达到营造生态环境的目的，这种追求短期景观效果的做法在许多楼盘都存在，盲目种植草坪实际是在营造华而不实的楼盘景观。

为了提升所谓的档次，还有许多住区不顾当地自然气候环境，盲目打造所谓"异域风情"，例如迷恋于移植热带海滨植物，打造所谓地中海风情等等。但由于热带植物移植到亚热带后存活率低，需要投入大量的养护费不说，有的树木因不能适应气候死亡。例如武汉市银河湾小区，花22万元巨资从国外移植来的热带植物佛肚树就因不能适应气候而死亡。

#### 2）"快餐文化"媚俗心态

这些所谓"欧陆式"大肆流行，首先是一种特殊的心态在作祟，那就是"贵族化的显摆心理"。大量的小区楼盘广告拼命标榜什么贵族

图7.4 "堆砌拥挤"的住区环境设计，豪华中带着"矫情"，难以使人心情自然、精神放松（组图）

享受,开发商生怕没有表现出所开发住区的豪华气质,买房业主也生怕没有显出高人一等的尊贵身份,可见"贵族化的显摆心理"实为一种不健康的心态,热衷于"欧陆式"的房地产开发商与设计师应该认真考虑,居住的本意是什么?

"欧陆式"的流行在"贵族化的显摆心理"之外,也事实上造成文化上的"自我殖民地化",并且这种虚拟的西方生活空间环境,给人的感觉大多不伦不类,不会使人有真正的归属感。而且这些煞有介事流行的"欧陆式"实际只是欧洲各国、各个时期、各种流派的一个凭着感觉的"快餐大抄",使人啼笑皆非。例如成都某临水楼盘的广告说:"沿袭迈阿密城市时尚、休闲规划的思想,汇聚上层社会的高雅格调,打造源于迈阿密海岸的原版别墅生活",这些广告看后令人如坠云雾之中。

这里请倾听一下学者罗小未先生的意见:"凡是鼓吹脱离群众、高人一等的建筑风格,都是与健康、道德和诗意格格不入的,不应提倡" [10]。的确,反倒是现代西方有识之士建议我们:"应减少对西方建筑风格的依赖,多注重些中国传统建筑独存的风格。如此灿烂文化的国家却要模仿舶来的二等货,而且抄袭来的比原样还差得多……" [11]。

### （4）居住小区割裂与城市的有机联系

现在许多居住小区,尤其是在郊区的居住小区规模越来越大,动辄上千亩的开发地块,号称进入了大盘时代,而这种超大型住区又往往采取封闭式管理,有的还相当戒备森严,由带刺栏杆、围墙、电子警戒装置和保安紧密包围,清晰地划分出住区的"内"与"外"空间,越是"高档"的住区越像军事重地,凸显自己的尊贵身份。

然而,这样的住区往往从开始的选址上就已经独立于整体的城市规划体系之外,加上或超大的规模,或偏远的距离,成了城市之外的

封闭和隔离之"孤岛"。这些"孤岛"不但自身居民出行困难,也使得住区与外部城市交通的脱离,与城市社会失去联系,住区难以实现作为城市和谐生活肌理结构的有机组成部分,城市交通也因为缺乏合理的道路间距和缺少支路系统而常常在干道形成拥堵,同时住区周边的城市街道往往成为冷漠的"交通沟"。最终,城市空间显得支离破碎,缺乏有机和完整性。

与此同时,居住小区自身也丧失活力。许多商业服务设施按照传统的小区规划理论,深深置于小区内部几何中心,看似方便了小区居民,其实并不都是合理的,并且在实践中已有许多这样布局的失败例子。由于缺乏来自城市的小区外部客源,它不能顺应公共设施的多样化服务特征,而且与商业经营需"吸引聚集人流"的规律相悖,换来的必然是经营的不景气而商家纷纷撤退,如武汉某小区建成三年了,位于小区内部的门面仅租出去了两个,其余均处于闲置招租状态。即使留下的商家,因为没有了竞争而形成垄断经营,居民反而得不到优质服务,这种违背商业经营规律的做法使两者的利益都受到损害。

### （5）公共服务设施"贵族化"消费加剧社会隔阂

有些小区内的会所等公共设施在客源不足的情况下,通过高额收费、实行会员制等手段只为少数"精英贵族"服务,是非大众性、非共享性场所,例如某小区会所只对交了相当一笔费用的会员开放,小区公共设施变成了举行高级商务会谈的场所,进去成为消费者高贵身份的象征,这失去了小区公共设施的意义,公共设施成为有形的隔绝,不但没有促进小区内不同居民的交往与社区整合,反而加剧了社会无形的心理隔阂,引发居民(尤其是老年人)的社交孤独感,影响对住区的认同感和归属感,不利于小区居民的心理健康。

## 注释

[1] 鲍家声语，转引自田彦旭.浅谈住宅建设中的住户参与 [J].新建筑 2001(2).

[2] 蒋国经.中国住宅百年变迁 [J].中国建设报,2005-12-7.

[3] 田彦旭.浅谈住宅建设中的住户参与 [J].新建筑 2001(2).

[4] 我国城乡居民恩格尔系数大幅下降.中国审计报,2001-04-16.

[5] 李先逵.我国人居环境的进步与发展 [J].建筑,2001(12):4-7.

[6] 参见《2008 年中国统计年鉴》记载：2006 年中国住宅竣工面积达 131408.2 万平方米，2007 年住宅竣工面积高达 146282.7 万平方米.

[7] 中国房地产及住宅研究会副会长兼人居环境委员会主任委员张元端在"第四届中国人居环境高峰论坛"上的开幕词，引自魏晓飞，阮家治.第四届中国人居环境高峰论坛实况.新房网,2008-1-18.

[8] 参见中国青年报"人均住宅面积 28 平方米是不是在放卫星"一文，转引于深圳建设网,2008-01-07.

[9] 卓刚.我国住区建设存在九大生态误区.建筑学报,2007(4):53-56.

[10] 罗小未.评"欧陆式"建筑风格 [J].上海住宅.2001(9):32-33.

[11] 转引自徐文彬等."欧陆风格"与中国建筑 [J].西北建筑与建材.2003(9):8-10.

# 7.2 住区环境艺术特征

## 7.2.1 回归自然、闲适温馨

住区环境中既有纯粹的自然要素，如植物、气候、土壤、水分、地形地貌、大地景观特征等，也有人工的如住宅建筑、构筑物、道路、硬质广场等等。如果说在城市里工作上班时不得不面对高度人工化的环境，例如建筑的大体量大规模地集中、人流的大规模热闹聚集等，那么下班回家以后的居住环境则应该是自然的、放松的气氛，充满着闲适和静雅，"回归自然、闲适温馨"应该成为住区环境艺术的主调。

正如明代倪允昌有诗云："座上有琴樽，燕来燕去皆朋友。山中无历日，花开花落也春秋"[1]，又如明代钟惺说的"风起竹响，与水声相和，日映水光,与竹色交融"[2]，诗中所表达的环境以及心态恰是显示出一个"回归自然、闲适温馨"的诗意栖居状态，也表明了住区环境的自然化是建设"诗意栖居"住区环境之首要的一条（图 7.5）。并且这一条相对来说是设计师可控的，如果说其他关于住区规划建设的误区或许有各种各样的原因，难以把主要责任怪罪在设计师头上，但住区环境的自然化则主要取决于设计师的设计思路，取决于设计师的观念与修养。

诗意是自然的、质朴轻盈的、充满灵气的、"天然去雕饰"的，不是显示巨额财富的豪华甚至怪异形象，而是要淡雅朴素；不是让人觉得庄严纪念的崇高气氛，而是要身边亲切的尺度；不是城市商业中心那种大面积的广场潮水般的集会，而是要安静灵性的涓涓细流（图7.6）；不是修剪植物成所谓几何造型，而是要植物做回它自己的天然角色（图7.7）；也不是多一些图案草坪（图7.8）和无缘无故的假山堆积，而是要尽可能多地体味自然环境在身边的格局。所以，规划设计师不要不动脑筋地盲目照搬和效仿欧式的

图 7.5 在自然化景致中能获得栖居的诗意

地面、大门、护栏、雕塑和修剪的几何植物造型等，自然起伏的地形、自由生长的植物比起平整的地形、几何化造型的植物更令人感到闲适、温馨与浪漫（图7.9），更富有诗情画意，也更有生活气息，人们可以在树荫下乘凉、聊天、散步，天真活泼的孩子们能在泥土和石缝中寻找小虫等，可以随时随地享受到阳光雨露、鸟语花香、新鲜空气以及轻松的人际交往。总之，自然的情调乃是住区环境艺术的立足之本和设计之源，住区环境规划设计应以自然为主线，树立以"自然为本"、以"环境为本"的指导思想，尽可能把空间留给自然，努力遵循"自然美"之趣味，开拓人与自然充分亲近的生活领域，使身居闹市的人们获得重返自然的美好享受，最终使得自然更贴近人，人在自然中生活，并在其中建立和谐的社区关系。

## 7.2.2　人情味浓、归属感强

### （1）建设充满人情味的社区

人本主义在住区规划建设中具有十分显赫的地位，如果说"以人为本"是城市规划的基本出发点，那么它在住区规划建设中有集中性体现，因为住区是人之栖居的主要场所，它已成为人的个人生活和社会生活的重要部分，是人居文化表现的主要载体，故住区环境空间对于其中的人群来说具有直接的生活意义，并且意味着某种情感上的认同和习俗上的归属。因此，在住区规划设计中把握住区环境艺术特点时，需要注重住区环境的共同的场所精神，要把住区物质环境与人类精神文化和社会活动方面的意义联系在一起，营造一个具有生活情趣的居住氛围，建设一个充满人情味的社区。

不妨观察一下英国的"哈克尼现象"[3]：

图7.6　热闹耗能的景观设计可能适宜城市商业场所，却不太适宜于居住环境

图7.7　花开花落也春秋——依靠植物自身本色而非修剪几何造型去丰富环境

图7.8　规整图案式绿化缺乏自然亲切韵味

图7.9　自由不拘、灵气生动的绿化配置

当局决定对于英国某些近年来的"衰退地区"进行重建，哈克尼在接手改造这些地区时，深入居民中了解居民的要求，力求按照居民的愿望进行设计，结果发现居民并不愿意放弃环境已退化、失业率高的旧家而搬进那些新住宅区，因为认为新住宅区不如那些旧居住区有人情味。这给了哈克尼极大的启示，于是他千方百计地为民着想，与当地居民齐心合力，设计出具有传统特点的建筑，加木檐槽、铸铁排水管的房屋和石块铺砌的路面。最终，这里由原来被遗弃的地区，变成富于人情味的，从而很受欢迎的新社区，许多人甚至准备出高价住进来。

现代社会一个个住区居民楼高高耸起的同时，传统街坊邻里之间的关系也被钢筋混凝土分割和冻结起来，"远亲不如近邻"的融洽邻里关系难以再见，取而代之的是同在一个屋檐下的陌生人，因此，当代社会中这种"人情冷漠"被广为诟病，这与"诗意栖居"的理想背道而驰。随着我国从计划经济向市场经济转轨，人们物质生活水平的提高，在较低层次需求得到满足后，对于居住环境、居民交往等有较高层次的需求，居民之间的相互交往、尊重以及自我实现等更高层次需求越来越成为必需。为了不让邻里之间从"人与人"的关系中消失，在以人为本的宗旨下建设一个充满人情味的住区显得尤为重要和必要。

## （2）从环境心理学出发的住区公共环境空间设计

建设充满人情味的住区，关键在于良好的公共环境设计，而良好的公共环境设计须从环境心理学入手，这样的设计美化了住区物质环境形象但又不限于是单纯的环境观赏，而是形成有序的空间层次、多样的交往空间，能使居民感到舒心和愉悦，并且乐于使用，处处有居住者的参与和交流，充满活力与生机，增强和培育居民对自己社区的自豪感，增加不同背景的人群进行社会交往的机会，

培养居民认同感及社区意识，实现社会和谐。往往不恰当的设计就是因为忽略甚至背离了人们交往等环境行为心理要求，使公共环境空间丧失了它的意义。

从环境心理学出发，住区公共环境设计首先注重人的环境行为规律，做到行为活动与所需要的空间的一致性。对于住区环境行为活动，可分为个人性活动和社会性活动，或者必要性活动和自发性活动等分类方式。其中，社会性活动和自发性活动是住区公共环境设计的关键，也是追求住区文明的标志。自发性活动和社会性活动需要在适宜的空间环境中才会发生，换句话说，适宜的住区环境设计才能促进自发性和社会性等公共活动的发生。以环境步行交通行为为例，丹麦建筑师扬·盖尔在其《交往与空间》一书中提到：仅创造出让人们进出的空间是不够的，还必须为人们在空间中活动例如为参与社会公共性活动创造条件，而在现实住区中我们常会发现：当住区的公共空间与各个步行系统的入口距离相对较远时，居民的活动呈现离散的形态。要促进居民聚集到一起交往活动，应该遵循环境行为心理学规律，例如将公共空间的布局与大多数人的环境交通行为经常发生的地方相连，环境交通行为是住区环境中公共行为的主要方式之一，人群活动的公共聚集效应与之有密切的关系；又如，环境空间中文化设施、小品、儿童游乐场结合休息空间，那些有座椅的水池周围等空间，往往是受居民欢迎的活动空间。

其次，环境空间并非只为一种环境行为活动所准备，住区环境空间大多是复合型的，恰恰是复合型又更促进人们自由参与，进行充分的交流与活动，单一功能的空间往往不能满足人们多层次多方向的需求。但在复合型空间中更需要把握不同活动的性质、把握不同爱好与年龄层次的特点以便协调，在住区环境设计中才能使它们相互促进又各得其所。具体地说包括环境空间中幼儿和邻居间的交往活动，中老

年人健身、散步休闲与交往活动，儿童游戏活动等，各类户外活动均有相互协调的良好关系，例如幼儿和儿童活动场地应接近住宅并易于监护，青少年活动场地应避免对居民正常生活的影响，但也不能偏僻，老年人活动场地宜相对集中，远离车行道。

总之，从环境心理学出发的住区环境设计其实就是一个"场所"的营造，这是一个充满人情味的社区、一个有归属感的场所，其高端则指向住区居民自由和谐地交往、相互尊重以至自我实现等更高层次的"诗境空间"，人于其中而获得诗意栖居。

## 7.2.3　生态技术人本为上

现代住区建设离不开现代技术的运用，现在新技术的研发与创造层出不穷，然而必须坚持一个理念：技术运用以生态观为指导、本着生态原则服务于人。

在创造好的住区环境之技术运用中，主要集中在楼体布局、气流模式、采光性和通透性、造园营造小气候、窗式设计、阳台露台设计等几个方面，当前已经具备现实意义的措施和思路主要有如下方式。

地热利用：地热资源经济实惠，不用电，不烧煤，没有污染就可以用上热水，因此城市住宅采暖及热水使用的目前最佳方式之一就是利用现成的地热资源，在地热资源比较丰富的城市，利用地热资源可作为一种生态方式的资源利用，对于冬寒时间较长的我国北方来说，地热资源利用非常重要。

太阳能利用：所谓生态的能源利用方式就是尽量利用天然存在的能源，太阳能对于人类来说就是一种比较纯粹的生态化资源。一直以来，人们都在不断探索利用太阳能的方式，随着高科技发展，太阳能源利用效率的不断提高，太阳能会在建筑的生态环境中产生更大的作用。

雨水利用：一些新型住区已经开始探索采用雨水回收新技术，作为中水使用以浇花、洗车、冲洗卫厕等。例如天津开发区"太平洋村"的别墅住宅便使用上了家用雨水回收系统，节约了能源，深化了技术运用本着生态原则服务于人的理念。

除此之外，运用量最大的措施当属环保建材的利用等，现在各类环保建材都在积极研发，并在住区楼盘项目中逐渐推广应用。

在所有这些技术的运用中，降低能耗是其中一个重要内容。围绕节能这个核心，衍生和相互渗透出诸如节能住宅、环保住宅、绿色住宅、健康住宅、生态住宅等许多概念，而现在有的住区设计与建造甚至引入了"零能耗"的概念。所谓"零能耗"，是一个专有名词，是指建筑在实现"低能耗"的基础上，补充太阳能、风能和浅层地热能等可再生能源，达到节约或者不用传统能源的目的。目前，发达国家已经在探索"零能耗"住宅的建设，并为数不多的几个实例，如美国的达拉斯、英国伦敦伯丁顿、荷兰安特鲁尔、德国弗赖堡等城市都建有"零能耗"住宅。另外现在还出现"零碳排放"住宅的实验，例如由英国PRP公司设计、斯图亚特·米尔恩建筑公司建造的住宅，因其实现了"零碳排放"目标，被政府授予"五星级"认证书。该项目试验工程并在英格兰赫特福德郡的沃特福德小镇展出（图7.10）。

在国内的"零能耗"住宅实践中，"南京锋尚国际公寓（社区）"是一个实例，它获得了联合国人居奖优秀范例奖（图7.11）。该奖设立于2008年，是继联合国人居范例奖、是联合国人居署迪拜国际范例奖后设立的又一全球荣誉，主要关注城市的可持续发展和绿色生态。这次是联合国人居奖优秀范例奖在中国的第一次颁奖。"南京锋尚国际公寓（社区）"和"深圳招商地产"摘得"清洁能源解决"类别中的优秀范例奖。"南京锋尚国际公寓（社区）"不仅注重建筑外墙、窗户、遮阳等自身结构的节能，还大量采用地热、太阳能等可再

图 7.10 英国第一座零碳排放生态住宅　　图 7.11 锋尚国际公寓太阳能光伏发电系统

生能源，利用地源热泵等创新手法使得建筑能源消耗特别低，该项目首次把"置换式新风系统"引入了国内住宅建筑，使住宅可以"呼吸"；利用浅层地热能和光能发电系统使夏季制冷不依靠传统电力；零能耗系统把热量排放到地下，避免污染室外环境；地下室采光和顶层公寓天窗配有的风光雨控电动遮阳系统等在各个方面的科学技术运用，摒弃了传统的空调和暖气，却仍保持了住宅室内一年四季的人体舒适温度和湿度。

## 注释

[1] 明·倪允昌.光明藏
[2] 明·钟惺.梅花墅记

[3] 参见汪辛.城市聚居原型初探 [J].住宅科技，2001(1):39-41.

# 7.3 创造中国特色的现代"诗意栖居"

当欧陆风豪宅盛行的时候，其实许多人的内心深处却追求着有着中国特色的现代人居，那就是在当代中国城市中营造"诗意人居"的理想家园——置中华诗画意蕴于现代生活去营造住区自然清音的氛围，从中国文化的经典意识中寻求人和环境景观、建筑的精神和谐互动而营造安居宜人、闲适自然、和睦亲近、具有文化归属感之住区。

## 7.3.1 住区环境设计"妙造自然"

### （1）住区环境的"中式符号"

说到中国特色的"诗意栖居"，不由得再次强调"自然"的意识。日本学者小尾郊一在《中国文学中的自然与自然观》一书中用详细的材料说明了"中国人认为只有在自然中，才有安居之地；只有在自然中，才存在着真正的美"[1]，这种民族的审美心理直接影响着建筑及环境的审美评价和营造。

回顾不远的过去，在中国传统的居住情境里，曾充满着意与境会的空间——南方的"天井"、北方的"合院"、皇家的回廊抱厦、民间的草堂宅院等等，都有邀自然入户、向山水悟道的经典人居。这是一个久远的传统，早自唐代王维有诗"明月松间照，清泉石上流"[2] 以来，"清溪、散石、松间、明月"已成为住居环境中的"中式符号"（图 7.12），从中衍生诸如"雨打芭蕉"的情绪，或者是"卧听秋雨"的诗意（图 7.13）。从深层意义上讲，这里所谓"中式符号"就是追求住区环境艺术的返璞归真、闲适自然，并于其中获得特定的审美情感。

### （2）"妙造自然"理念

与唐朝王维时代可以隐居山间林中不同，

在现代城市里，城市尺度的扩大，使得一般住区难以方便地接触到山水花林等自然美景，或者住区开发基地里本身没有什么突出的自然环境特点，如此情况下，要达到自然的环境和自然的情趣，不妨"妙造自然"。

"妙造自然"本是中国诗学的一个提法，继而成为中国美学中关于艺术创作与自然审美关系的一个命题，它以"天人合一"、"心物交融"的独特视野看待艺术与自然的审美关系，认为艺术可以在巧妙人为的基础上，做到融于自然，强调艺术的生动气韵与自然万物的内在的同一性，并于其中注入艺术家独立而超越的主观创造精神。可以说，"妙造自然"蕴涵着丰富的美学意蕴，具有普遍的艺术创造原理的意义，堪称中国艺术理论的精髓。

这里从中国诗学和美学中借用"妙造自然"来表达一种虽由人作、宛若天成的艺术观点和技巧，表达住区环境设计中可以以自然之法为法，匠心独运，巧夺天工而妙造出自然的环境。"妙造自然"也表达了并非是一律拒绝人为加工，只是反对那种人工雕琢的造作，反对那种虚荣华丽的矫饰。

武汉"东湖林语"居住小区环境规划设计可称做到了"妙造自然"，它将区内车行交通沿小区内周边设置，中间全部步行化，这样使区内绿地空间达到最大化，理论上住宅楼之间的空地全部属于景观绿地，入户路也成了园林步道。景观营造达到"虽由人作、宛自天开"的中国传统评价标准，住户与"清溪、竹林、松间、明月"同在，居于屋内可享"晓月临窗近，天河入户低"[3]的诗意，达成"可居、可游、可赏"的园居生活模式。也证明了优秀的住区环境设计其实要让人忘记了设计师的存在，一切还以为是原本就如此的天然样子（图7.14）。

### （3）住区环境"妙造自然"的要义

首先，巧妙仔细地考察基地本身的自然状态与原本特征，这些特征包括借势依形和借景等，尽量有机地组织和利用使之成为未来住区环境营造的重要部分，这样做既是尊重自然的表现，又能在住区环境营造上减少投资而事半功倍。

第二，环境的营造秉持自然之法。即如明代陈继儒说的："居山有四法，树无行次，石无位置，居无宏肆，心无机事"[4]，是讲居住环境中树不要种成呆板的行列式，石头也不要放得规整，居住环境尽可能不着人为痕迹，以一切表现自然为好，目前一些住区中大量使用欧式绿篱修剪造型等其实不宜用在住区环境设计中；与之相应的是居室不必富丽堂皇，最终人心淡漠世俗利害得失而获得人性"本真"的心态，这也正合现代哲学家海德格尔所提倡的回归人的本真存在，即海德格尔所称诗意栖

图7.12　清泉石上流——中式符号　　图7.13　"雨打芭蕉"的情绪，"卧听秋雨"的诗意

图7.14　明月松间照，清泉石上流——武汉东湖林语小区"妙造自然"的天地（组图）

居"的内涵所在。

第三，当代住区环境营造须有强烈的生态意识，而不仅仅是从视觉上的炫耀出发。这其中包括需要消除目前环境设计上的一些误区，例如过多的行车道路分割绿地、大的硬铺装挤占绿地；又如盲目使用"中看不中用"的大面积单一草坪，尽量多一些乔木、灌木和草坪组成的复合绿化结构，这样不但景观自然与丰富，并且生态效益更好。有数据表明，生态效益从大到小的顺序是：乔灌草复合型群落—灌草型群落—单一草坪—裸地；还有诸如前面说过的欧式绿篱修剪造型等也是与生态观背离的，生态观讲究自然自组织、自维护，少一点使用人工，那些大量靠人工维护、靠人工耗能维持的修剪绿篱等应该被摒弃。

### （4）"妙造自然"中显现中国文化特色

通过住区环境的"妙造自然"，住户拥有了与大自然的沟通空间、人与人交往的场所、赏心悦目的景观环境和恬静平和的居住氛围，使小区住民有了远离尘嚣、返璞归真的一壶天地，此时住区不仅是一个仅供生存的空间，而且是一个具有审美价值的空间，体现着中国传统的"智者乐水，仁者乐山"的审美文化精神。

住区环境的"妙造自然"其实就是在营造"诗境空间"，符合"诗境空间"营造的一切目标和准则，其中包括注入中国传统诗学精神。在传统住区环境营造中，与环境息息相通的中

图7.15 竿竿青竹、丛丛花草、粉墙片石——"妙造自然"中晕染着中国文化意境

国传统诗学精神是内心深处的指引，依此所做住区环境，不但有良好的生态效益，也有清新的诗意文化气质——竿竿青竹、丛丛花草、粉墙片石，堆叠出国画般的诗意自然，就像画中的晕染，空灵俊秀，挥洒着无穷美妙的意境（图7.15）。从实际结果上看，传统住区环境早就传达了这种指引的方式，其中既有"云生梁栋间，风出窗户里"[5]和"画栋朝飞南浦云，珠帘暮卷西山雨"[6]这样的大居住环境格局，也有能体会"移竹当窗，分梨为院"，"虚阁荫桐，清池涵月"[7]这样的小庭院之美，今天仍然可以指引我们构成当代住区的"诗意栖居"。

与中国传统诗学精神相应的文化审美心理是自然含蓄、空灵飘逸、起落有度，把山水赋予"中和"之美的特征加以推崇，是谓乐而不狂、忧而不怨，故创造中国特色的现代"诗意栖居"应该继承这种追求和平宁静、淡泊含蓄的气质，自然雅致而不造作矫情，在这种虽由人作的住区人工环境中推崇真情自然的表现，继而在有自然趣味的环境中修身养性、乐心畅神和审美悟道。

## 7.3.2 住宅建筑"新中式"创意

### （1）"新中式"的出现

一直以来，正如前文所述的种种误区，其背后反映了中国自身住区开发与住宅建设的理论较为贫乏，以至于现在许多已建、在建和准备建的住区，特别是时下中国许多别墅类的高级住宅造型基本上都在模仿欧美国家的传统住宅，加上从建设管理者、开发商、设计师到物业购买者等整个社会偏向庸俗化的审美品位等，对所谓"欧陆风"形成推波助澜的效应。设计师将欧美各个时期的、各种文化中的建筑素材不分年代、不分风格、不问场合地拼接在一起，使住宅建筑的民族文化价值明显削弱，地域性特征也无法体现。

不过，现在随着人们的生活水平日益提高，人们越来越看重居住的民族与本土文化内涵，一些由街巷、院墙、门楼、庭院、飞檐等组成的"新中式"住宅建筑在各个地区以各种方式不同程度地出现了。这些被冠之"新中式"的住宅依据其具备传统中式住宅的程度大体可分为三个层次。

一种是以仿为主中国传统格调。其中又以清式营造为主，成熟的古典建筑比例、细部、色彩、法式使其最大程度上还原中国传统建筑。不过，缺点是传统的开间模数等营造方式难以适应当代的合理户型需要。

另一种则以现代风格为主，以建筑符号等手法，仅加以少量的中国元素。这类建筑多出于前卫设计师之手，很受建筑师及少数人士的喜爱。但其更多是作为建筑师的作品，带有设计师"表现"性质，不一定适宜作为终年居家过日子的栖身之所。

第三种是现代时尚的建筑语言与传统建筑的结合，这是"新中式"中的主流。当然在具体的住区项目中，中国传统元素掺入的程度有多有少，各不相同。这种趋势反映了时代呼唤创造具有中国特色现代建筑的意识觉醒，这也正是20世纪50年代梁思成先生提出的"中而新"设计创作思想，历史证明了梁思成设计思想的前瞻性和预见性。

### （2）"新中式"住区的发展

"新中式"住宅率先的突破是在一些历史文化名城的历史街区改造中进行[8]，如苏州桐芳巷居住街坊改造、北京菊儿胡同改造。

#### 1）苏州桐芳巷居住街坊改造

锦帆路、桐芳巷、望市墩、三家村、十郎巷……历史就像大水长河冲刷一切，街巷及其地名便是露出水面的一块块石头，后来者从这一块块石头上辨认一个城市曾经的故事，桐芳巷便是苏州这座历史文化名城故事集中的一个。

苏州桐芳巷居住街坊改造始于1987年，是城市现代改造结合古城保护的较早实例。改造之前的桐芳巷是一个位于苏州古城内东北部、面积约3.8公顷、居民600多户、1800多人的居住街坊。这里也是古城苏州重要的旅游活动中心地区之一，北侧是名园狮子林，再北行可达著名的拙政园；向南400米是古城商业中心观前街；向西400米即为始建于三国时期、后南宋重建的、又称为北寺塔的报恩寺塔。该街坊的改造正值我国实行有计划的商品经济之背景，目的是为解决旧街坊内居民生活条件欠佳的问题，完善市政设施与公共设施，繁荣该地段商业服务。在桐芳巷居住街坊的改造规划设计中，最具典范意义的是它依据苏州作为国家级历史文化名城的身份，首先确立了坚持"全面保护古城风貌"的指导思想，于是整个规划设计对街坊内原有的特色民居进行了保护性改造，可以归纳为如下三个特点：

第一，保护街坊传统格局——在详细分析现状用地功能、建筑产权、建筑质量、街坊内各户人口等状况的基础上，合理配置区内街巷与居住空间，例如保留了原有街坊中的主要通道，并对街坊的基本空间尺度与街巷的高宽比例加以分析，作为规划设计中空间指标的基本依据（图7.16）。

第二，设计构思注重保护园林人文古迹——对现状建筑及风物的文物价值进行了较为全面详细的调查，保留了有价值的古井、古树，对具有一定文物价值与代表性建筑的保留与恢复，如具有传奇故事性的"独角亭"成为该街坊中具有历史意义的标志性建筑物（图7.17）。

第三，展现了建筑的地方传统形象——按苏州民居特色控制建筑的形式、比例尺度、层数和檐口高度，形成了外闹内静、小巷通幽的传统居住空间。

最终，既大幅改善了本地区的居住条件和环境质量，又保持了传统风貌，可算是"新中式"住宅的早期范例，获得了既适应现代生活

图 7.16 桐芳巷居住街坊现状建筑质量评价

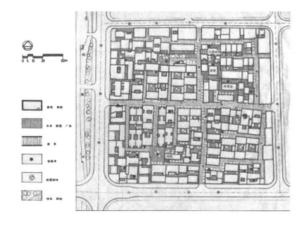

图 7.17 桐芳巷居住街坊改造规划总平面图

图 7.18 桐芳巷居住街坊改造后屋内及外观

步过渡，保留有历史价值的建筑，修缮破旧但尚可利用的建筑，拆除破旧危房，既延续历史文脉，又形成新的有机环境。

于是，在北京菊儿胡同的改造中，设计了被称为"新四合院"的住宅，可作为"新中式"在北京古城的最早具体实例。"菊儿胡同新四合院"以功能完善、设施齐备的单元式公寓围合成一个个"基本院落"，以通道为骨架进行组织，向南北发展形成若干"进院"，向东西扩展出不同"跨院"，由此突破了北京传统四合院的全封闭性，兼有单元式公寓楼房和院落式住宅双重特点，在保证现代生活小家庭私密性的同时，又注重邻里感，利用连接体和小跨院，形成类似传统四合院的建筑群体，并尽量保留原有树木，结合新增的绿化和小品，使"新四合院"中的院落构成了良好的"户外公共客厅"，从而保留了中国传统住宅重视邻里情谊的精神内核，建筑上吸取了南方民居粉墙黛瓦的明朗亲切色调，又有北京传统四合院的神韵。最终菊儿胡同的改造与城市传统肌理格局有机统一起来，和周围的传统建筑风格协调，保护了古都风貌，延续了城市文脉。

这是中国现代住宅民族化之路的一个有益探索，也得到了国际建筑界的普遍认同，1992年被亚洲建筑师协会授予"亚洲建筑金奖"，

需要和提高居住质量，又保护苏州作为国家级历史文化名城的文化传统的双赢局面，荣获建设部城市住宅小区建设试点金牌奖、1991年度优秀规划设计二等奖（图7.18）。

2）北京菊儿胡同改造

北京菊儿胡同改造由吴良镛教授主持，他根据"有机更新"理论，认为旧城改造应该逐

图 7.19 新四合院——菊儿胡同鸟瞰

1993 年又被授予"世界人居奖"。如今十多年过去，"菊儿胡同新四合院"仍然散发着光彩，在历史和现实的缝隙中，它如同一个镶嵌在古城北京里的文化路标，表达出中国建筑应有的文化自信（图 7.19）。

在桐芳巷和菊儿胡同之后，遗憾的是全国无论旧城改造还是新城开发，在一片开发热潮中却忽视了这样的努力和探索，走向了不顾历史与地域文脉的大拆大建及"欧陆风"泛滥，使得桐芳巷和菊儿胡同的改造似乎反而成为中国现代住宅民族化结束的标本，而非开始的范例。

不过，就在全国范围内"欧陆风"泛滥长达十几年之久后，房地产市场上也开始了"新中式"住宅的突破，在一些历史文化较为深厚的城市，"新中式"的探索日见增多，例如北京"观唐"、深圳"第五园"、武昌"江南村"、"清华坊"系列、杭州"颐景山庄"和"九龙一号"（图 7.20）、南京"中国人家"、成都"草堂"和"芙蓉古镇"、苏州"寒舍"和"姑苏人家"、无锡"中堂"、上海"九间堂"、东莞"棠樾"、宜兴"云海间"、安徽"和庄"等。尤其是西安，先有"群贤庄"，之后随着西安文化价值的不断挖掘，西安居住楼市也迎来了"中式"建筑的复苏，典型的如："天地源·曲江华府"、"紫薇臻品"、"楼观古镇"、"沁水新城"、"南山庭院"、"山水草堂"（图 7.21）、"华荣·风景大院"和"曲江·尚林苑"等[9]。

图 7.21　"山水草堂"外观

### 3）北京"观唐"别墅住宅

北京"观唐"别墅住宅是对中式民居建筑风格的回归，筒瓦、灰砖、红柱、木门窗等的呈现，提取了中国古典建筑元素。屋顶是其视觉焦点，屋顶举架、瓦、滴水、椽子、博风板、披檐等一系列的传统制式做法，从而奠定了观唐"中式"的主基调。墙的立面沿袭了传统硬山山墙的做法，开间墙则大面积地敞开面对庭院和接受阳光，墙在细部上还设计了腰线和高部的花窗，显得传统制式味十足。门窗以木色和红色共同营造传统氛围，并接近传统建筑的比例。灰色拉毛涂料在阳光下给予多种光影变化，构成了立面创作的母题。多处使用转角窗打破了规整的方盒子感，使得建筑轻巧、富于流动性。"院落之美"在"观唐"中体现出来，在全区接近 1.0 的容积率控制下，得到了一个与建筑基底面积相当的院落空间，院落作为整个单体"虚"的一部分，与建筑作为"实"的一部分互为因借，胜于普通建筑空间。院落空间利用植物、自然光线、天空色产生更为丰富的居住空间体验，也使得总体布局上的群体

图 7.20　"九龙一号"外观

图 7.22　"观唐"别墅住宅外观

效果得到加强，符合中国传统建筑处理手法，最终以现代营造技术和建筑材料描绘出了一幅"庭院深深"的画卷（图7.22）。

4）深圳"第五园"

深圳"第五园"如此取名，意在从代表中国南方传统园居生活之"岭南四大名园"的基础上，探索一种新型的、中国南方式的现代居住方式。

在规划布局上，采取了"村、巷、院"的模式，其中，"村"——整个社区的规划是由不同形式住宅组成的一个边界清晰的大村落，各"村"内部都由深幽的街巷或步行小路以及大小不同的院落组合而成，宜人的尺度构成了富有人情味的邻里空间。另外，紧邻城市干道的社区商业街和图书馆与住宅区之间以池塘相隔，小桥相连，互为景观，特别强调了各种开敞、半开敞、下沉的院落和连廊组合，形成丰富而使人流连的"村口"场所。

"巷"——设计上吸取了富有广东地区特色的竹筒屋和冷巷的传统做法，通过小院、廊架、挑檐、高墙、花窗、孔洞以及缝隙，试图给阳光一把梳子，给微风一个通道，使房屋在梳理阳光的同时享受到一片荫凉的微风。

"院"——是中国风水上所追求的"藏风聚气"之所，与中国人内敛含蓄的民族性格相适应，"第五园"通过住宅建筑组合形成的"六合院"和"四合院"，着力体现中国传统建筑中的"内向型"空间，依稀可以感觉到江南住宅"四水归堂"的性格，同时这种组合而成的院落又加强了邻里关系。

在建筑设计上，"第五园"营造出了典型的南方民居风格，又体现出现代主义的简练，它没有仅仅将传统建筑的符号贴在现代建筑上，看到的不是古典建筑的飞檐朱栏，而是大量抽取传统建筑的元素进行再创造，干净明白的白色粉墙、马头墙，偶然几处月洞，传达出宁静、内敛的生活哲学，小桥流水环绕其间，颇具世外桃源之情趣，表现出了传统的古典雅韵，于看似不经意之中却显现着中国审美情趣。这是一个非常有意义的"新中式"探索，试图用白话文写就传统，采用现代材料、现代技术和现代手法，创造一种崭新的现代生活模式，但不失传统的韵味（图7.23）。

5）武昌"江南村"

武昌"江南村"也表现出"新中式"住区环境景观（图7.24），它以江南文人园林为蓝本，设计上主要从空间系统、环境小品、植物配置三方面来进行。在空间系统上，住区环境景观分为四个层次的庭院空间：室内天井、入户花园、组团绿地、中心花园四季景观空间。其中，"室内天井"为最小、最私密的空间，一般10平方米左右，遵循造园手法中"小中见大"的原则，以石板铺地或置一石几、一小峰、几丛修竹，既是室内赏心悦目的景观，又是修身养性的福地；入户花园是传统江南民居中的典型空间，一般设在南向，少至几十平方米，多则上百平方米不等；组团绿地是由两三栋建筑围合而形成的半公共、半私密化空间，它为居民提供一个就近活动、休息的安全地带；中心花园依照江南园林"水因山转"的造园手法，布置水池、假山、亭、台、楼、阁，遵循"步移景异，一步一景"的造园法则，将人行道路与景观空间有机结合，按照"小中见大，大中有小"的设计手法，合理分隔空间，营造多层次的景观空间，营造一个宅、园合一的建筑形态。在环境小品上，该住区利用江南园林

图7.23 "第五园"外观

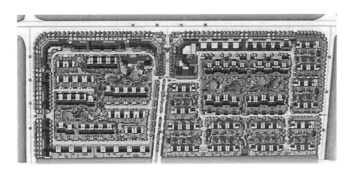

图 7.24 "江南村"总平面与外观

图 7.25 广州番禺区"清华坊"

常见的亭、台、楼、阁、廊、榭、墙等因素，对空间进行一定的限定，也成为景观系统一定的实用空间。在植物配置上，以土生土长的当地植物为主体，造景增加一些代表中国传统人文精神的植物，如梅花、竹子、松树等。乔、灌、草相结合，落叶、常青相辅相成，再在适当部位增添爬藤植物。最终，"江南村"从总体还是细节上均体现出江南民居的特色，住区户外空间富有诗情画意，住户们在潜移默化中得以陶冶性情。

6）"清华坊"系列

在"新中式"住宅建筑中，"清华坊"系列被认为是其中的代表和翘楚，取义"水木清华，坊间流芳"的"清华坊"系列不失现代舒适性要求，又富有深厚的文化底蕴和清晰的历史文脉，使居者不仅享受到现代时尚，又感受传统文化的润泽。设计师是带着一些"做中国自己的东西"的使命感去探索的，先有成都

"清华坊"享誉全国设计界和房地产界，而后是广州番禺"清华坊"，还有中山"清华坊"获得了《中国国家地理》、新浪网联合评选出的 2008 年度"中国最美丽的 100 个楼盘"广东地区第一名。

几个"清华坊"之间有所不同，例如相对而言广州番禺"清华坊"传统的原汁原味多一些（图 7.25），中山"清华坊"则可谓中国民居的现代版（图 7.26）。但总的来说，几个"清

图 7.26 中山市"清华坊"

华坊"包括其宅院建筑、围墙、门坊、街景等均从传统民居中提取元素，青瓦飞檐、廊下阴影，以及明透的开窗、明快的柱落与外墙、明丽的栏杆台基，又从传统民居中提取白色与灰黑等色调，辅以木质色，显得古韵悠然，具有中国水墨画意趣和质朴的素描品格。"清华坊"的"新中式"还体现在建筑与环境景观融合共生上：总体布局和环境规划设计中，因循地势的各个院落组合错落有序；每套住宅前有敦厚沉静的宅门、前庭，中有天井通透天地，后有花木扶疏的后院，使每户拥有自己的一片恬静安宁的深深庭院。在环境配置上，植物的选择与中国人的居住情感文化联系起来，例如广州番禺"清华坊"跟随"宁可食无肉，不可居无竹"[10]的文化指引配有郁郁竹林，设计初衷就是以竹为师，以竹为友，营造一个清幽、质朴的居家环境。在整个"清华坊"园林景观的设计中，富韵竹、玉韵竹、红竹、小叶龙竹的景观营造将住区清新脱俗的韵味表现出来。小溪蜿蜒而过，溪边竹林青青，尽显山野之趣，凉风拂来簌簌作响，清风斜影，百里通幽。总的效果是自然和建筑互相衬托相得益彰，看上去如同一个原生态村落的自然镶嵌，体现了"天人合一"的中国传统居住理想。

### （3）"新中式"的诗意走向

当代中国的城市化是全球瞩目的一个焦点，一方面见证了中国城市正在进行一场全球范围内最大规模的改变，一方面也见证了中国城市化和中国文化发展的落差，这在住区建设上有明显的反映，因为住区作为人类聚居场所，是文化的凝聚地和承载地，住区的文化内涵是栖居意义的重要体现。

改革开放以来我国建了几十亿平方米的住宅，而这当中真正地去研究、去追求、去体验诗意的传统居住文化之建筑却非常少，全国范围内"欧陆风"风起云涌，到处充满着"欧陆

式"、"地中海式"、"加勒比海式"的住区开发项目和项目名称，住宅建筑充满"厚重、油腻"的欧美建筑符号，与中国文化追求"清雅、自然"之诗境有很大落差，显现出当代中国本土住宅文化之声音微弱，这是中国建筑师们集体失语，也是整个中国文化"失语"的大背景之反映。在如此背景下出现住宅建筑的"新中式"，表明了面对扑面涌来的全球化浪潮，中国文化并非只能接受"灭顶"命运而走向全盘西化，而是传统文化可以得到弘扬的一个契机，故"新中式"的出现是当代中国住宅建筑设计与建造走出从对国外传统建筑样式即所谓"欧式"的照搬与模仿，发展成为对当代中国的住宅建筑文化、栖居情感内涵、生活空间功能等元素的思考和诉求。

可能在名称上，"新中式"就受到很大的争议，往远追溯它与近代以来的中国民族风格建筑的种种遭遇就有内在联系，乃至因为其背后曾背负的种种政治内涵而随着近代以来中国政治跌宕变换一起沉浮和疑虑。不过，就对中国深化改革开放之1990年代以来的"欧陆风"流行的反思来看，住宅形式的"中式"探讨是及时而且非常有必要的，这首先是文化上的需要，代表中国本土文化的觉醒，故不管怎么说，"新中式"是当代中国追求"诗意栖居"理想的一个良好开端。幻想诗意栖居，不妨来到一个有砖有瓦有水有榭的"新中式"居所寄存心灵，这里可以梦回唐诗、吟咏宋词。现代化并不意味着全盘西化，国粹的也常常是最国际的，"新中式"不仅让人感受到强烈的观感，而且带着传统文化的智慧，直击文化心灵，给眷恋传统文化的人们提供了一个心灵的归宿，表达了在一片"欧陆风"中回归了的中国文化情结，也是民族自信心回归的反映。

当然我们发现，比较好的"新中式"住宅项目都是一些别墅类高端项目，以上所举的"新中式"住宅实例多出现在别墅住区中，可能别墅更接近中国传统住宅的尺度空间，

它们之间的转换相对容易一些。这也意味着"新中式"生活趣味目前仅为一小部分人服务，如何在相对高密度的普通消费者居住的住宅中，实现我们理想中的"新中式"居住生活还需要努力研究。不过有必要指出，理想住宅并不一定是最贵的，但它肯定是相对贵的，因为投入其中的设计和施工的劳动相对较高。传统住宅建筑文化其实是离不开物质的，过去士大夫虽不算是富豪，但相对贫民来说那也是一个精神文化和物质文化的双重贵族，传统文化包括士大夫文化都是依靠一定的物质条件将一些有价值的东西总结和留存起来，并传递下去。所以，并不能因为目前"新中式"主要出现在一些较为昂贵的住宅项目中而否定其中的合理成分。

就建筑艺术与文化本身来讲，"新中式"是个关乎继承与创新的问题。建筑需要与时俱进地创新，但创新不是空穴来风，创新的同时需要文化传统的传承。从世界范围来看，每个国家和地区都有自己一脉相承的建筑文化，并普遍地在住宅建筑上有鲜明地体现。"新中式"住宅体现了创新和继承的结合："新中式"中所谓"新"，就是从与时俱进的时代角度而"创新"，即住宅在建筑布局、建筑造型、建造工艺以及功能空间设计均体现了一种与现代生活和现代观念的适应性；"新中式"中所谓"中"就是"继承"，当然"继承"并非简单照搬传统样式，不是对传统建筑的简单"克隆"，而是指它具备中国文化特色，例如一些"新中式"的住宅建筑项目中保留、提取和延伸使用了代表中式建筑符号色彩的"长城灰"、简洁化的马头墙、人字顶、门楼装饰等。需要指出的是这个中国文化特色并不是一个固定的建筑样式，并且它也不是只以官式建筑样式为标准，而是与中国丰富的地域特征和地方文化相连和有机"嫁接"，是中国地域风格的展现，当然，丰富的地域特征和地方文化背后又拥有中国文化的共同基因。

对于建筑的继承和创新，梁思成先生曾把建筑艺术风格分为四类："西而古"、"西而新"、"中而古"、"中而新"，他本人主张"中而新"，这是从民族文化传承和适应现代发展角度所提出的。现在住宅建筑的"新中式"大体上应该属于梁先生所说的"中而新"。中国传统院落住宅在现代的命运，基本上是一个正在从我们这块古老国土上逐渐消逝的命运，那些依附于过去技术经济和文化历史条件下产生的传统住宅，自西方钢筋水泥技术引入和文化审美意识的转变后开始衰落。然而，中国传统民居结合所在环境表现出自然、优美、素雅、宁静的意蕴，总积淀在我们心底深处而潜移默化地给予我们传统美学的熏陶，带给我们有中国文化和地方文脉内涵的诗意栖居体验。如今面对这些"新中式"住宅，那种景墙、深院、青砖、灰瓦的居住体验与渴望在我们记忆当中被激发出来。

任何建筑艺术的探讨必将反映在形式上——包括物质视觉再现和空间感受的界定，不过，对于"新中式"的审思，还应该注意到"新中式"不是单纯地仿建古建单体，也不是简单地将普通的现代建筑添加点中式建筑符号就称其为"新中式"住宅，而是需要从建筑文化的深度进行探索，而是营造传统的诗意氛围，包括传统民居的历史、居民人文环境等方面。虽然目前出现的"新中式"不排除存在开发商"投机"的成分[11]，但真正意义上的"新中式"不是为了概念炒作，不是为了纯粹追赶一种新时髦，而是确实在心底上具有对于传统文化的亲近情结，因此要防止"新中式"泛概念化和形式的僵化而走入另一个"仿古建筑"成风的误区。

最后，因为"新中式"与中国文化的必然的、内在的联系，也再次强调了住宅与环境自然感的重要性。住宅建筑设计不仅仅关注建筑本身，还包括了富有自然感的环境景观之营造，有自然感的环境景观与建筑融为一体，塑造一个可居、可游、可赏的住所和住区，才显现中国传统"庭院深深深几许"的一片宁静致远、恬淡平和的居住诗境。那么同样，"新中式"也不仅是指住宅建筑形式的"新中式"，也包括与"妙造自然"的一种居隐于野的清新和闲散环境所组成的统一整体，"新中式"扎根于中国浓厚的历史文化土壤里，洋溢着丰富的生活情趣：滨水合院摇曳着湖光山色，楼榭柱凭栏辉映着市井灯火。"新中式"决不像那些莫名其妙出现的所谓欧式洋房别墅，尴尬地存在于国人异样的审视之下，赋予你浮华和空洞，而是"月色桥畔弄杨柳，浅水塘湾喂红鲤"地贴心于民族传统的情结之中，昭示着似曾相识的美好感觉：水上据亭把酒临风，逍遥如庄子；登高角楼观山咏胜，快意如李白。这种的住区环境体验是"诗意栖居"所向往的。

## 注释

[1]（日）小尾郊一. 中国文学中的自然与自然观 [M]. 上海古籍出版社,1989. 转引自冯文坤 . "自然"思微与诗学再识 [D]. 苏州大学博士学位论文,2002:3.
[2] 唐·王维 . 山居秋暝 .
[3] 唐·沈佺期 . 夜宿七盘岭 .
[4] 明·陈继儒 . 岩栖幽事. 转引自赵积猷 . 古代文人"安居"观 [J]. 上海住宅,2002(7):27.
[5] 晋·郭璞 . 游仙诗 .
[6] 唐·王勃 . 滕王阁诗 .
[7] 语出明·计成 . 园冶 .
[8] 实际上早期的这些实例还没有被明确称为"新中式".
[9] 中式生态别墅西安悄然升温 . 华商报·楼市周刊,2007.5.15:C10.
[10] 宋·苏轼 . 咏竹 .
[11] 朱涛 . 是"中国式居住"还是"中国式投机+犬儒"[J]. 时代建筑,2006(3):42-45.

8

风景名胜区的诗境提升

# 8.1 风景名胜区的建设与诗境遗产

## 8.1.1 风景名胜区的建设成就

风景名胜区是以具有科学和美学价值的自然景观为基础，自然与文化融为一体，主要满足人对大自然精神文化与科教活动需求的地域空间综合体[1]。从 1982 年国务院公布首批国家级风景名胜区至今，经过改革开放后近 40 年的努力，我国风景名胜区的规划建设取得了丰硕成果。

### （1）风景名胜区的蓬勃发展

据不完全统计，全国现已建立各级风景名胜区 677 处，其中国家重点风景名胜区 187 处，省级风景名胜区 480 处，基本形成了国家级、省级风景名胜区的管理体系；另还有市、县级风景名胜区 48 处；全国风景名胜区总面积近 11 万平方公里，总面积约占国土面积的 1.13%[2]。在国家重点风景名胜区中，泰山、黄山、武陵源、九寨沟等 19 处风景名胜区被联合国教科文组织列为世界自然遗产或世界自然与文化双遗产，还有五大连池风景名胜区等 30 个单位被列入首批中国国家自然遗产、自然与文化双遗产预备名录，成为中华民族乃至全人类的共同遗产。

风景名胜区集中了我国一大批最为珍贵的自然与文化遗产资源，并形成了在国内外具有很大影响力的资源行业，2001 年风景名胜区年接待游人量约 9.88 亿人次，比 10 年前增加了 6 倍，各地以风景名胜区为载体通过发展旅游带动地方经济与社会的发展，36 亿元的风景名胜区门票年收入拉动了数百亿元的旅游经济发展，提高了人民生活水平，推动国民经济健康快速发展，增强了综合国力[3]。

### （2）风景名胜区规划的法制化

从 1985 年国务院发布了《风景名胜区管理暂行条例》开始，确立了风景名胜区的法律地位，明确了国家行政主管部门和地方各级人民政府分级管理风景名胜区工作，在风景名胜事业发展过程中，国家及地方各级主管部门颁布的行政法规和政策，形成了风景名胜区的法律体系基本构架，逐步形成了国家风景名胜区的保护和规划机制，基本建立了具有中国特色的风景名胜区管理体系，一大批珍贵的风景名胜资源进入了国家保护和管理的轨道，初步实现了风景资源的科学规划和系统保护。

到目前为止，颁布的相关法律法规和行政政策等方面，国务院 2000 年发布《风景名胜区条例》，是第一部管理风景名胜区的行政法规。由国家建设主管部门为主，已制定了《风景名胜区建设管理办法》、《风景名胜区管理暂行条例实施办法》、《国家重点风景名胜区规划编制审批管理办法》、《风景名胜区规划规范》、《风景名胜区管理处罚规定》等。特别是 2000 年发布的《风景名胜区规划规范》填补了我国风景名胜区规划技术规范的空白。

## 8.1.2 风景名胜区范例的诗境遗产

中国是世界上最早把以"山水"为代称的大自然风景作为旅游观光和审美对象的国家，很早就开启了山水风景审美以及相应的宗教与文化活动等，留下了无比珍贵的风景诗境遗产，成为中华民族的共同记忆和意境共识。试举以下数例说明。

### （1）峨眉天下秀

"大峨两山相对开，小峨中峨迤逦来。三峨秀色甲天下，何须涉海寻蓬莱"[4]。这首收录于清代《峨眉县志》的诗，道出了峨眉山风景区之审美诗境特色——"秀甲天下"。峨眉山在成都平原西部平畴突起，巍峨秀丽，"秀"如其名，县志说："真如蟒首蛾眉，细而长美而艳"。被赋予"秀"之美誉，首见于晚唐大诗人元稹诗曰："锦江滑腻峨眉秀"[5]。至后蜀名僧贯休有诗道："峨眉拥秀接崆峒"[6]。

自山麓报国寺起步行山径，登山见名胜为牛心岭下"清音阁"，阁两旁各架一桥即著名的"双飞桥"，桥下激流撞击牛心石，清音淅淅，如琴如瑟，《峨眉山志》十景诗云："杰然高歌出清音，仿佛仙人下拂琴"（图8.1）。整个山中则"一山有四季，十里不同天"，它重岩叠翠，天光一线；深涧幽谷，古木参天；奇花铺径，水声潺潺；万壑飞流，云断桥连；峰回路转，别有洞天。仰望千嶂滴翠，灰白色的石壁夹缝里有苍松傲然横出；俯见万顷朝霞映绿，百里晓雾泛紫。春季万物萌动，仙雀鸣唱，琴蛙奏弹；夏季百花争艳，灵猴嬉戏，彩蝶翩翩；秋季姹紫嫣红，冬季银装素裹。

最高峰从金顶至万佛顶，登顶极目，云遮雾绕中见群峰屏峙，压地盖天，正所谓"万仞白云端"、"三峨压岷右"。远眺皑皑雪峰，贡嘎山、瓦屋山天际山连；东瞰百里平川，大

图8.1　杰然高歌出清音——峨眉清音阁与双飞桥

图8.2　金顶祥光——不　图8.3　峨眉金顶佛光意象
知崖嶂几千重

渡河、青衣江气势莽莽，不愧明僧有诗赞："盘空鸟道千万折，奇峰朵朵开青莲"。其实，古往今来许多大诗人如唐陈子昂、李白、贾岛、岑参，宋苏轼、陆游、黄山谷、范成大、冯时行，元黄镇成，明杨升庵、海瑞、方孝孺等都咏赞过峨眉山，如唐李白诗曰："蜀国多仙山，峨眉邈难匹"[7]、宋苏轼"峨眉山西雪千里"[8]、宋范镇"前去峨眉最上峰，不知崖嶂几千重"[9]（图8.2）。

隋唐以后，峨眉山成为四大佛教名山之一，山上共有佛寺数十处，千年香火不衰，山因佛而著名，佛依山而益显。其中峨眉山第二高峰金顶云雾笼罩、云海滚滚，有"云海、日出、圣灯和佛光"四大奇观，尤其"圣灯"和"佛光"为峨眉山所独有。无云无月的夜晚，山坡上的星光点点、忽明忽暗，那就是"圣灯"，实为矿石中释放出来的一种可燃性气体的神奇自燃现象；更神奇的是传说中的"佛光"（图8.3），实际上是山间云雾显现的彩虹，是诸多自然条件合成的罕见现象。

总之，峨眉山以独特的地质地貌和风光天象、悠久的佛教文化、丰富的动植物资源等而展现出景、佛、人复合意境神韵。清代诗人谭钟岳曾概为十景："金顶祥光、象池月夜、九老仙府、洪椿晓雨、白水秋风、双桥清音、大坪霁雪、灵岩叠翠、罗峰晴云、圣积晚钟"。现在人们又不断发现和创造了许多新景观，如"红珠拥翠、虎溪听泉、龙江栈道、龙门飞瀑、雷洞烟云、接引飞虹、卧云浮舟、冷杉幽林"

等，无不引人入胜，成为国家级风景名胜区和珍贵的世界自然与文化遗产。

### （2）青城天下幽

"青城天下幽"与"峨眉天下秀"并提，位于四川省都江堰市南。青城山林木葱茏，碧翠四合，状如绿色城郭，唐代即被称为"青城"，现与邻近的都江堰同属世界自然与文化遗产。

踏入青城山门，沿石级盘旋而上，青城共36峰景致秀美，幽意袭人：山林幽深、山径幽静、山花幽香、山峰幽险、山谷幽奥，因而水幽、亭幽、桥幽、路幽……，最终呈现道家传说之幽秘以及雷雨中全山景色之幽冥。"幽"之关键在于茂密青翠的植被，著名作家老舍在其《青蓉略记》里，就惊叹青城"青得出奇"，是一种使人吸到心中去的"似滴未滴，欲动未动的青翠"。

道教创始人张道陵也正看中了青城山的碧绿清幽而在此修炼道法，青城山遂成为道教名山"第五洞天"。现有宫观38处，以建于隋代的天师洞为核心，形成包含建福宫、上清宫、祖师殿等一组规模宏大、结构精美的建筑群。道家崇尚朴素自然，许多道观和亭阁都深藏于枝繁叶茂之间，感觉格外幽深。有的建筑干脆树皮为瓦、竹枝为梁，取材于自然而与四周的山林岩泉融为一体。青城后山名庵荟萃，古迹甚丰，这里沟谷幽深，山泉瀑布在奇岩怪石间飞腾而下，加上峭壁上幽趣横生的栈道，其幽、险、雄、奇比前山尤胜。

如今登临青城山，步空翠之间，听松风之声，观书墨楹联，酌瀑泉甘露，真可谓濯肺腑之尘腻，荡毛胃之污浊。在这里可以游则"平林日射青如黛，大野云铺白似锦"[10]，留则"酷爱青城好山色，终年不出白云门"[11]。更有那在崖壁上的一首古诗："千里飞泉百道虹，云梯九曲半嵌空；幽谷迷人黄昏后，月移花影入潭中"，在这种诗境引领下，人们忘却了城市的尘土、人生的喧嚣，于灵魂深处感悟着这无言山水的幽静空灵（图8.4）。

### （3）华山天下险

华山乃著名五岳之西岳，五行属金，五色属白，十序属秋，整个华山在中国五行方位概念里居重要地位。它坐落于陕西华阴市，北瞰黄河，南连秦岭，因其形"远而望之若华状"[12]而得名[13]，李白诗句："石作莲花云作台"[14]正是对华山形貌的描写（图8.5）。华山是华夏文化发祥地之一，近代著名学者章太炎考证"中华"、"华夏"之名源于华山。《尚书》里就有有关华山的记载，《史记》中载有黄帝、尧、舜华山巡游的事迹，秦始皇、汉武帝、武则天、唐玄宗等十数位帝王也曾到华山进行过大规模祭祀活动。

华山巍然雄峙，有山顶五峰并峙，分别为东峰"朝阳峰"、西峰"莲花峰"、南峰"落雁峰"、北峰"云台峰"和中峰"玉女峰"，还有36个小峰。其中南峰最高，又与东峰和

图8.4　碧翠四合天下幽——青城山

图8.5　石作莲花云作台——华山全景图

西峰形成三峰鼎立，称"天外三峰"。东、西峰之间有一池清水名"仰天池"，池旁题刻如"太华绝顶"、"高与天齐"、"袖拂天星"等，妙点意境。东峰东面的石壁颜色黄白相间状如手掌，以此"华岳仙掌"成为古"关中八景"之首。总体上华山山势既高，整体感也极强，峙立之态势有诗赞曰："太华五千寻，重岩合沓起；势飞白云外，影倒黄河里"[15]。

"华山天下险"是对华山景观意境的高度概括。其山势峻峭，壁立千仞如削，自古以"险"著称，而"自古华山一条路"更道出了它是"险"景之典型（图8.6）。"华山一条路"是指从"青柯坪"经"千尺幢"，登北峰，再经"苍龙岭"唯一可达华山主体（中、东、西、南峰）的一条绝险之道。青柯坪是登山路程之半与华山海拔高度之半，其下幽深峡谷，其上危崖绝壁，沿途几乎无路不险，无险不路，有凌云架设的"长空栈"、悬雕镌刻的"全真岩"、三面临空上凸下凹

图8.7 西岳峥嵘何壮哉

的"鹞子翻身"，在峭壁悬崖上开凿出的"千尺幢、百尺峡、老君犁沟、擦耳崖、上天梯、苍龙岭"更是惊险万分，有诗形容"百尺峡"："幢去峡复来，天险不可瞬。虽云百尺峡，一尺一千仞"[16]。实际上，由于华山太险，唐代以前很少有人登临，历代君王祭西岳大典都是在山下西岳庙中举行。直到唐代道教兴盛以后，栖身山上的道士们才在悬崖、深谷、山脊上开凿出羊肠小路，安置简易链索、栈道，经过千百年来的改造、加固、延伸，才终于建成这条无比险绝的"华山一条路"。历尽艰险，登上华山顶峰，则一股顶天立地豪迈之气升起，正如李白诗曰："西岳峥嵘何壮哉，黄河如丝天际来"[17]（图8.7），又如北宋政治家寇准诗云："只有天在上，更无山与齐"[18]。

华山一直是道教独占的名山，为"第四洞天"，山顶上尚有老君洞、炼丹炉等胜迹，相传是老聃隐居修道之处。全山上下现存72个半悬空洞、道观20余座，其中玉泉院、东道院、镇岳宫被列为全国重点道教宫观。这些道观建筑，或建于山坡峭岩间，或架于悬崖之上，或在峰顶，多利用险奇的地形，建筑尺度小巧，形象质朴自然。

华山早在汉代杨宝、杨震，到明清时冯从

图8.6 自古华山一条路

图 8.8　峰海奇山——黄山天下奇

吾、顾炎武等不少学者，曾隐居华山诸峪，开馆授徒。自隋唐以来，文人墨客咏华山的歌咏、碑记和游记不下千余篇，摩崖石刻多达上千处。而在华山诸多史话和民间传说故事中，流传最为广泛的神话故事有"巨灵劈山"、"沉香劈山救母"、"吹箫引凤"等，是华山丰富的自然与文化意境遗产不可或缺的组成部分。

### （4）黄山天下奇

明代大旅行家徐霞客说"登黄山天下无山"，有道是"五岳归来不看山，黄山归来不看岳"，位于安徽省长江以南的黄山有"黄山天下奇"之美誉，乃是一座八百里内云海缭绕的一片"峰海奇山"（图 8.8）。在经历漫长的造山运动和地壳抬升、冰川洗礼和自然风化，黄山形成了"有泰山之雄、华山之险、峨眉之秀"的集名山大成之奇景，以其"山无定势、石无定形、松无定相"的神奇之美及长期积淀的文化价值被确认为国家级风景名胜区，也是世界自然与文化遗产。

古人以"矫激离奇，不可思议"来形容黄山，明代徐霞客以"生平奇览，有奇若此，步步生奇"来描绘黄山。黄山立体、流动、变幻无穷的自然景象，如四季转换、日月升落、气候替变、植物枯荣、山泉干泻等，瞬息万变的形态、光影和色彩，"奇"在一种不同寻常的美，吸引和激发了历代诗人、画家的审美情思

与创作灵感，从盛唐到晚清留下文章数百篇、诗词 2 万余首；明末清初，黄山更孕育了深刻改变中国山水画面貌的著名画派"黄山画派"，其明快秀丽的构图和清高悲壮的风格至今仍深深影响着中国山水画，贡献出一位又一位山水画大师；当代又出现多姿多彩的黄山摄影；另外，历史还留下了近百座古建筑、200 多处摩崖石刻、5 万多米的古"蹬道"等，形成独特的黄山文化，展现出永恒的黄山意境。

黄山之奇首先在于"绝峰"。黄山绝峰一绝在"高"，主峰"莲花峰"与其山脚相对高差一千多米，显穿云破雾之奇；二绝在"陡"，谷深峰陡，景观险奇，如天都峰平均的坡度为 70 度，最陡的地方达到 85 度；三绝为"多"，千米以上的高峰有 77 座，平空拔地，形成壮观的"峰海"；四绝是"姿态各异"，天都峰、莲花峰、光明顶三大峰鼎足而立、互成对景，同时 77 峰如狮子峰、始信峰、丹霞峰、仙桃峰、石笋峰等大小各异、错落有致。

黄山之奇第二在于"怪石"。在冰冻和风

图 8.9　松埋云上，云掩松中——黄山松

化侵蚀作用下，黄山怪石争崛、巧岩遍布，怪中见巧、怪中有妙，而巧妙得怪，最终怪得奇而奇得美，犹如神工天成，形象生动，构成一幅幅绝妙的天然图画。

黄山之奇第三在于"奇松"。全山百年以上松以万计，最负盛名的迎客松已成黄山象征。黄山松就是云中龙，它虬枝矢矫，向空壁立，足爪森森，鳞甲斑斑，一面把爪牙深深地插入岩石，同黄山峰石生死纠缠；一面又翻崖破石，急欲挣脱峰石的羁绊，颇有风雷乍起而破壁而去之势。明代诗画家陈继儒道："十步一云，五步一松，松埋云上，云掩松中"（图8.9）。

黄山之奇第四在于"云海"。"黄山自古云成海"[19]，山高谷深，气温差大，加之雨量充沛，极易形成云海。云海神秘莫测，似海非

海，置身其中，犹如进入梦幻境地，飘飘欲仙。云海不时如阵阵青烟随风翻滚，有时值风平浪静，则一铺万顷。当旭日东升，霞光万道，云涛海面，色彩绚丽，而幽谷险壑顿时淹没，远处峰顶犹如孤岛；当大风吹起，云海又如万马奔腾，波涛汹涌，置身崖边，观奇景变化，不胜喟叹。故明人有诗曰："望中汹涌如惊涛，天风震撼大海潮"[20]。

黄山之奇更在于"峰"、"石"、"松"、"云"的奇巧组合上。著名景观"梦笔生花"、"仙人下棋"、"苏武牧羊"、"关公挡曹"、"仙人打琴"、"姐妹放羊"等都是松、石、峰等综合奇观，它们交相生化，阴阳和合，相互衬托，高低错落，而又和谐统一，共同编织黄山奇、伟、幻、险的诗意境界。

## 注释

[1] 参见谢凝高.国家风景名胜区功能的发展及其保护利用[J].中国园林,2005,7:1.
[2] 参见我国新添26处国家重点风景名胜区.中国园林.2003,3:37.
[3] 参见赵宝江.严格保护资源!强化科学管理,坚持走风景名胜事业可持续发展的道路——纪念中国风景名胜区事业二十周年[J].风景名胜工作通讯专刊:辉煌的历程纪念中国风景名胜区事业二十周年!2002,11:2.
[4] 明·周洪谟.三峨。一说此诗作者为南宋范成大,经考证为明代正统年间进士、礼部尚书、太子少保周洪谟(1419—1491年)所作.
[5] 唐·元稹.寄赠薛涛.
[6] 后蜀·贯休.蜀王登福感寺.
[7] 唐·李白.登峨眉山.
[8] 宋·苏轼.雪斋.
[9] 宋·范镇.初殿.
[10] 清·黄云鹤.题青城山前山大朝阳洞.
[11] 出自宋·勾台符.诗选.
[12] 北魏·郦道元.水经注。转引自周维权.中国名山风景区.北京:清华大学出版社,1996.
[13] "华"通"花","华"即是"花".
[14] 唐·李白.西岳云台歌送丹丘子.
[15] 唐·卫光一.经太华.
[16] 明·顾咸正.百尺峡.
[17] 唐·李白.西岳云台歌送丹邱子.
[18] 北宋·寇准.华山.
[19] 刘伯承.黄山.
[20] 清·吴应莲.黄山云海歌.

# 8.2 风景名胜区规划建设问题

目前我国风景名胜区规划建设也存在着一些指导思想上的偏差，需要从认识上厘清误区，对有害开发方式及时地纠正，特别是要认真吸取和总结经验教训。

## 8.2.1 指导思想的偏差

### （1）过度商业化和城市化

自20世纪90年代后，我国一些风景名胜

区"商业化和城市化"现象越演越烈，经常可见景区公路两旁毁绿开店，叫卖声喧嚣，商业招牌林立，争奇斗艳却不是和谐整体；又在风景名胜区内甚至核心景区内人为规划设置和兴建新的商业接待设施和城镇，于是景区内宾馆、疗养院、培训中心和灯红酒绿的商业设施泛滥，又往往设计质量低下、尺度失控，使风景遭受破坏。例如黄山风景名胜区内不仅修了三条索道，还在核心精华地段的山顶开发星级宾馆、饭店、商店、职工宿舍等。

问题原因在于规划建设指导思想上的偏差，对商业利益而且是短期利益过分追求，导致风景名胜区规划建设定位失误。例如泰山风景名胜区的决策者就曾提出要"把岱顶建成热闹非凡的天上城市"，"把风景的泰山，改造成经济的泰山"[1]，在此政策指引下，泰山风景名胜区被改造为一座山下泰安城、中天门小市、山上岱顶闹市和一条公路、三条索道联成的商业之山、城市之山，背离了风景名胜区的本质。与定位错误相应，错误地采取城市开发方式进行风景名胜区建设，导致在风景名胜区内大兴土木，旅游山道被修成宽阔的城市马路，有地域特征的原生态村庄被拆掉，亲切自然的山林入口被一个现代化城市广场代替等，加剧风景名胜区的异化。

## （2）景观人工化和游乐场化

随着风景名胜区的商业化、城市化，景区内景点景物的人工化、游乐场化现象也很突出。例如弯曲的溪流被改造成人工化规整的工程水道和垂直驳岸，自然起伏地形被到处挖成人工挡土墙，索道直通山顶，完全不顾自然景观协调等。例如泰山索道，修在主景区内，虽然给游人带来了一定方便，也增加了经济收入，但破坏岱顶地貌，建筑物与周围景观不协调而煞风景，更销毁千百年来形成的泰山意境崇拜。

曾经一度，全国各地风景旅游开发上，人

造景观如雨后春笋般兴起，包括在风景名胜区内盲目修建寺庙佛堂、滥刻名人题字、修建"鬼城"等，更有打着旅游开发的幌子，在风景区内遍地开花的所谓主题公园、微缩景观、西游记宫、宋城、三国城等，谓之"文化挖掘"，实则脱离地域文化背景的支撑，既无自然之神奇，亦无历史之根据，与风景名胜区自身的文脉毫无关联，完全是不伦不类的凭空捏造，多数格调低下、粗制滥造，耗费了大量人力物力却又破坏原有的自然和名胜意境。

还有一些风景名胜区置自然景观于不顾，招商引资建设娱乐城、赌场，设置大量游乐设施、高尔夫草坪等，使风景名胜区游乐场化，变成了吃喝玩乐的综合体，为此还不惜截水筑坝，砍树伐木，与怡情山水的意境完全相悖。

## （3）重开发轻保护

一些风景名胜区重开发轻保护，缺乏监管保护措施或措施不得力，在风景名胜区内砍伐森林、植被受损、草甸退化的事时有发生，使风景名胜区生态环境临近濒危状态；超量滥用水资源，在风景名胜区内引水发电，使地下水位逐年减少，许多瀑布、水景失去往日景致，水源枯竭；有些地方在风景名胜区周边大量兴建水泥厂等污染型企业，致使水体严重污染，近十年来，全国江河、湖泊类型的风景名胜区水质已明显下降，水质富营养化十分严重；还有的在以风景资源为对象的旅游活动中，过度的开发冲击着风景资源的可持续利用，本是绿草茵茵、林木茂密的风景之地，无限量的人流输入使其"垃圾"遍地。总之，一些风景名胜区不重视环境保护，在区内开山采石、断水截流情况也有发生，致使风景名胜区环境退化甚至恶化，也使生态安全隐患增加。

风景名胜区规划建设中存在的这些问题，不但很"煞风景"，更与我国注重风景审美诗境的优秀传统背道而驰。

## 8.2.2 风景名胜区建设的误区

### （1）误区一：风景等于商品

"风景名胜资源是指具有观赏、文化或科学价值的山河、湖海、地貌、森林、动植物、化石、特殊地质、天文气象等自然景物和文物古迹、革命纪念地、历史遗址、园林、建筑、工程设施等人文景物和它们所处环境以及风土人情等"[2]，即表明风景名胜是国土的精华，是国土资源中价值最高的不可再生的国家自然遗产和文化遗产，其中达到世界级的是世界自然文化遗产，是全人类的瑰宝。因此它不应成为"商品"而被"有钱"私人或小团体单独占有，而应该是国家全民所有乃至全人类的共同财富。"风景名胜"正是在于它的自然珍稀价值和与历史真实价值以及由此产生的科学、美学价值，这些价值不能进行经济学意义上的量化评估，所以实际上风景名胜也不能成为商品。

人们跋涉到风景名胜区来，是缘于对大自然风景的热爱，是为了欣赏和感受天然野趣，追寻历史名胜的文化轨迹，从中领悟大自然的神奇和与之相应的独特的历史人文意境，因此把风景名胜视作可换取高额经济利益的商品是认识上的极端误区，导致了一系列商业化、城市化等风景名胜异化的后续错误。

### （2）误区二：旅游开发挂帅

"风景"、"旅游"成为经常搭配的词汇，它们有着密切的内在联系，但不应混为一谈，风景与旅游分属不同概念内涵，是两个不同性质的事业。

首先，在经济学意义上含义不同。"风景名胜"本质是一项资源保全型的社会公益事业而非一类经济产业，它以其美景给予游客美好体验，不以获取经济利益为主要目的，国家关于风景名胜区"严格保护、统一管理，合理开发、永续利用"[3]的基本方针体现了以保护为核心的基本观念和科学原则；而旅游业则是一类经济产业，以获取经济效益为目的，以游人数量、服务内容与质量、娱乐方式为标准，如饭店、游乐场、旅游商品店等，旅游业的投资回报属于企业。但风景名胜资源是国家珍贵的自然与文化遗产，不允许以之去承担企业经营的风险。

相应地，在资源构成内涵上也不同。旅游资源构成内涵比较广泛，除风景名胜资源外，一切具有观光、休闲、娱乐、度假、购物等利用价值的各类资源，无论是自然、历史的，还是全新人工造景，凡能促进旅游经济产业的都可纳入其范畴；而风景名胜资源总体上由自然景观和人文景观两大类型构成，虽然能一定程度实现旅游产业功能价值，但必须先确保风景名胜资源不被损害和异化而永续利用为前提。

曾经出现了一些混乱，如改变风景名胜区属于国家所有和公益事业的性质，划拨给旅游企业来经营管理；将风景名胜区改制为旅游经济开发区，将风景名胜区外部的旅游宾馆、别墅、游乐设施的开发，改在风景名胜区内的开发，以旅游规划取代风景名胜区规划，以旅游产业政策取代风景名胜区事业政策，以旅游经济目标指导风景名胜区的保护与建设目标，这些都是错误的。

### （3）误区三：风景名胜区当作游乐场

有的风景名胜区完全不顾其本来的自然风景特征和历史文化意蕴，随意在风景区内设置大量娱乐设施和活动，诸如鬼城、人造迷宫、蹦蹦车、斗鸡、斗羊、恐龙、轨道小火车、充气游戏场、迪士尼游乐园、高尔夫球场等，不一而足，这些未经推敲的娱乐设施一哄而上，使本来净洁高尚的风景名胜区低级庸俗化，大大降低了风景名胜区的品质和品位。

另外，大多数风景名胜区中本有许多历史文化遗存与民俗活动，特别是宗教文化活动，它已成为风景名胜区人文景观资源的一个重要组成部分，这是我国许多风景名胜区的一个特点，特别是那些历史影响较大且保存至今的著名宗教胜地，必是秀山胜水之佳境，长期的过程形成了宗教文化与自然风景相辅相成的特殊意境，应该得到保护和合理利用。但是现在有些原本不含宗教活动的风景名胜区，或者在风景区内已有的宗教胜地边上与周围乱建寺庙，随心所欲地设坛置案、投币入瓮，弄得风景名胜区乌烟瘴气。这种现象不仅损害了风景名胜区的整体形象与风貌，也是对纯正宗教文化的亵渎。

### （4）误区四：以城市房地产开发促风景区发展

把风景名胜区建设与城市房地产开发建设混为一谈，进而把风景名胜区规划当作城市规划，错误地把风景名胜区看作又一类城市建设用地而大搞房地产开发，胡乱套用城市广场、草坪、大宾馆、大马路等建设内容与指标。有的地方将旅游度假区甚至经济开发区开发模式引入风景名胜区，造成各类开发区、别墅区、商务中心、培训基地、休疗养所等等纷纷搬到风景名胜区内，有的还竞相引资修建所谓的"景观房产"，后果必然是大量侵占风景名胜区土地，破坏天然景观和生态环境，最终危及风景名胜区的存亡。

例如山西省北武当山风景名胜区变相出让、转让风景名胜资源，把北武当山的风景名胜区土

图 8.11　洱海边"情人湖"原景

地的开发权、经营权、管理权以及受益权全部出让给一个企业，签订了合同经营期限70年，违规进行旅游设施建设用地开发和房地产用地开发。更有甚者，云南大理苍山洱海集自然景观、地质地貌、生物资源与人文历史等特色为一体，是国内少见的国家级自然保护区和在国际上也有较高知名度的世界级旅游景点。然而，这些并没有成为它的"护身符"，反而招来"杀身之祸"，现在它珍贵的风景资源正在遭受破坏性的房地产开发，一幢幢高档住宅在洱海之滨拔地而起（图8.10），一幢五星级大酒店正在建设，洱海岸边湿地、曾经著名的"情人湖"在风景开发的幌子下长眠于房地产开发地下（图8.11）。

## 8.2.3　风景区开发的乱象

### （1）急功近利式的开发

急功近利式的开发于风景名胜区管理者来说，是为了求得立竿见影的所谓政绩，于是不问风景名胜区本身内在的天然特点，大搞轰轰烈烈的献礼工程，赶工赶时，仓促上马，建设施工先于规划设计，缺乏规划设计上的斟酌推敲，往往造成人工服务设施与风景环境在尺度上、文化氛围上的极不协调。

急功近利式的开发在投资商那里，胡乱造人造景观不说，又往往只求以最小的投入获得最大、最快的利润回报，于是偷工减料、粗制滥造、格调低下、与自然景观不和谐而不伦不

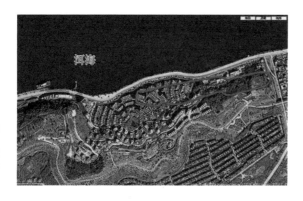

图 8.10　洱海边房地产毁掉原"情人湖"景观湿地（图中红线处）

类，结果戕害了风景名胜区原本风貌，败坏了风景名胜区的形象与声誉。

### （2）乱占哄抢式的开发

改革开放以后，随着经济发展，旅游市场也兴旺起来。在管理不及时到位的情况下，引得工、农、商、学、兵各行各业一齐在风景名胜区内争先恐后地乱占哄抢式的开发。例如，许多农民和小个体工商户在风景名胜区内建起了一排排房屋出租引客，有时把风景名胜区景观形象糟蹋得可用"一塌糊涂"来形容；除此之外，更有许多有背景的单位也纷纷占山为王，通过种种非正常手段抢夺风景名胜区优势景观地段建宾馆、培训中心、疗养院等，诸如邮电宾馆、银行宾馆、电力宾馆、国税宾馆等。实际上即便是将风景资源等同旅游资源，也不能如此这般地恶性消耗"资源"，这种哄占乱抢式的开发危害极大，遗患无穷。

### （3）弄巧成拙式开发

有的风景名胜区改造原始自然环境、拆毁原真性历史建筑，却凭借一些零零碎碎、东拉西扯的传说和故事，在景区任意克隆仿古建筑或胡乱新开景点，还有的随意设置与该风景名胜区毫不相干的主题公园，粗制滥造地修建亭台楼榭，有的甚至建起了什么"小巴黎"、"小伦敦"、"小威尼斯"等不伦不类仿制品，实为弄巧成拙、画蛇添足，这些建筑往往在选址、形式和体量等处理上都极为不当，破坏了自然景观的和谐统一，大煞风景。

### （4）竭泽而渔式的开发

有的风景名胜区，搞大规模转让给企业公司经营，放弃对风景资源保护的监管权或者屈服于少数利益集团的压力，任由企业公司在景区大搞掠夺性的开发建设，不惜削峰、填沟、截流；有的拆除真文物，大量建造假古董；有的毁坏真风景，建造假景观……这些都是杀鸡取卵、竭泽而渔的开发方式，确又屡见不鲜。

例如江南某镇，1980～1990年代，乡镇企业发展后大搞开发建设，大批质量不高的现代建筑取代了明清的古建民居，该镇十几年来盖的"现代"房子不伦不类，没有文化内涵，虽曾经风光一时，实为"杀鸡取卵"、"竭泽而渔"，与其紧挨的同里镇的繁荣景象形成了鲜明的反差；而在同里镇，由于有保护意识，改革开放后仍保留了很多明清建筑、古河拱桥，结果那一道道"小桥流水人家"式的江南水乡风情越来越受国人和国外友人的青睐，现在同里镇已发展成为旅游大镇，保存了文化价值的同时，经济收入也稳步上升。

再例如广西的一个溶洞，数万年形成的钟乳石形态万千，具有很高的观赏价值，但当地居民利欲熏心，炸下钟乳石做旅游商品出售，仅过数年溶洞美景因此消失，游人再也不来了，本可供人们永续旅游欣赏并永续取得经济利益的溶洞，却被"竭泽而渔"的行为造成吃祖宗饭断子孙路的悲剧。

事实证明，在风景名胜区内这种杀鸡取卵、竭泽而渔的开发方式，得到的是眼前利益、短暂的经济效益，而毁掉的是国家珍宝和子孙后代持续发展的依据。

## 8.2.4　教训与反思

由于指导思想的偏差、认识上的误区和有害开发方式，导致一些风景名胜区景观资源被破坏而不得不花费更大的代价去恢复，这方面的教训不少。

例如1992年被列入世界自然遗产的武陵源风景名胜区，联合国世界遗产委员会对其曾有很高评价，以其中金鞭溪为例，认为溪水清澈、植被完好，很长的地段不见人烟，可谓"世界最美的大峡谷"之一。然而仅过六年，武陵源风景区城市化、商业化迅猛发展，著名景点锣鼓塌成了一座"宾馆城"，导致景区环境污染，例如金鞭溪每天被迫接受 1500 吨污水[4]。1998 年联合国世界遗产委员会专家在复查报告中表示："对武陵源的旅游业基础在 1992 年评估后的发展速度十分震惊"，认为它们"对景区的美学质量造成了相当大的影响"，风景名胜区"已变成被围困的孤岛"[5]，并发出严厉警告："武陵源现在是一个旅游设施泛滥的世界遗产景区"、"大部分景区现在像是一个城市郊区的植物园或公园"[6]。2000 年 4 月，武陵源风景区在朱镕基总理的指示下，先后投入 10 多亿元拆除近 34 万平方米建筑，可谓惊人的数字，而自 1990 年以来景区所有门票收入也不过 3 亿多元，但又必须拆除，因为已经关系到武陵源风景区是否是世界级自然遗产和旅游胜地的生死攸关问题。

"青城山—都江堰"风景名胜区也曾被破坏严重，在其被列入世界自然文化遗产之后，按照世界遗产的保护要求和国家有关法律法规，花费资金 2 亿多元，进行了有史以来规模最大的景区建筑拆迁和环境整治工程，搬迁宾馆 3 家、游乐企业 14 家、800 多户人家，拆迁建筑面积 14 万平方米，才基本恢复了风景名胜区内的本来环境[7]。

清东陵，1980～1990 年代陵区建了不少旅游服务设施，破坏了皇陵建筑群地表地下的整体格局及其周围风水环境的完整性，按《保护世界文化自然遗产公约》要求拆除了旅游服务设施，恢复了清东陵的"原作"风貌，方才列入了《世界文化遗产名录》。

武夷山风景名胜区被列为世界自然文化遗产后，先后分批组织景区内的旅店、茶厂、商店等单位以及核心景区范围内的居民搬迁，累计拆除建筑面积 4000 多平方米，迁移人口 2000 多人，花费达 1 亿多元。

还有南岳衡山，由于历史的原因，造成在南岳衡山的主峰上建成了 31 个宾馆或培训中心、招待所，为了保护自然环境，湖南省委、省政府下决心进行了综合整治，包括把山上的 31 个宾馆拆除了 27 个。

以上说明我国风景名胜区的景观整治成绩不小，但从另一角度看，实际是犯巨大错误在先。世界遗产尚且如此，其他风景名胜区被破坏的现象就更为严重了。破坏自然文化遗产，又耗费大量人力物力拆迁恢复，花费金额均以亿计，早知如此，何必当初！而且准确地说也不可能再恢复到自然的原本景观，先前的行为教训非常深刻，值得认真反思，才能使风景名胜更上层楼，提升意境。

## 注释

[1] 周梦榕，高友清. 关注失控的旅游开发 刹住风景区"三化"风[N]. 社会法制报，2002-6-27.

[2] 见《建设部关于风景名胜区管理暂行条例实施办法》第二条，1987 年 6 月 10 日建设部文件〖1987〗城城字第 281 号发布.

[3] 引自曾培炎. 国务院召开风景名胜区工作座谈会讲话 2006-2-10.

[4] 匡吉. 保护与发展——风景名胜区的永恒主题[J]. 长江建设，2003(6).

[5] 转引自周年兴，俞孔坚. 风景区的城市化及其对策研究——以武陵源为例[J]. 城市规划汇刊，2004,1:57-61.

[6] 周年兴，俞孔坚. 风景区的城市化及其对策研究——以武陵源为例[J]. 城市规划汇刊，2004,1:57-61.

[7] 仇保兴. 风景名胜资源保护和利用的若干问题[J]. 中国园林，2002,6

# 8.3 树立规划指导思想的诗境观

## 8.3.1 风景审美诗境的滥觞与发展

人类社会发展早期，对自然的态度都主要是一种敬畏的心态而不是审美。在中国殷商直至西周时代，认为万物有灵而有多神崇拜，当时"隆祭祀，事鬼神"[1]，把高山当作人与神的相接处，因此建造高丘灵台以"娱神"，这些都反映了敬畏自然，自然崇拜是先民最普遍的意识。不过，在敬畏与崇拜自然的同时，华夏文明较早地呈现了人文主义精神，并以其梦幻般的想象力，产生了反映西部高山地理环境的昆仑神话和反映东部海岸地理型特色的蓬莱神话。《山海经》中所述昆仑神山是天帝和百神在人间的住所，而《海内五洲记》则说海上有蓬莱、方丈、瀛洲三座仙岛。昆仑神话和蓬莱神话分别表现了先民对高山和阔水的自然崇拜，也带有对神仙环境审美的色彩，故那个时代已经埋下审美自然的基础。实际上在鬼神至上的殷商时代已有神、君共乐的端倪，更有东周时期子产不听裨灶禳火、晏子反对禳祭彗星等更重人事而不向鬼神乞怜。有了人文精神的发育，从敬畏自然逐步走向审美自然。

到了《诗经》时代，山水风景成为诗中常有的描绘，虽然主要用作比兴而并非是对自然审美，但自然风景大量成为讴歌的对象，随之山水审美诗境已有广泛的萌生。发展到老子、孔子的时代，开始纳入文化伦理而出现山水文化。孔子的"仁山智水"思想，致力于山水比德，开启了中国特色的山水文化，尽管严格地说山水比德是以山水作为形容比喻而尚不能算作山水审美；为山水审美诗境提供哲学基础和美学规范的当属老子和庄子精神，特别是庄子大量借助自然景物为喻表

述其哲学观，在庄子精神中，山水诗境实际成为其所不期然而然的归结之地。

秦、汉时代山水风景审美获得较大发展，从魏晋时代开始，对山水风景自然的审美进入了艺术上的自觉，可以说此时真正开始了山水审美的时代。前文曾提出中国园林是诗境的化身，那自然山水风景审美诗境才是其更加原本的源头。此后将之用于艺术创作和规划营造，有意识地竭力与山川之美相比照，把山川之美的特质施之于建筑、城市、园林和其他艺术作品，使它们获得外在风采与内在神韵，山水风景审美诗境从此成为中国文化中一个亮丽的奇葩，成为中华民族审美心理的普遍基础，成为中华文化底蕴的重要体现。

## 8.3.2 诗境是风景名胜区的灵魂

华夏大地上，群山耸立、众河奔流，江山如画、分外多娇，充满了美的自然物象与景象；而中国文化又很早就开启了自然审美的意识。于是，在超尘脱俗的环境和优美景观之哺育下，在风景审美文化精神之醉心投入中，千百年来一些名山大川经过人们不断的景观维护、审美发掘和文化积淀，形成了今天脍炙人口的风景名胜区，它们具有独特的风景名胜"诗境"。对于风景名胜"诗境"，可从"自然审美意境"和"文化精神意蕴"两个方面解读，而实际上已紧密联系在一起难以分割，并在长期的情景相互交融中成为中国风景名胜的特点与重心，抑或完全有根据地说：诗境就是风景名胜区的灵魂。

### （1）自然审美意境

纵观自然风景，其独特的审美意境来自

风景亿万年自然形成的奇异特点。诸如岩石、土壤、水体、植物、动物、云雾、雨雪以及阴晴、明晦、季相等等，它们有着良好的生态环境和优美景观形态，给予人们极大程度的美的享受。

如武陵源风景名胜区亿万年前，曾是一片波涛翻涌的海洋，岁月悠悠，沧海桑田，大自然威力无边的"燕山运动"，将这里逐渐抬升为陆地、山脉、江河，随后又展以鬼斧神工将其"穿透切割"、"精雕细琢"，从而有了今天这般具有原始生态体系的石英砂岩峰林地质地貌，构成了溪水潺潺、奇峰耸立、怪石峥嵘的独特自然景观，展现出"山峻、峰奇、水秀、峡幽、洞美"的自然审美意境（图8.12）。

又如三江并流风景名胜区，是由怒江、澜沧江、金沙江三条大江由北向南在西藏、云南境内平行并流400多公里，在最窄处三江相距仅66公里，为地球上独一无二的自然奇观。三江途经横断山脉海拔6000多米的云

图8.12　武陵仙境

图8.13　三江并流
地区奇观美景

岭、怒山、高黎贡山冰山雪峰和落差3000多米深的峡谷，其中怒江、澜沧江最近处只有18.6公里的怒山相隔，地貌景观令人称奇。久远地质年代的板块碰撞形成举世唯一的独特景观：奇特的"三江"并流，雄伟的高山雪峰、险要的峡谷险滩、秀丽的林海雪原、幽静的冰蚀湖泊、广阔的雪山花甸、丰富的珍稀动植物、壮丽的白水台等，构成了"雄、险、秀、奇、幽、奥、旷"的自然审美意境，被确定为国家级风景名胜区和世界上面积最大的世界自然遗产地（图8.13）。

再如庐山是一座地垒式断块山，外险内秀，奇特瑰丽的山水景观具有极高的科学价值和旅游观赏价值。"一山分江湖"的庐山，从深邃悠久的远古走来，大江（长江）、大湖（鄱阳湖）、大山浑然交汇，兼有大江的气魄、大湖的胸襟、雄山的刚毅、秀山的温柔和灵山的潇洒；河流、湖泊、坡地、山峰等多种地貌崔嵬孤突、雄奇险峻、峥嵘潇洒、秀丽诡异、刚柔相济。有巍峨挺拔的青峰秀峦、瞬息万变的云海奇观，特别是水流在河谷发育裂点，形成许多喷雪鸣雷的银泉飞瀑，留下"飞流直下三千尺、疑似银河落九天"[3]的千古名句；最高峰为大汉阳峰、五老峰、香炉峰等，山间经常云雾弥漫，从山下看山上，庐山云天缥缈，时隐时现宛如仙境；从山上往山下看，脚下则云海茫茫，有如腾云驾雾一般，故庐山独特的自然审美意境可以如下诗句表达："横看成岭侧成峰，远近高低各不同"[4]。

## （2）文化精神意蕴

由于中国悠久的历史，许多风景由于人文活动而成为名胜，如文人游历、帝王封禅、宗教活动、名人轶事、神话传说等，这种文化与自然共同存在、融为一体，令风景名胜区增辉添色，成为中华民族乃至整个人类文明的古今融合、精神凝聚、文化升华之地。

特别是其中的山水风景文化表现了华夏

文化独树一帜的性格。早在上古，便流传着许多关乎山水的神话，古代典籍如《山海经》、《禹贡》、《管子》、《水经注》等对山水风景有过详尽的记载和描写，最早的诗歌集《诗经》收录了不少状写自然风景的篇章，在后续的文化发展中，与山水风景相关的文化始终占据着重要地位。千百年来，文人惯游各地名山大川已成为社会风尚，他们面对美景有所感受、领悟而流于笔端，写下大量的诗、词、散文、游记，故几乎每一处传统风景名胜区都能够辑录一部厚重的诗文专集，它们大部分都表现了以风景审美为核心的山水文化，是人们以自然山水为素材而创造的精神成果，是中华民族与宇宙世界相融中辟出的一片壮丽天地，亦是构成中华民族形象的重要精神支柱，风景名胜区因为这些宝贵的文化精神意蕴而大放异彩。

例如世界文化遗产武当山风景名胜区自唐代以来就是中国道教发祥地，有规模宏大、构造严谨、装饰精美的道教古建筑群，其中的金殿建筑全为铜铸镏金，借助天柱峰的承载，散发流光溢彩；还有镶嵌于南岩悬崖上的南岩宫，堪称古建筑群与自然环境巧妙结合，达到了"千层楼阁空中起，万叠云山足下环"[5]的"仙山琼阁"之意境。

又如庐山的山水风景文化，堪称中国山水文化的精彩折射和历史缩影，它通过诗人、书画家、文化名人、哲学家们的心灵审视，创造出散发浓郁人文氛围的自然与文化遗产。首先，庐山人文内涵特别丰富：东晋陶渊明以庐山康王谷作为原型，创作《桃花源记》，洋溢着理想主义光灿；南朝时《庐山二女》以庐山为背景，成为中国早期志怪小说的名篇；唐白居易《大林寺桃花》一诗，造就了一处名胜——花径；他所撰《庐山草堂记》，是记述中国古代山水园林的名作；宋理学家朱熹复兴白鹿洞书院，使其成为中国古代四大书院之首，他订立的《白鹿洞书院学规》

图 8.14　不识庐山真面目

成为中国古代教育的准则和规范，由此宋明理学在这里千秋耕耘，影响了中国历史文化的进程。其次，山水画亦在庐山一展风流，闪烁出耀人的辉光：东晋画家顾恺之创作《庐山图》，成为中国绘画史上第一幅独立存在的山水画，中国画在理论上的第一次突破，亦是顾恺之的"传神说"，然而这是受到东晋高僧慧远在庐山阐发的"形尽神不灭论"哲学思想影响的结果；庐山东林寺莲社"十八高贤"之一的宗炳，所撰《画山水序》成为真正意义上的第一篇中国山水画论，其"畅神说"打破了"君子比德"的美学观，表现了一个新的美学思潮兴起。最辉煌的，自东晋以来，诗人们以其豪迈激情、生花妙笔，歌咏庐山的诗词歌赋有四千余首，庐山成为中国山水诗的策源地之一：东晋谢灵运的《登庐山绝顶望诸峤》、南朝鲍照的《望石门》等，是中国最早的山水诗之一；东晋陶渊明一生以庐山为背景进行创作，他所开创的山水田园诗风影响了后世整个中国诗坛；唐代李白五次游历庐山，留下了《庐山遥寄卢侍御虚舟》等 14 首诗歌，其《望庐山瀑布》千古长流；宋代苏轼写下"不识庐山真面目，只缘身在此山中"[6]的哲理名句（图 8.14）。最终，庐山的风景是自然的风景，更是诗化的风景，包含自然审美意境和文化景山意蕴的诗境成为庐山风景名胜区的灵魂。

### 8.3.3　提升诗境观在风景名胜区规划中的主导地位

#### （1）诗境观是风景名胜区规划的核心价值观

对于风景名胜区的异化现象，许多有识之士从各个角度提出了他们的看法，包括有的学者从管理体制等角度论述。其实，所有问题现象、认识误区和因此的有害开发方式，都可以归结为风景名胜区规划建设指导思想上的问题。

需要树立一个基本共识观念作为规划建设指导思想，它就是高度尊重风景自然和历史文化遗迹，并以之为核心建立高层次审美意识和文化精神的"天人合一"诗境观，诗境观应该作为风景名胜区规划的核心价值观。

#### （2）诗境观显现中国特色的风景名胜区规划

我国风景名胜区多来自古代的名山大川，这些名山大川本身由大自然鬼斧神工所形成的独特风景，加上历史长期人文文化活动和山水文化的审美意蕴的"经营"，构成了风景名胜区既有特殊物理性存在的风景资源，更有风景资源特殊物理性存在之外的独特审美意境和文化意蕴，即风景诗境。人们长途跋涉而来，主要是向往那自然风光和历史人文的巧妙结合，风景启迪诗文，诗文点化风景，诸如"神峰秀顶"、"幽溪绝壑"、"石梁飞瀑"、"琼台夜月"、"苍松翠竹"、"平湖秋月"、"秀溢云岚"等，目的是感受那非同一般的风景诗境。

现在，国际上无论关于"国家公园"（与我国风景名胜区概念相近，可以相应对比）、还是《世界文化和自然遗产保护公约》，都未有把"诗境"作为风景名胜区规划的突出内容；就是我国目前有关风景名胜区规划建设的有关条例、法规上，也未见风景名胜区明确把"诗境"作为重点核心内容。而正是在"诗境"上，中国风景名胜显出强烈的特色，故树立"诗境观"的规划建设指导思想，提升它在风景名胜区规划中的主导地位，强调它的核心价值观，对于有中国文化特色的风景名胜区规划建设是很有必要的。

## 注释

[1]《汉书·郊祀志》："楚怀王隆祭祀，事鬼神……"
[2]孔子.论语·述而.
[3]唐·李白.望庐山瀑布.
[4]宋·苏轼.题西林壁.
[5]明·胡宗宪.仙关.
[6]宋·苏轼.题西林壁.

# 8.4　风景名胜区诗境规划理念与原则

### 8.4.1　"顺其自然"的维护——理念之一

"自然"是诗境之美的总源泉，并且诗境之"自然"，是以中国传统思想"自然而然"的思维模式为底蕴的，因此，"顺其自然"的维护之理念就是特别强调保护风景名胜资源的"自然性"及其"完整性"。

#### （1）风景名胜的自然性和完整性

所谓"自然性"，是指风景名胜作为自然文化遗产由大自然历史形成的原作，主要包括原生性的山形、地貌、石状、林相、溪涧、瀑布、海潮、湖泊、树木、飞鸟、走兽等等相互依赖的有机系统，基本不带人工的痕迹；有时虽然人工，但仅属于点缀性质如石上题字、湖边建亭，或者是长期的人文宗教活动所留下的与自然风景已融为一体、代表着历史文化"原作"的少量人文风景。

所谓"完整性"，主要是指风景名胜本身的系统性及其相关环境风貌的全面性。原真而完整的风景名胜区方显其本来的特色，如黄山的奇特山形山势、武夷山的绝妙溪峰搭配、桂林漓江的奇山秀水、西双版纳的热带雨林、黄河壶口气吞山河的瀑布等等，无不是以其大场景的真实的鬼斧神工之特色取胜。

## （2）自然而完整的风景名胜之价值评价

### 1）美学艺术价值

风景的雄伟、秀丽、幽深、奥秘使人启迪心智、开拓胸怀、陶冶性情，引发特殊的审美情感。山峦、河流、森林、草原等大自然风景是地球演化运动给我们创建的最美丽的生存花园，这是任何人工环境包括人造花园都无法比拟的。大自然哺育了人类物质文明，陶冶了人类情操，历来具有无比深远的美学艺术价值，是人类获得美感和灵感的重要源泉（图8.15）。

大自然更培育了中华民族的审美意境，老子教导"见素抱朴"，庄子主张"法天贵真"，老、庄美学崇尚自然、含蓄、冲淡、质朴，把自然朴素看成一种不可比拟的美，说"淡然无极而众美从之"[1]，此后中国美学艺术观一直以"自然"为底蕴，沿着"道法自然"的方向发展，如王充强调"真美"，刘勰"标自然为宗"，钟嵘倡"自然英旨"，皎然推崇"真于性情"、"风流自然"，司空图"冲淡、高古、典雅、自然……"诸品中论列的审美意象，基本上都可归入自然素朴美的范畴。苏轼推"天成、自得"、"发纤秾于简古、寄至味于淡泊"，汤显祖"一生

图8.15　自然而完整的风景——人类获得美感和灵感的源泉

儿爱好是天然"。还有欧阳修《醉翁亭记》中说："日出而林霏开，云归而岩穴暝"，"野芳发而幽香，佳木秀而繁荫"，这些"日、林、云、岩、野芳和佳木"等所表达的自然美的境界是欧阳醉翁意之所在。自魏晋至隋唐，以陶渊明、王维为代表的中国文人诗画，就已经以自然为宗，宋以后文人画勃兴，全面推行了自然审美。检索近5万首全唐诗可以发现，描写自然景观的诗占其比例分别为：风41%、山水65%、树林15%、石和云23%，足见中国人自古以来对自然的热爱并陶冶其中，自然美成为中国人最高的艺术审美追求。

现代社会，文明主要集中在大城市，但城市是人工化建设的环境，长居于此，即便天天接触城市公园也是不够的，必须"返璞归真"——有机会接触真正的大自然景观，才能真正找到老、庄开启而世代相传的美学艺术境界，在无尘世喧嚣的原真风景中，在完整的青山绿水里才能获得精神极大的自由与快乐。

### 2）科学与生态保证价值

而人类有文字记载的文明只有约五千年，大自然运动演化真实的痕迹和信息，全在自然历史演变形成的自然而完整的风景之中，例如地壳内部岩熔运动形成了火山景观，水流冲刷运动形成了峡谷景观，自然界保存下的动植物群落、森林、草原、花香、鸟鸣，万物都在极具奥妙地相互依存而运动着。例如庐山具有独特的地质遗迹，地质学家李四光在此提出是中

国第四纪冰川学说，引起国际学术界瞩目，庐山成为自然科学研究的重要场所。可见，风景名胜区的地质构造、地貌景观和岩性特征大多具有科学上的典型意义，其蕴藏的植物动物资源、自然生态群落、稀有动植物品种，以及特殊形态的水体、罕见的气候、特异的天象等，均足以为生态学、地质学、地理学、植物学、动物学、气象学提供广阔的研究场地和实物资料。所以，自然而完整的风景就是人类研究自然起源和演化的重要科学档案，史前学家、地质学家、人类学家、考古学家、生物学家等就是依靠大自然原真而比较完整的遗址风景推断出远古地质环境变迁的过程，展现给我们难以想象的亿万年前的太古代、元古代、古生代等一系列复杂的地质和生物演变情景。

自然而完整的风景对当代人类的价值更体现在维护地球生态系统的运转上。整体性、成规模的未经人类改造和驯化的自然原真风景对于维护全球生态平衡有举足轻重的作用，全球生态变迁与平衡的五个驱动力，包括气候变化、生物消亡变迁、土壤侵蚀过程、海洋升降、地质岩层运动之运作都需要保有相当大面积的、完整的自然风貌地域才能得以进行。

## （3）保护风景名胜自然性与完整性是诗境观规划的第一要务

### 1）充分认识风景资源不可再生、不可替代的重要性

大自然跨越了亿万年的斗转星移、沧海桑田之演变，才留下了千姿百态的每一处风景名胜，因此形成今天这样的风景名胜是非常珍稀可贵的，具有"不可再生性"，因此，我们应该倍加呵护与关爱。

各个风景名胜形象独特、品格各异，如华山险峭峻美、泰山雄浑刚劲、黄山独特奇丽、武陵源幽奥卓绝，还有那"峨眉天下秀，青城

天下幽，剑门天下险，夔门天下雄"之说，也引来诗人不同的吟唱对比，如"恒山如行，岱山如坐，华山如立，嵩山如卧，惟有南岳独如飞，朱鸟展翅垂云天"[2]，每一处风景名胜及其蕴含的审美意境都是独一无二的，都代表了一处地域、一个时代的发展印迹，即使是同一类别的风景名胜带给人们视觉与心理上的冲击也千差万别，都具有"不可替代的独特性"，应该予以谨慎保护。

### 2）坚守风景名胜区规划的目的

1995年，国务院明确规定"风景名胜资源属国家所有，必须依法加以保护。各地区各部门不得以任何名义和方式出让或变相出让风景名胜资源及景区土地"，"风景名胜区是风景名胜资源集中、环境优美、供广大群众游览的场所，其性质不得改变，不准在风景名胜区景区内设立各类开发区、度假区等"[3]。但一些人无视国家规定，推行种种蚕食国家公共资源的行为，造成风景名胜区自然度以及随之的美感度的下降和受损。

在高度资本主义私有化和商业化的美国，国家公园却属国家所有、永不出售；相比之下中国却有不少风景区出让国家风景资源及其景区土地，承包开发、分片经营、门票上市，使其私有化、企业化、商业化，为少数人和部分集团牟利，从根本上改变了风景区的精神文化功能和社会公益事业的性质，与保护世界遗产公约、"国家公园"事业背道而驰。我国在世界自然与文化遗产地进行的商业性破坏开发，引起了联合国世界遗产专家的强烈反感与批评，如此开发，毁坏人类珍宝而且损害国家的文明形象。

风景名胜区规划的基本目的是在确保风景资源自然性和完整性的基础上实现"诗境"的展现和升华。古今中外的实践表明，只有保护和保存好风景名胜这个自然文化遗产，才能体现出它的科学和历史文化价值，才能满足人对大自然的精神文化需求，坚决禁止任何破坏行

为，限制经济开发，使其成为象征国家神圣、庄严和美丽、可以世代传承的无价之宝。自然而完整的风景名胜是"诗境"之源，如被破坏，包含自然审美意境和文化意蕴之诗境将是无源之水、无本之木而行将枯竭。

### （4）从国际共识和公约看风景名胜的自然性和完整性

自然风景是大自然按其规律演变形成的、没有遭到人类改造的自然景观。19世纪起世界工业迅速发展，地球上大量的原真风貌地域被开发利用，到了今天科学技术已使人类的足迹踏遍了世界各地，剩下来的完全自然的风景越来越难得。同时，一些有识之士早就意识到保护大自然的重要性，19世纪初叶德国自然地理学家洪堡（Alexander VonHumboldt）就提出：必须建立自然纪念物保护地，以标志自然历史演变的沧桑过程。19世纪中期，美国国会议员们被"哈得逊河风景画派"所画的西部之广袤壮丽的自然风景所震撼，于是1872年建立起世界上首个"国家公园"——黄石公园（Yellow Stone National Park），标志着人类对自然风景的认识进入了一个新阶段。美国《国家公园手册》指出："容许公园进行商业目的的旅游，是一种对国家公园独特、绝佳财富的浪费，并且所有这类旅游都应被制止。"

1972年，联合国教科文组织在纪念黄石公园诞生一百周年之际，制定《保护世界文化和自然遗产公约》，选择具有全球代表性并且是真实可靠和完整没有被破坏的自然和历史文化遗址进入遗产名录，《保护世界文化和自然遗产公约》（以下称《公约》）的宗旨，就是要保护完整的自然、文化遗产本来面目，使其世代传承，永续利用。以上说明，保护风景名胜的自然和完整也是世界性的共同要求。

### 8.4.2　诗境升华的弘扬——理念之二

#### （1）保护与延续诗境

首先，"保护"不仅是只保护某个孤立的实体风景，而是要保护风景名胜的整体审美意境和文化精神意蕴，那些孤立的风景实体并不能实现风景名胜本来的意义。例如，据新华社消息，江西南昌滕王阁周边乱搭滥建混乱无比，远眺滕王阁，名阁已被高层建筑团团围住，中房公司大楼、教育出版大厦等一字排开，一楼高过一楼。走近滕王阁，名阁更是陷入一片杂乱建筑的包围之中——东南面咫尺内密集分布着凯莱大酒店、城市大酒店、东方大酒店、新东方大酒店等；北面的水产批发市场腥臭袭人，赣江货运码头显得庞大嘈杂，闲置多年的加油站巨型铁架与名阁风格更是格格不入。登临滕王阁，海内外游客领略的已不是王勃笔下那个"落霞与孤鹜齐飞，秋水共长天一色"的感人意境，而是周围的杂乱与喧嚣，此时此刻，没有"落霞、秋水"意境的滕王阁还是人们心目中的滕王阁吗？同样，倘若登上黄鹤楼，不能见到"孤帆远影碧空尽"的场景，任黄鹤楼修得再富丽堂皇也没有很大意义。

只有保护了意境才能延续意境，而延续意境又是保护意境的一种有效方式。延续意境，即传承并充实丰富其原有意境。传统风景名胜区不是一朝一夕形成的，而是历代沿着共同的大目标，不断地充实它的意蕴内涵而形成，这种意境的一致与不断丰富给予我们现在规划建设风景名胜区一个启益。

例如泰山，从一座自然之山，经历各代在文化内涵上的不断丰富充实，而又沿着一脉相承的泰山文化精神，形成了自然与文化结合一体的世界名山，堪称典范。泰山经历了太古时代剧烈的地壳抬升和沉降，在华北一片平原上突然凸起，巍峨雄伟，峻拔壮观，有通天拔地之势，山上古松与巨石相互衬托，云烟和朝日

图 8.16 五岳之尊——泰山

彼此辉映，自古人们便以之为崇高伟大之象征，因此，先秦时代开始封禅祭祀活动延续数千年，还有汉魏时期的道教活动和后续的佛教文化，更有大批文人墨客的不朽名篇佳作和书法墨宝以及旺盛的民间活动，泰山的文化意蕴不断丰富和充实。

从先秦时起期，泰山便同国家政权发生关系，被视为是社稷稳固、国家昌盛的象征，《诗经》时代就有"泰山岩岩，鲁邦所瞻"[4]，泰山从一地之巅、一邦之尊而发展为古代帝王封禅祭天之所，用以宣示君权神授，相传远古时就有 72 位君主来泰山祭祀。史实所载，自秦始皇东巡"登临泰山，周览东极"大举封禅之后，汉武、唐宗、宋祖至明朝先后有 12 位皇帝亲临泰山封禅，有数以百计的帝王使臣朝拜泰山。

道佛上山自古使然。汉魏时期，两晋南北朝是中国各大宗教竞相勃发传布的时期，此时道、佛都进发泰山，促使泰山固有的自然崇拜信仰与宗教相融合，在社会上产生深远的影响，形成泰山特有的宗教文化内涵。

民间信仰：方面泰山民间信仰起源甚早，到元、明、清三代，民间尊奉泰山神的活动旺盛，兴起民众泰山进香的高潮，"每年祈赛云集，布幕连肆，百剧杂陈，肩摩趾错者数月"[5]，帝王、文人的泰山活动也受到民俗民风的影响。

文人雅士登临：泰山更添文风鼎盛特色。孟子曾说"孔子登泰山而小天下"，从此历代文士如司马迁、张衡、李白、杜甫等均纷至沓来。隋唐、宋金时期是中国文学艺术发展的高峰，也是泰山文学创作的两度高峰时期，以"士"为主体的文人群体竞相登临泰山，抒发情怀，留下了大量的诗文华章，宋代泰山书院与泰山学派的出现，更在泰山文化史上意义深远，此时帝王与僧道虽然仍在泰山频繁活动，但文化主流却已悄然转入文人群体。

历代文化活动为泰山留下了大量古代文化遗址、历史文物、古迹和岱庙、碧霞祠、玉皇顶等古建筑群，使得这座东方名山，巍峨中寓文秀、雄浑中透纤丽，所以泰山体现了古代民族的智慧结晶，成为中国千年历史文化的缩影（图 8.16）。历代无论帝王封禅、佛道上山，还是民间信仰、文士登临，各种文化内涵与活动莫不都是围绕着对泰山"五岳之尊"的仰慕而进行，使得泰山雄浑巍峨的自然风景及其审美意蕴不但没有削弱，而是在多种内涵的文化活动中得到加强。这也为我们现在进行风景名胜区规划设计应该保证风景名胜意蕴的一致和不断丰富而提供了榜样，同时也反证了现在泰山修索道直逼天顶，不但破坏景观，而且破坏了泰山被仰慕独尊的千年意境，是不恰当的规划建设行为。

## （2）发掘和开拓诗境

历史悠久、人文积淀深厚，往往孕育出大量动人的神话传说、轶闻口碑，都是群众性的艺术创作，借助于名山的名气而广泛流传于社会，有的则经过文人的整理、加工而跻身于雅文学之列。这些文学作品虽然并非直接依附于名山，也不呈现为具体的体量或形象，却能间接地渲染名山的风景，强化人、景之间的感应关系，加深风景的意境涵蕴。总的看来，诸如此类的精神文化都是受到名山哺育，借名山而衍生的。其内涵甚广，涉及文学艺术等意识形态的领域。

新的风景名胜区规划，或者是风景名胜区规划开辟新景区，不妨从如何架构风景区的灵魂，即凸显风景区的诗境特色开始，消除和避免模式性的"公园化"、"广场化"、"草皮化"等城市化的旅游规划方式戕害风景名胜区的品格，基本方式思路是从风景资源的景观特征研究与文脉分析开始，发掘属于这个景区本身的意境内涵。

在发掘意境的过程中，传统的风景审美方式，即"点化自然"的意境思维可以给予我们很大的帮助。"登山则情满于山，观海则意溢于海"[6]（图8.17），炎黄子孙把对自然美的感受化作心灵意境，又通过美雅的诗句表现出来，这就是"诗学点化风景"。古人云："江山之好，亦赖文章为助"，尤侗在《百城烟水》序中也说："夫人情莫不好山水，而山水亦自爱文章。文章藉山水而发，山水得文章而传，交相须也"[7]。天下名胜，多以文字传名，景由文盛，文由景显，文景齐名。况且中国之诗文，本就多是面向自然山水的，明末清初学者董其昌认为："诗以山川为境，山川亦以诗为境"[8]（图8.18）。

作为中国文化主要创造者和承载者的文人士大夫，诗学精神驱使他们形成一种文静淡雅的趣味、寄情飘逸的风度和重意审美的气质，并面向自然去塑造自身完美的灵魂，于是只身投入自然之中，并且进行文化价值的创造，创作了大量的山水诗、山水画。这些主要由文人士大夫组成的诗人触景生情，以艺术加工、创作、想象，通过诗词作用于自然物，使诗词中带着人文印记，原本物理性存在的自然景物在诗学的点拨下活力与生机彰显，或浪漫或凄婉或别离或盼祈，如"月出惊山鸟，时鸣山涧中"[9]、"野旷天低树，江清月近人"[10]、"我寄愁心与明月，随君直到夜郎西"[11]等诗句，用人类的文化、精神、诗词歌赋延伸了人们眼中物质风景世界。如此的"景以文显"的例子不胜枚举，"会当凌绝顶、一览众山小"[12]、"横

图8.17　登山则情满于山

图8.18　诗以山川为境，山川亦以诗为境

看成岭侧成峰"[13]等皆是，各种物理性存在的自然景物开始承载着人类的千言万语与千思百念因而意境隽永。

这种诗境思维的传统风景审美方式还给予我们一个教益和启迪，那就是：古人对于自然的热爱是通过审美心境的高度投入而非"矫情"的人为编造来实现的，寻求"高于自然"的突破不是置大自然于一种被剖析审查的对象性地位，更不是征服大自然，而是追求人与自然环境及其他各要素和谐的前提下的人类高度情感的释放。

在风景自然面前，中国人很早就摆脱了纯粹敬畏自然的原始蒙昧，以亲和的态度面对自然，进而以审美的态度高于自然，它不是置大自然于一种被剖析审查的对象性地位，更非以"唯我独大"的征服自然的方式来实现高于自然，而是追求人与自然环境及其他各要素和谐的前提下的人类高度情感的释放，是强调主、客体之间的情感契合，沟通审美主体和审美客

体。从更高的层次上看，正如庄子所提出的"乘物以游心"，就是认为物我之间可以相互交融而物我两忘，只有这样，才能从物质性的物境层次生发出诗情画意，最终达到"天人合一"的诗化境界。

在这样的风景审美方式下，审美诗境来自自然风景，发掘诗境必穷幽极胜，以开拓出前人步履鲜及的奇景异境，经过诗意心境的"经营"后，结果又返回自然风景、融入名山大川之中，并不对名山大川作过多的实际物理性扰动。这种传统的风景审美方式是人心主动投向自然的情感幻化，又是人心主动顺应自然的行为准则，它提醒我们在风景名胜区中，风景名胜才是主角，规划设计人员应该隐藏在背后，那些急于想表现设计师自己"存在"的方案，多数情况下是不可取的，像那些"而途经潺潺流水过处，又总有些人工造景和杜撰传奇的小工程在妨碍自然"[14]的做法，暴露出的是设计师欠缺自然审美的诗境思维修养。

## 8.4.3　确保诗境的技术原则

### （1）分置原则

针对风景资源和景观意境的多样性，充分考虑不同特征，风景名胜区规划应按照"分区布局、分级保护、分类管理"的分别处置原则进行。

1）分区布局

为了有效地保护风景名胜资源，使之保持良性循环地利用，应该实行"分区布局"的原则，主要是指服务和游览分区布置，即住、游分离。历史经验表明，住、游分离有效地保护了天下名山的真实性和完整性，例如中国古代的天下名山在农耕文明的前期就已经从普通经济开发对象中分离出来，历代帝王曾下旨："五岳名山樵采刍牧皆有禁"，于是自古形成"山上游，山下住"的游览与住宿方式，不但崇拜祭祀、游览体验、审美探索、诗画创作等精神文化活动得到延续和发展，而且带动了山下城镇的形成和经济社会发展，如泰山之麓的泰安镇。

从国际经验和共识来看，也是实行住、游分离的规划模式。例如加拿大国家公园法规明确规定："不应允许在一个国家公园内对自然资源进行商业性的勘探、开采或开发"，"商业服务与设施，如旅馆、商店和服务站及公园管理楼等，凡有可能均应设在国家公园的邻近地区"，"分区制是国家公园进行规划、发展和管理方面最重要的手段之一"[15]。

现在，各国的国家公园普遍实行分区制手段，以保证国家公园内的大部分土地及其生物资源得以保存其野生状态，把人为的设施限制在最小的限度内。

2）分级保护

分级保护已是共识，通常分为三个级别的保护，即一级保护区、二级保护区、三级保护区，当然也可根据具体情况增设保护级别和保护重点。其中一级保护主要针对核心景区，这里除了必要的安全设施外，不允许有人工设施的痕迹，更不允许建宾馆等设施。需要单独说明的是三级保护区，根据我国风景区的特点和显示情况，许多风景区中都有农村和田园，结合旅游业的发展，可以鼓励当地农民改变粗放农业，发展观光农业和参与旅游服务，如农家旅馆等，增加当地住民经济收入，但为了保护风景区的景观，必须明确划定村落建设范围、控制村落建筑的高度和引导村落建造乡土化风格的民居建筑，做到与风景区景观的协调。

3）分类管理

风景名胜区中，景观资源的类别多样，如高山草甸、深壑峡谷、溪流湖泊、名胜古迹等，类别一般可从地质、地貌、水体、生物、气象与气候现象、人文资源等角度去分类，实行分类管理和控制，既利于保护措施的落实，又利于风景资源的合理利用。

### （2）容量控制原则

我国一些风景名胜区"人满为患"的现象

越来越严重，给景区的生态失衡带来威胁。因此，控制合理容量（包括游人量和建筑量）是风景名胜区规划的重要内容。为了风景资源的永续利用，世界各国都在根据各自的标准不断地进行研究和实践，随着生态科学理念的发展，容量控制越来越严格。

据有关报道，在2002年的"黄金周"，九寨沟每日限售1.2万张门票，莫高窟限准2000人入内、山西悬空寺一次限80人登临，这些游人容量控制措施对于风景名胜区的可持续发展还是有积极意义的，因为人的活动量若超过了环境的自身调剂能力，那么对自然生态将是致命危害。除了游人量的控制之外，容量控制还包括对建筑量、特别是服务建筑量的控制，服务建筑量超标，建筑在视觉感官上经常出现，使得风景名胜区自然度、美感度和灵感度下降，从而破坏风景资源的真实性和完整性及其审美意境。

科学合理地确定景区的环境容量，需要依据风景名胜区的承载力进行。风景名胜区的承载力是指在不对资源造成的负面影响、不降低旅游者满意程度、不给当地社会、经济、文化带来问题之前提下最大程度地利用资源。学者Rerlly曾把承载力分为四类[16]：生态承载力——地区环境问题产生的限度；心理承载力——游客在转向另外的目的地前，在该地期望得到的最低娱乐限度；社会承载力——当地居民对来访游客最大忍耐度，或游客能够接受的拥挤程度；经济承载力——不影响当地居民活动的情况下能举行旅游活动的能力。季节变化、行为模式变化、设计与管理方式变化等，都能引起承载力的变化，这正是需要深度研究的地方。

### （3）建筑少量化、简朴化、退隐化原则

风景名胜区内依据规划需要建设的配套服务建筑及游赏设施，应该以"简朴"为原则，不建豪华宾馆，更不能滥刮"欧陆风"。《美

国国家公园手册》说："必需的公园内宿营地应根据自然景观要素来设计和操作，豪华宾馆无疑是不合适的"，"游人接受野外生活方式、野游体验"；又如韩国《国立公园画册》的大标题写道："这里只邀请热爱自然的人"，就是说：到了风景名胜区还想着享受城市里豪华大宾馆的人最好别来。

同时，服务建筑在体量上尽量小巧以便最大程度地融入自然之中，切忌夸张的尺度，包括风景区入口大门、停车场等，只是示意游客已经进入风景区的标志，依然需要体现与自然环境协调的品质，不宜用大尺度的张扬做法，不可以采取宏大、沉重、华丽的形式，现在一些风景区大门，如黄山、张家界、庐山都在入口处设沉重的"大门"来体现其"著名"，这样的做法并不妥当。时刻记住在这里风景名胜才是主角，建筑永远是配角和配景，建筑要遵循地形环境作尽可能"退隐化"处理，决不能抢占高地、爬踞山头，更严禁劈山修建破坏环境地貌。要明白一个基本理念，相对于自然风景来说，它永远是主角，人工建筑永远是配角，只能点景而不能乱景。

不过，"简朴"不等于"简陋"和"粗制滥造"，除了保证安全、卫生之外，建筑在选址、布局、体量、尺度、形态、风格、材料、色彩上，都要精心设计和精心施工，取得建筑与实地风景环境的协调。

风景区的宗教建筑，在基址选择和设计经营上十分注意建筑与周围自然环境的谐调，烘托宗教气氛，把佛、道宗教的审美与世俗的审美融糅起来，使得寺观兼具"风景建筑"性质而成为风景名胜的重要点缀和组成部分。山上道路的布设不仅解决交通问题，还兼顾景观的组织、景点的联络而成为动态的游览观赏路线。

### （4）基础设施自然化原则

比"退隐化"要求更严格的是"隐蔽化"，

图 8.19 神奇的自然与僵硬、破坏自然感的人工道路设计，在国内风景区中却并不少见 ——张家界天门洞前

对于景区内的变配电站、电力和电信电缆线、给排水管道等基础设施的建设需以"隐蔽化"为原则。特别是对于索道及其站房这样的设施需要仔细地论证其建设的必要性，若确有必要，也需仔细选址，处理不好很容易损害景观甚至大煞风景。

### （5）道路自然化、景观化原则

风景区道路贯穿于风景区始终，成为风景区规划中重要组成内容之一，其规划应该贯彻自然化和景观化的原则，违反此原则则会"煞风景"（图 8.19）。

#### 1）道路自然化

风景区道路规划的首要问题是"自然"，如何保证做到既实现道路的功能，又不破坏风景区的整体自然之趣，主要要做到以下两点。

①道路走线的自然化

就是要与地形地貌，尤其是与地形等高线取得内在的联系，保存自然弯曲的河流、隆起的岩石、茂密的丛林和乡间植被群落，以及因地壳造山运动而形成的自然轮廓线。自然地形决定了风景区道路规划的总体结构，不能照搬城市道路式的平直和宽大，否则极

易破坏风景区的原真自然品质。道路走线选择还要注意不要切断山脉水脉等暗藏的风水脉络，1970 年代庐山修建山南登山公路时，因选线不慎而导致著名景点仙人洞内天然珍泉"一滴泉"的泉脉断毁而干涸，是一个真实的负面例证。

②道路构造做法的自然化

风景区内的道路规划一般可分为主干道、次干道以及大量的步行游览道。首先要控制各级道路的宽度，使对自然地形的干扰减到最小程度，主干道一般路宽 6 ~ 9 米 即可，用以通行游览汽车并可以错车；次干道以通行小型游览车为主或步行化管理，一般路宽 3 ~ 5 米，局部可以放宽以保证游览车低速错车；步行游览道一般路宽在 1.2 米以内，融入自然环境之中。主、次干道最好以有透水性的材料，如透水沥青等铺成；步行游览道不应采用钢筋混凝土制作，应采用石块等天然材料并有意识地在石缝之间镶嵌花草，在湿地游览时的局部地段应采用架空、汀步等做法。在风景区内的道路规划中应该放弃城市道路行道树的概念，忌讳以等距的、呆板的城市行道树栽植。道路不得已少量破坏地形而形成的边坡，可以在边坡上嵌缝种植。总之，做法上要尽量恢复自然的样子。

#### 2）道路的景观化

风景区道路规划的景观化包括道路走线组织景观化和本身做法的景观化。

①道路走线组织景观化

是指风景区道路规划注意所经地区的视觉观赏效果，通过道路的走线组织，让风景特征能够沿途向游人展现出来，例如局部穿行于茂密的森林，对景于清幽的峡谷或边行于水滨沙滩，有时幽闭、有时开敞；有时仰观、有时鸟瞰；有时近探、有时远眺，充分享受大自然的景观野趣。当然，具体走线组织时，特别是对于可通车的道路，要注意避免损害最美和最具生态敏感性的景点。

②道路构造做法的景观化

前面所述道路的自然化同时也就是道路的景观化，因为自然是风景区中最好的景观。特别是步行游览道，是游客最接近自然的地方，或嵌缝石路，或林中曲径，或跨水汀步，或架空栈道，在道路构造做法的自然化同时也是返璞归真的景观意趣，乃至天人融合的风景美学，显露出"远上寒山石径斜，白云深处有人家"的审美意境。

## 8.4.4　风景旅游城市规划的诗境协调

对于风景旅游城市，依据其城市定性，在城市建设发展上要特别强调把"诗境"放在首要位置，以之为核心去协调自然风景与城市发展的关系，无论什么城市建设发展思路和路径，都必须以维护优美的自然风景为前提。当城市发展特别是工业发展确实与自然风景产生矛盾时，应以自然风景为根本做出正确取舍，如果优美的自然风景被破坏，那风景旅游城市发展将成为无本之木。这方面厦门市曾在民众的支持下坚决放弃了大型石化工业上马，作出了正确选择。

同时，依据风景旅游城市的城市性质，在城市规划设计上要把"诗境"营建创造作为第一位的指导思想，加以精心谋划，诗境规划设计至上是风景旅游城市规划的基本原则、第一要务。实际中，这方面的败笔出现许多，教训也是深刻的，例如桂林城市里就出现许多与"甲天下"的桂林山水风景很不协调的规划建设，应引以为戒。

## 注释

［1］庄子·天道.
［2］清·魏源. 衡岳吟.
［3］国务院办公厅关于加强风景名胜区保护管理工作的通知,19950330. 转引自北京青年报,2002-4-23.
［4］诗经·鲁颂.
［5］清·唐仲冕.《岱览》卷六《总览·岱庙》. 参见周郢. 泰山历史文化分期. 百度东方水车博客,2007-04-02.
［6］南朝·刘勰. 文心雕龙·神思.
［7］清·徐崧、张大纯. 百城烟水 [M].江苏古籍出版社,1999.
［8］明末清初·董其昌. 评诗.
［9］唐·王维. 鸟鸣涧.
［10］唐·孟浩然. 宿建德江.
［11］唐·李白. 闻王昌龄左迁龙标遥有此寄.
［12］唐·杜甫. 望岳.
［13］宋·苏轼. 题西林壁.
［14］李慧玲. 动态之中. 联合早报,2006-10-29.
［15］转引自谢凝高. 国家重点风景名胜区规划与旅游规划的关系 [J].规划师,2005,5:5-7.
［16］转引自王海平. 风景名胜区的保护及其可持续发展研究 [M].湖北社会科学,2004:178-183.

9

永恒的诗境追求

# 9.1 诗境思维的培育

## 9.1.1　诗境思维激发创作活力

在规划设计中，因为心中怀着追求"诗境"的理想境界，设计似乎有了一种先天情绪上的保障。"诗"可以培育美学修养和艺术创作的激情，在设计创作过程中，通过"诗境"的精神意识激发，使规划设计师进入一种更开放、更活跃的心灵状态与之配合和适应，这种开放的心灵并不虚幻，而是设计师在设计中所进行的更加实在、更加当下的连续的实践。古人云："吟安一个字，捻断数茎须"[1]、"二句三年得，一吟双泪流"[2]，真正求创意的过程虽然艰难，但因奔着"诗境"而去，故而感觉设计创作不再仅是一项任务差事，而是一个需要努力实现的理想，此时感情饱满而充实，"登山则情溢于山，观海则情溢于海"[3]，把辛苦化作一种创作的享受。

同时，诗境思维讲究"思接千载，视通万里"[4]，并且诗境"言有尽而意无穷"[5]的效果为想象和联想等创作心理机制的活动提供了空间，所以常常能激活设计创作能力。因为创作感情和创作能力是联为一体的，在寻诗求意过程中，通过内在的激情思考，其一端是意境的牵引，另一端化作语言文字，再赋形为规划设计蓝图，一体化运作让两端自然地融会贯通在一起，在这个过程中因"诗境"思维的加入而带来的想象和联想，提高乃至激发了创作的能力。

## 9.1.2　诗境思维追求情景和谐设计

因为"诗境"是发动于客观存在、升华于主观创造的一个有机整体的流动过程，所以诗学对于客观自然非常重视，相应的诗境思维强调心与物关系之有机双向交流，诗人之审美创造中，物之感发与心之投射同时并存，心与物呈交流往复双向运动状态，如所云："山沓水匝，树杂云合，目既往还，心亦吐纳。春日迟迟，秋风飒飒。情往似赠，兴来如答"[6]，即诗人之灵心与大自然春风秋日、山云水树之生命运动之间，有一种亲切如对答之关系。故而，中国诗学"比兴"作为重要方法，使情感与风景和谐相宜，交融共鸣，追求最佳设计效果，以自然"作比"、以山水"起兴"成为诗境思维的基本模式。正如李白诗云："众鸟高飞尽，孤云独去闲，相看两不厌，只有敬亭山"。

这种思维模式影响到规划设计中，设计师总是习惯从场地选址的环境审美入手，希望建立一种场地与设计作品之间相互感应、相互配合的和谐关系。例如在城市规划中，首先注重的是城市用地中的自然保护与审美，规划设计从非城市建设用地的自然环境开始，这与过去教科书上的城市规划固有的思维模式和行事步骤是不同的，而且这样的做法几乎是在本能和潜移默化的状况下进行的，是诗境思维转变了当前城市规划的固有习惯的思考方法。

## 9.1.3　诗境思维浓缩心灵感悟

"诗"是语言形式中凝炼而有深度的方式，诗的法则在于注重整体的观照和内涵的提炼，"诗境"思维有助于精练地把握事物的特征，提高概括能力。例如从"诗境"思维的"取象"开始，它帮助我们对设计场地文脉特征的概括与提炼，具备一定的诗学修养，有助于领会场地文脉中暗藏的美学特征。而且诗学修养越高，对于美学特征的领悟越精准和深刻。当然，概括与提炼的过程，本身也是一个考验诗学功力的过程。

在设计的开始，往往没有思路，或者思路繁多却理不出一条头绪。规划设计中引入诗的创作，可将纷纷扰扰的众多设计意象组织串列起来，达成整体的设计立意意境，有了明确的设计立意，可帮助我们理清设计思路，使设计工作步骤走向明朗。并且，"立意"以"感言"即"诗句"的形式来表达，更是成为设计创作推进的指导任务书。

在规划设计中引入诗学，表面上这种诗学所创造的成品只是一种"言"，但它的意义不止于"言"，海德格尔的存在主义哲学曾说："语言是存在的家园"，以这个意义我们可以说"诗"是"存在"的"理想"家园，也就是说"诗"最终指向的是人类追求理想的精神世界。类似的还有学者说"锤炼语言，可以增加发现美的能力，使人类的内心得到净化"[7]，而王国维《红楼梦评论》更云："诗人观物，能以个人之事实，而发现人类全体之性质"。诗是语言形式里凝练、全面和有深度的方式，它为我们勾勒出一个全景的心灵场景框架，而且带有极大的灵性和动感，故而"诗"可以成为设计师心灵的表达和高级的书写。

## 9.1.4 诗境思维滋养民族文化精神

当代中国规划设计师如果完全没有中华诗学的修养，自然会对中国文化产生隔膜之感，隔膜感一旦产生，任由一些有识专家奔走呼吁规划设计的中国特色也无济于事。既然诗是中华文化精神的特征表现，在当代规划设计寻求中国特色的过程中，提倡诗境思维是一条有效之路。这其中可以包括在规划设计中"作诗吟词、浅斟低唱"，即诗之言进入规划设计的文本叙述（至少进入规划说明书之中）。并不是说要求设计师都要成为一个诗人，而是说诗学文化应该成为中国规划设计师的一种修养，诗境思维成为一种素质，中国当代规划设计在诗学文化浸润之下，有助于在规划设计中为世界增添有中国文化特色的色彩与光华，也有助于开拓出当代城市规划与建设的人类与自然和谐共生、人的精神境界提升的新思路。

## 注释

[1] 唐·卢延让.苦吟.
[2] 唐·贾岛.题诗后.
[3] 南朝·刘勰.文心雕龙·神思.
[4] 《庄子·让王》云："形在江海之上，心存巍阙之下，故寂然凝虑，思接千载；悄然动容，视通万里。"
[5] 宋·严羽.沧浪诗话·诗辨.
[6] 南朝·刘勰.文心雕龙·物色.
[7] (日)今道友信.周浙平，王永丽译.美的相位与艺术[M].北京：中国文联出版公司,1988:246-247.

# 9.2 诗境理想的召唤

在取消了宗教权威的现代社会里，人们心目中观照世界的方式主要以自然科学为宗。自然科学是反映现实世界各种现象的本质和规律的分科之知识体系，但是完全以之来观照世界做不到，因为人类掌握的科学实际上还太少。我们生存在这个世界，却并不知道它是什么、从何而来、又至何处。过去人们曾经觉得已经接近了终极真理，19世纪就有科学家宣称，"科学"大略已定，未来的人们所能做的只是在小数点后面再添几位有效数，使之更精确一点儿罢了。但相对论一出，传统物理学的局限性显露无遗。尽管20世纪下半叶，科学从探访月球到探访太阳系，但相对于无限浩瀚宇宙太空仍是何其微小，今人虽拥有庞大的射电望远镜，却仍不能摆脱古人"危楼高百尺，手可摘星辰。不敢高声语，恐惊天上人"[1]的天真与惶恐，更别说深邃的生命科学；另外，自然科学也无法解释人类丰富的精神世界以及若干文化之谜；还有自然科学的前身到近现代的发展与"工具理性"和"功利主义"也多少若即若离。这都说明我们还需要一套与自然科学可以互补的体系。

自然科学本质上属于"理性主义"范畴，通常想到与之互补的是"人本主义"。从西方规划设计历史及其背后的哲学思想史中看，"理性主义"和"人本主义"是其中的主要线索与内容。其中，"理性主义"通常是显性的，因而占主导地位，"人本主义"则予以修正甚至反抗。近现代随着科学大发展，"理性主义"发展到高峰，也是"人本主义"反抗激烈之时，德国著名的哲学家叔本华、丹麦的宗教哲学心理学家克尔凯郭尔等因为率先举起了反理性主义的大旗而被视为现代西方人本主义哲学思想的先驱，从19世纪后半期尼采的"权力意志论"与"超人哲学"、柏格森的"生命哲学"至20世纪上半叶产生的"弗洛伊德学说"，最终以"存在主义"为代表，各种现代"人本主义"思潮应运而生。在建筑和城市规划领域，能够看到各个时期"人本主义"的反映，特别是自1960～1970年代后，在经历了对现代主义（功能理性）建筑与规划思想的貌似高尚、理性实则垄断、单调甚至冷漠的风格与精神内涵的全面批判之后，建筑与城市规划领域开始倡导对城市深层次的社会文化价值和人类体验的发掘，以情感满足为设计诉求，强调规划适应人类社会情感文化，追求建立有高度人情味的栖居环境，现代"人本主义"取得了积极的意义。

不过，从西方历史看，"人本主义"与"理性主义"貌似对立，但实则内在一体、相影随

行，我们要特别警惕西方文化中"人本主义"与"人类中心主义"之间的千丝万缕的关联。有鉴于此，在现代社会里，在单纯自然科学和人本主义之上，不妨引入"诗境"思想与文化。我们不知道宇宙是什么，且把宇宙看作一篇浩渺无垠的诗，每个人都可抒发屈原《天问》式的迷茫和感动，正如哲学家海德格尔说"诗意语言也正是真理的言说……"[2]，在体味这个宇宙世界时，"诗境"是人类生存的另一种取向和姿态，它可以作为人类观照世界和自身的基本方式之一。

自然科学和现代人本主义出现之前，"宗教"曾是人类观照世界和自身灵魂慰藉的主要方式。但在科学昌明的今天，宗教失去了让人顶礼膜拜的无上地位，哲学家尼采干脆宣布"上帝死了"[3]。可是哲学家海德格尔痛苦地发现"上帝死了"后的西方，"工具理性"和"功利主义"肆意盛行，以致有人在评估是否要重新笃信宗教。然而，历史不可倒转，重新祭起统摄一切、抑制人性的宗教已无可能。无论高歌理性主义或人本主义，抑或高举压制它们的宗教，都表明了在西方固有传统文化内部已无法找到解决现代人居环境危机和人文困境的答案。也就是在这种背景下，海德格尔提出了"诗意栖居"。海德格尔在《艺术作品的本源》中的论述，艺术和诗与人类的生命存在有着极为特殊的关联，它所表征的是人的本质存在和对人类的生命感性体验的状态，所以他努力地使哲学变成诗，也使得西方当代哲学美学走向"诗化"的倾向。于是，"上帝死了"之后，"诗境"是人类安顿自己的有效方式，它具有承载人类灵魂净化的功能，让茫然无助的漂萍人生有一个形而上的皈依和向往。人类所面对的大千世界，是如此弘远浩瀚、精奥深藏，"诗境"与宇宙世界相通，与历史人生的所有经验相通，其力量来自人心对外在世界和宇宙人生品质的精深而又有直觉性地理解与把握，它启示着人类的精神境界，帮助人更好地了解自己、提升

自己和丰富自己。在失去了宗教寄托的当下功利泛滥的年代里，若再缺乏"诗境"意识及其要求必然会导致人居环境危机和人文困境的荒漠。

实际上，海德格尔的"诗意栖居"是一个中国文化式的答案。与西方古希腊传统的"人是万物的尺度"的观念截然不同，中华民族讲究"诗者，天地之心"。黑格尔说古希腊人一方面"在自然面前茫然不知所措"，另一方面又学会了"勇悍地、自强地反抗外界"[4]；而中国古代先哲则对于外部世界的日移星替、风变云幻、鱼跃鸢飞、花开叶落等自然现象以"天人合一"哲理为导引，产生一种与之休戚相依的生命共感和息息相通之整体辩证统一观念，总是保持与日月天地同在的民族心态。除了文化发源的早期之外，由文人士大夫为主开创的中国诗境文化，在"子不语怪力乱神"[5]的传统下，不引导人们走向对高度威慑人性的宗教神性崇拜，而追求与自然共融的文化审美心理。同时古人强调"心生而言立，言立而文明，自然之道也"[6]，说明"诗境"既是自然与社会生活的返照，更是作为人类精神的自我实现与自我提升，因为"心之所游履攀援者，故称为境"[7]，中国古人一直将"诗境"作为审美心灵与艺术之美的极致，以致林语堂先生在他的名著《中国人》中反复指出，诗在中国人心灵中具有宗教关怀的意义。其实这也是林语堂为使西方人明白而说给西方人听的，在"上帝死了"之后的现代社会，"诗境"的意义并非仅是等同于宗教意义，而是超越其上具有更广泛深刻的社会意义。

多次提到海德格尔及其"诗意栖居"哲学，并不表明必须借用"西方话语"才能表达这个真理，而是在中国文化体系之外增加一个西式旁证，而且很有可能，海德格尔这句话多少受到中国文化的影响亦未可知。"诗境"带有历史价值观的连续性和本体论意义的深刻性；同时也说明"诗境"理想是东、西方未来共同和

共通的文化追求。从历史事实来看：如果说海德格尔哲学代表着西方"诗意栖居"思想的觉醒，那其实也不过百年历史，而中国人追求"诗意栖居"理想的文化精神至少可清晰地追溯到千年以上。甚至可以追溯到中国的"诗经"时代，千百年来，"诗境"是中国人对栖居环境的艺术化诠释，体现了中华民族的文化生态经验和审美情趣，表达了自然化的人本主义、人文个性和高尚的生存理想，从"风水学说"、诗词绘画以及大量的自然式园林、建筑和村落城镇中，这种"诗境"的理想在各个时代都有它生动的内容及其丰富多彩的展现。

在现代城市规划与设计中，更显现"诗境"的意义。对于现代城市，刘易斯·芒福德曾这样说："在1820~1900年之间，大城市里的破坏与混乱情况简直和战场上一样"[8]。人们对工业文明进行反思，随着批判"工具理性"之后的人本主义回归，规划设计注入人类情感获得广泛认同，其中诗的传统也开始被西方用来探索文化根源，包括建筑的文化基因，例如安东尼亚德斯在史诗中发现了西方建筑的文化之源，他在《史诗空间——探寻西方建筑的根源》中提出："作为民族文化结晶的史诗具有特殊的价值；它比考古发掘和建筑史更强有力，因为史诗中包含了人们赋予建筑空间及世间万物的意义"[9]。反思中更有意义的是生态思想的觉醒，进而发出了按照东方"天人合一"理念重建人类文明的呼唤。1989年，联合国教科文组织在北京召开了"关于21世纪可预见的需求对当今教育质量的要求国际专题会议和圆桌会议"，会议确定以"学会关心"作为21世纪教育的主题，强调国际合作、东西融合、"天人合一"，指出：不仅要重视西方理性主义的知识观，而且要关心长期被忽视的非西方的价值观尤其是东方直觉主义的知识观；不仅关心人类利益而且关心自然生态利益……。"天人合一"的东方价值观正日益受到人们的重视。

由此出发，中国传统诗境文化显示了巨大的优势。一方面，传统诗学重视自然，认为自然于人心不是冷漠的对立面，而是亲切的回应，"天人合一，物我相感"是中国古代诗境文化中看待人与自然关系的基本认识；另一方面，中国传统诗学很重视作为世界主体的人，因而富于主体性、更富于情感性和精神性。是故，一方面诗境"补充"了自然科学所不能企及之处和"阻止"了滑向人类中心主义的危险，另一方面这种"补充"和"阻止"无需重引宗教以威慑、压制人的主体能动性为代价。总而言之，"诗境"的方式构建人与自然的和谐关系，自然与人、宇宙与个体、物与心、主体与客体都在诗境之"天人合一"中找到了归宿和位置。更进一步，得天地之精华而人性抒发，是中国诗境的至高境界，它把对美的心灵追求、个性性情的表达与尊重自然统一起来，将一颗诗意心境强烈投入，致使空间的营造从一开始就带有浓厚的感情色彩和审美情趣，带来的是文化品格的提升和审美情感的升华。因此我们看到，中国传统建筑、城市、园林在经营环境的时候就不是简单的环境绿化和美化，而在于它表现与概括了自然，并荟萃与积淀了以景寓情、感物咏怀的中国诗学文化的生活环境，这就是中国特色的诗意栖居。

今天，中国城市规划与设计之所以面临种种困境，很大程度上可以认为是"诗境"思想文化的觉醒及再发现还未深入人心。在当代规划设计与营建中，付诸中国诗境文化和美学智慧的再生并付诸实践，应很有价值，也很有必要，尤其在我们今天这个面临人居环境危机、传统文化相对缺失和诗境日益边缘化而没有真正认识"以文化为灵魂"以致过分追求物质功利造成"人文困境"的年代。

在中国当代的城市规划设计与营建中，现在更加强调要文化自信和文化自觉，强调中国特色的现代建筑与城市，这也应包括，与时俱进地再建"诗境"文化，不让传统诗境文化资源和中华美学精神智慧仅成为博物馆的馆藏史料，而是将之转化为当代建筑、城市和园林规划营建的巨大创新能力，洋溢在现实的人居环境塑造之中。这就是诗境规划设计，追求基于对中国文化的传承与发展的基础之上，借助诗词意境中的绝妙幻化与诗画情思形成的共鸣，以诗化的思维迈向当代规划营建的理想境界，在规划营建中通过涉入和融进天地自然精神和带有情感、文脉、个性等表现的文化情怀，创造与自然和谐，与天地共存，具华夏神韵风采，可以持续孕育意境美的精神与气质的华夏民族风采的城乡人居环境。

# 注释

[1] 唐·李白. 夜泊山寺.

[2] (德)M·海德格尔著, 彭富春译. 诗·语言·思. 北京：文化艺术出版社,1991,6.

[3] 尼采一句"上帝死了！"动摇了西方思想体系的基石。尼采 (1844～1900)，德国近代诗人、哲学家，他于20世纪前夜，在《快乐的知识》一书中借"狂人"之口、以寓言的形式宣称："上帝死了！上帝真的死了！是我们杀害了他……你和我，我们都是凶手！"。引自(德)尼采. 快乐的科学. 华东师大出版社,2007.

[4] (德)黑格尔. 历史哲学 [M]. 王造时译. 北京：商务印书馆,1958:273.

[5] 语出自《论语·述而》。意为孔子不谈论怪异、勇力、悖乱、鬼神之事，相应的孔子还曾说"敬鬼神而远之"等，他固然也谈及"天"、"天命"，但所指或自然，或义理，或道德，或本体，并非以迷信的态度神而化之。孔子没有断然否定神鬼世界，只是无需借神性崇拜来建立思想权威，梁漱溟先生认为"不以宗教为中心的中国文化端赖孔子而开之"。

[6] 南朝·刘勰. 文心雕龙·原道.

[7] 语出佛教经典《俱舍诵疏》.

[8] 刘易斯·芒福德. 城市发展史——起源、演变和前景 [M]. 倪文彦, 等, 译. 北京：中国建筑工业出版社,1989.

[9] Anthony C.Antoniades,Epic Space: toward the roots of Western architecture.New York:Van Nostrand Reinhold,1992,XI—XVIL

# 10

结语

# 结/语

　　当代城市规划与设计面临人居环境危机、人文困境及中国文化精神传承缺失的问题，为求化解之路，受中国"诗之国度"的文化唤醒、西方现代"诗意栖居"哲学的启发、"山水城市"思想的昭示、"建筑意"理念的点悟和人文美学的培育，提出"诗境规划设计"。

　　风雅情趣、诗骚传统，滋育中华民族审美心灵数千年，诗境是其中动人的精神智慧。诗境是指用简练优美而又饱含意趣的诗一般手法所表达的意境，而意境直观理解是只可意会、难以言传的某种精神意象境界。从意境论的缘起和形成历史可知产生于诗学并衍生到各艺术领域的意境是中国传统意象思维面向环境审美方面的特殊投射。诗境则表达了以意境为内涵的"言、象、意"互渗的整体系统，从传统哲学"言意之辩"和西方现代哲学"语言学转向"审之，它代表着超越文学修辞表达而迈向一种对生存意义的本真表述和对规划设计本质意义的寻求。诗境是"天人合一"自然哲学观的生动反映，表达了情感升华的审美超越意识和"反身而诚"的审美悟道心理，显示情理相依中的个性创意，故诗境具自然美、情感美和创意美之美学意义。

　　中国传统建筑有丰富诗境表现：建筑的诗学表达是独特传统，从中看到营造原则、艺术与情感境界等丰富内容；建筑群体感应诗词格律，平原和山地建筑群体分别显现律诗和词曲的韵致；建筑形象被注入诗化意念又通过匠心巧思的技术理性来实现。中国园林以"天人合一"为底蕴成为诗境化身：中国园林是诗情画意的艺术天地；处处有着诗意浸染的园景领悟；诗境自魏晋起一直伴随园林发展，并成为造园艺术的自觉行为法则；园林有不同诗趣，文人园林文雅清旷，皇家园林大气至尊，寺庙园林则追求云天高远、清幽空灵的仙界神境。中国传统聚落和城镇蕴含优雅的诗境生存智慧：诗文化培育了可居可游可赏之园居佳境；风水文化构建了以"天人合一"为内核、诗情画意为外显的栖居艺术；聚落城镇与山水交融而充满诗韵；文化积淀和诗学诠释使城市承载诗的气质；传统城镇"八景"文化使人居环境诗化。

　　西方古典城市规划思想历古希腊至启蒙运动各时期，大多处于理性主义和人本主义（以下简称理性和人本）的复杂交织中，唯中世纪时被神权压制才显自然主义倾向。近、现代也是既有偏人本的一派（田园城市等），也有偏理性的一派（现代主义规划思想等）。曾经认为西方规划历史、特别是现代史是理性占主导甚至强盛地压制人本，故以为抬升人本可以消解理性弊端，但其实西方文化内部的理性和人本分别为"以理性支配自然"和"以人征服自然"而内在一致，故理性一开始（古希腊希波丹姆模式）就表现为征服自然，近代科学更直接表白其目的是改造和征服自然，直至现代社会广被批评的工具理性；同样，人本从古希腊哲学名言"人是万物尺度"起，充分肯定人的价值也显现对自然的傲慢，为后世滑向片面的人类中心主义埋下隐患。诗境是东、西方规划思想差异的分水岭，即使中世纪的自然主义也与中国自觉的诗境不可同日而语。西方当代规划思想的后现代主义转变、生态环境观转变及相应思想理论与实践的新开拓，则一定程度上表现出走近诗境。西方园林除伊甸园传说外，从古西亚古埃及直至成熟期的法国古典主义园林，均是让自然服从理性的规整式思路和强化表现人工艺术的方式。受中国影响，英国自然审美意识觉醒而开创了自然风景园并转向现代园林。西方现代园林中追求自然成为重要准则。

回顾建筑空间理论，"功能空间→全面空间→灰空间→场所空间→流动空间"大体显示出一种空间"诗味"递增。它是建筑等实体空间注入诗境思维后所形成的与自然环境相融、文化品位较高并具个性特色的空间。它具有四大特质：有灵性、有层次、有意味、有教化。诗境空间营造是在诗境启引下超越实体空间达到审美悟解境地，并为追求理想而进行的发自心源的文化创造，营造原理有三：师法和顺应自然、营造和谐意象；灌注人文艺术、升华审美品位；显现个性特色、表达真情创意。诗境空间理念具有深化认识建筑空间理论本质、扩展建筑文化意义和提升设计师修养的价值。其设计程序可按"取象→立意→感言→赋形→审情"并交往反复进行。

中国当代城市规划建设取得巨大成就，也存在一些如破坏环境、不顾城市结构协调、审美品位扭曲、无视地域特征、割裂历史文脉等问题。当代规划应以"天人合一"为前提准则，高扬人文精神和具备中国文化特色。"生态城市"倡导人与自然和谐，"山水城市"除此外还具中国文化精神，本文沿其所开启的视野与方向深化而提出"诗境城市"——与自然（山水）生态高度和谐、具备深厚人文底蕴和高尚审美境界的园林式城市；作为一种规划思想其含义在于：遵循生态科学原理，受诗学意境的浸润与引领，寻求有鲜明中国文化特色，运用于当代具体实践，以建设理想人居环境为目标的城市规划思想。诗境城市六特性：以人和天的本真性、精神安顿的归属性、情理相依的和谐性、承故托今的记忆性、与时俱进的持续性、意境升华的品格性。诗境城市规划五策略：首先是山水美学策略，即从大环境入手使城市与周围山水艺术地相融，可采"保山护水、顺山应水、显山露水、依山傍水、迎山接水、治山理水"的规划艺术手法；另外还有生态科学策略、文脉主义策略、风水借鉴策略和诗学修养策略。

改革开放后居住建设不断提升，也有许多失误，如不尊重自然地貌、环境设计僵化、欧陆化泛滥等。住区环境艺术应以回归自然、闲适温馨为主调，以加强人情味和归属感为目标，新技术遵循生态原则服务于人。创造中国特色的现代诗意栖居：营造中式环境——以传统"妙造

自然"艺术理念,在虽由人作的环境中构建"泉、石、松、月"的自然表现情形,于中感受"雨打芭蕉、卧听秋雨"的诗意而修身养性、乐心畅神直至审美悟道,其设计要义在于有机地利用基地自然特征,秉持自然之法,匠心独运而巧夺天工,并有强烈的生态意识;建设"新中式"住宅——经历欧陆风泛滥之后开始的"新中式"尽管争议很大,却代表本土建筑文化的觉醒,体现了继承与创新,是当代中国追求诗意栖居理想的一个探索。

中国风景名胜区蓬勃发展并积淀丰富而珍贵的风景审美诗境遗产,存在的问题则表现为规划建设指导思想的偏差,如过度商业化城市化、景观人工化游乐场化和重开发轻保护等,缘于将风景等于商品、旅游商业挂帅、风景区与娱乐园混淆、以城市房地产开发模式促风景区发展等认识误区,要批判急功近利、哄占乱抢、弄巧成拙、竭泽而渔等一系列有害开发行为。中国风景审美诗境有悠久历史,万千佳韵的诗境让人尘虑顿消而成为风景名胜区的灵魂,应树立诗境观为风景名胜区规划建设的核心价值观,建立有中国特色的风景名胜区规划体系。风景名胜区规划建设应秉持"顺其自然的维护"、"意境升华的弘扬"两大理念,遵守"布局分置"、"容量控制"、"人工设施隐化、精品化、自然化"等技术原则。

纵观规划设计的实践,发现诗境思维对激发创作活力、谋求情境和谐、浓缩心灵感悟和滋养民族文化精神有突出的作用。诗境理想是牵引规划设计未来走向的召唤,在传统人本有缺陷、自然科学不能涵盖、宗教上帝无法再统领一切的当代和未来社会,必将面临人居环境危机和人文困境,此时诗境文化显示巨大优势。诗境的方式构建人与自然、人与人的和谐,更进一步,得天地之精华而人性抒发,是中国诗境的至高境界,它把人的欲求、个性表达与尊重自然统一起来,将一颗诗意心境强烈投入,致使空间的营造从一开始就带有浓厚的自然审美情趣和个性感情色彩,带来的是文化品格提升和审美情感升华。这就是诗境规划设计,追求基于对中国文化的继承与发展之上,借助诗词意境中的绝妙幻化,建立一种可以持续孕育美的精神与人文气质的人居环境。

在当今新型城镇化快速发展的形势下,如何走出一条具有中国特色的城乡规划理论与实践的新路,按中央新型城镇化工作会议精神的要求,真正落实当代"天人合一"理念,突出地域特色、民族特征、时代风貌,三者有机结合,既"记住乡愁"又有现代化传承、弘扬与发展,在城乡规划建设战略统筹下,去认真探索有中国气度的诗境规划设计理论与实践的创新之路。

# 附录　规划设计诗境追求案例实践

## 1　闲行田野看花开叶落；漫随尖峰赏雾卷云舒

——广州市番禺尖峰山公园规划设计（时间：2004年）

尖峰山公园位于广州番禺区，基地整体呈曲尺（L）形。基地东部为公园的主要形象标志——在珠三角冲积滩平原上隆起的尖峰山及其形成山林、谷地等景观；基地北部由低地水塘、浅丘苗圃和部分农田组成，具有一派烟雨岭南的湿地田野风景特征（图B.1.1）；基地中间这里已先建有一个包含殡仪馆的"怡峰园"。

整个公园规划设计，从总体布局到分部景区和景点设立与设计，基本遵循了"取象→立意→感言→赋形→省情"的步骤。但这个步骤可分为几个层次，如总体规划层面，以此步骤至最后的"赋形"就包括了不同特征之"景区"的设立，每个"景区"又依据同样步骤从"取象"至"赋形"为若干"分景区"，而每个"分景区"的创设又成为其中"景点"的设计意境指引。实际上的设计过程包含了多层次的步骤反复与交叉。

图 B.1.1　公园现状航片与地形地貌分析

## （1）公园总体层次的规划布局

1）公园总体诗学审美意象的确立——"取象"

在进行现状考察之后，根据基地的地理与文化环境特征，提炼取得如下4个诗学审美意象：

①尖峰云雾

在一片平坦的华南湿润的大地上，尖峰山数峰耸立，森林郁郁葱葱，涵养着烟雨水气，时时出现雾卷云舒的景象。

②山谷仙踪

山林中谷地纵穿其间，鸟鸣蝶飞；而尖峰山上传说八仙之首吕洞宾当年于岳阳楼酒醉之后，飞越洞庭，南下百粤，曾在此山歇脚留宿，第二日兴犹未尽，把山下一潭清水认作美酒，连饮三杯而去，山上因此留下酒杯、仙床、仙脚印等踪迹。

③田间野趣

基地北部为广阔的农田浅丘，有多种花木成组成团，野花野草广布其间，这是一片城市人向往的田野景致。

④水色天光

基地内北部和中部各种水塘洼地等占有相当分量，充分显示了华南大地的湿地景观特征，天光与水色相连，形成诱人景观。

2）公园总体设计意境——"立意与感言"

诗学审美意象汇成以"田野尖峰"为表征的总体设计意境，并"感言"赋诗如下：

田野尖峰

野色无边趣意浓，天光常与水相通；

莫道山高行路远，穿谷寻仙上尖峰。

3）因随意境的景区划分——公园总体层次的"赋形"

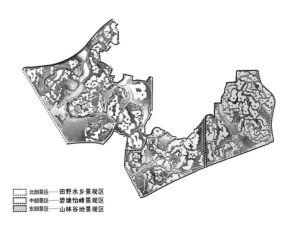

北部景区——田野水乡景观区
中部景区——碧塘怡峰景观区
东部景区——山林谷地景观区

图 B.1.2　北部、中部、东部三大景区

公园按照"景区—分景区—景点"的层次来设计，即：对公园总体层次设立若干"景区"，对"景区"层次设立若干"分景区"，对"分景区"层次设立若干"景点"（以"处处皆景"的思路，服务建筑也纳入作为景点营造）。

首先对于公园总体层次，因随以上总体设计意境，设立如下三大景区（图 B.1.2）：

北部（田野）景区——"野色无边趣意浓，天光常与水相通"。位于曲尺 (L) 形基地北部，以"岭南湿地田野"为主要景观特征；

东部（尖峰）景区——"莫道山高行路远，穿谷寻仙上尖峰"。位于曲尺 (L) 形基地东部，以"山林谷地"（含尖峰山）为主要景观特征；

中部（怡峰）景区——位于曲尺 (L) 形基地中间交会处，这里已先建有"怡峰园"殡仪馆，景观特征和地理区位上都是前两个景区的过渡地带。

## （2）北部（田野）景区的规划设计

1）北部（田野）景区的设计意境创设——景区层次的"取象、立意与感言"

从北部景区"田间野趣"和"水色天光"之湿地和浅丘景象中，创设"万物有缘"之景区设计意境，"感言"赋诗如下：

**万物有缘**

和风催苍翠，碧水绕彩田；荡舟野渡外，

行吟烟曲湾。

万物似无意，千杯因有缘；又闻荷香至，养身新柳边。

2）北部（田野）景区之"分景区"及其景点设立——景区层次的"赋形"

因随以上北部（田野）景区"万物有缘"的设计意境，规划设计了如下 8 个"分景区"（图 B.1.3）：

①"和风苍翠"分景区及其景点

位于北部景区的北部，包含北门节点（"和风凌波"景点）、"翠山"（东边山头，山上设"含翠亭"）、"苍丘"（西边浅丘）等景点。

②"碧水彩田"分景区及其景点

位于北部景区的西北部，规划将农田保护与景观营造结合起来。以色彩农物造景，设立了"赤田"、"橙田"、"黄田"、"绿田"、"青田"、"蓝田"、"紫田"七个绕中间碧水分布的彩田景点（图 B.1.4）。

③"荡舟野渡"分景区及其景点（图 B.1.5）。

位于北部景区的中北部，弯弯曲曲的整体景观显示一种野趣氛围。

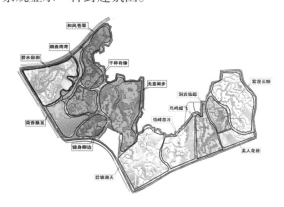

图 B.1.3　北部（田野）景区之"分景区"创设

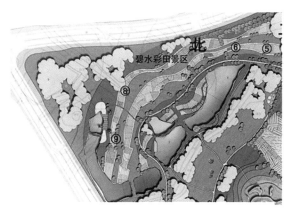

图 B.1.4　碧水绕彩田——"碧水彩田"分景区平面

图 B.1.5　荡舟野渡外，行吟烟曲湾。万物似无意，千杯因有缘——追随诗境设计的北部景区效果

④"烟曲湾湾"分景区及其景点

⑤"无意闲步"分景区及其景点

位于北部景区的东南部，总体以幽静悬空、闲适自处为环境特征。

⑥"千杯有缘"分景区及其景点（图 B.1.5）

位于北部景区的中部，规划设立"千杯有缘"公共服务中心，提供休息、咨询、棋牌、零售、餐饮等服务，是整个公园北部景区（田野水乡景区）的综合服务中心。

⑦"荷香飘至"分景区及其景点（图 B.1.5）

位于北部景区的西部水面，水中广植莲花。设立木质平台，凌驾水面，使人亲近阵阵荷香。

⑧"养身柳边"分景区及其景点

位于北部景区的西南部，规划以体育健身为主题的场所，设置有篮球场、网球场、羽毛球场等体育锻炼场所，景观营造上与水边垂柳结合。

### （3）东部（尖峰）景区的规划设计

1）东部（尖峰）景区的设计意境创设——景区层次的"取象、立意与感言"

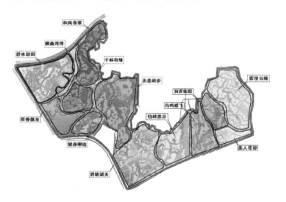

图 B.1.6　东部景区之"分景区"创设

从东部景区"尖峰云雾"和"山谷仙踪"之诗学审美意象中，创设"雾峰仙踪"之设计意境，"感言"赋诗如下（图 B.1.6）：

> 雾峰仙踪
>
> 雾从峰中生，云在岭上行。忘却红尘事，尖峰有仙境。
>
> 鸟鸣接山翠，蝶飞连水清。沉醉花谷中，多情伴美人。

2）东部（尖峰）景区之"分景区"及其景点的设立——景区层次的"赋形"

因随以上东部景区"云峰仙踪"之设计意境，规划设计如下 4 个"分景区"：

①"雾漫云随"分景区及其景点

位于东部景区的山体主岭，以登山览胜、寻仙畅游为主要活动内容。

②"洞宾仙踪"分景区及其景点

位于东部景区的中部谷地东侧山坳处，形势有聚仙的气息，规划以吕洞宾在尖峰山歇脚留宿、饮山泉为酒的神话故事为主题。设立"吕仙茶社"景点，同时作为公园东部景区（山林谷地景区）的综合服务中心，提供休息、咨询、棋牌、零售、餐饮等服务。

③"鸟鸣蝶飞"分景区及其景点（图 B.1.7）

位于东部景区的中西部，包括中间谷地湖泊（水库）和西边山岭，显示"鸟鸣接山翠，蝶飞连水清"的意境。设有"碎玉坝"等景点，其中"碎玉坝"景点设计利用谷地湖泊（水库）高差，形成坡面流瀑景观，水流呈玉石飞洒，故名曰"碎玉坝"，与中部景区的"卷珠桥"相呼应。

④"美人花谷"分景区及其景点（图 B.1.7）

位于东部景区的南部，与南门入口相接。该景区利用谷间坡地地形，设计为成片种植的各种不同色彩的鲜花阵，使人迷醉其中。

### （4）中部景区的规划设计

1）中部景区的设计意境创设（取象、立意）

根据"中部景区"的景观特质和建设现状，

图 B.1.7　鸟鸣接山翠，蝶飞连水清；沉醉花谷中，多情伴美人——"鸟鸣蝶飞"与"美人花谷"分景区设计意境

图 B.1.9　公园鸟瞰效果图

确立"碧塘怡峰"为设计意境，协调纳入原"怡峰园"，划分了如下两个"分景区"。

2）"中部景区"之"分景区"及其景点设立（赋形）

①"怡峰思源"分景区

以建成的"怡峰堂"为核心，形成缅怀思念失去先人的特殊景区。

②"碧塘湖天"分景区

景观上是从西入口（西三门）入园，走向"怡峰堂"的情绪上铺垫。

### （5）公园总体规划设计之"省情"

规划设计基本完成后再回头"省情"，主要把握了"田野"和"尖峰"两个不同的景观特色进行，最终公园呈现如下的诗意情怀（图 B.1.8、图 B.1.9）：

闲行田野，看花开叶落；漫随尖峰，赏雾卷云舒。

图 B.1.8　公园总平面

## 2　四山辉映千层碧，一水光涵万里天

——广西玉林市大平山镇城镇总体规划（时间：1996 年）

大平山镇是位于广西玉林市域中部的一个小镇，在对其总体规划的过程中，笔者尝试引入"诗境"思维。"诗境"注重的就是物质环境与人文精神的互动作用，而"风水"对于这种互动已有很长的历史经验，于是，笔者选择了一条新的规划思路——从合理借助"风水"论（包括发展、赋予新的时代精神）开始，再以现代城规理论（包括生态城市理论）来反照和找到它们之间的契合点，并最终在中华诗学精神启示下寻求意境升华。

### （1）以生态环境为核心、经济发展与历史保护兼备的总体规划结构构思

规划本着生态学基本理论，借鉴"风水"的观点，又以山水美学的眼光，从近、中、远三方切入，最后形成城镇"五核二轴二圈"的总体规划结构（图 B.2.1）。

1）近观层次——"五核"

①中央绿（水）核（生态斑块）

大平山城镇区周围四面环山，北有主山（又称靠山），南有朝案，东有青龙抬头，西边山体相对较远而显白虎低伏，这是较为理想的风

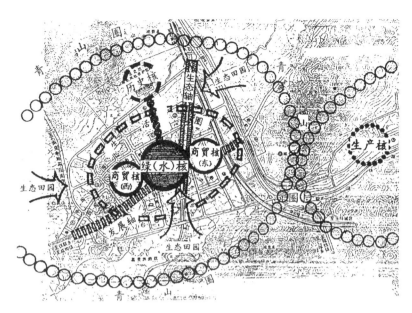

图 B.2.1　城镇总体规划结构

个主山之山麓下，接近"胎息之地"的位置有一正方形的疑似古城的土垣遗存，边上的村落名"古城村"，可能因时间久远，当地人也说不清土垣和村名来历，翻阅文献记载，方知唐代麟德二年（665年）曾在这里设潭粟县治所，该村也因此得名。于是，规划将这个"胎息之地"与唐代潭粟县古城遗垣合成一个大保护区，即规划结构中的"历史核"，表达对胎息之地的尊重，又揭示和提醒该镇的久远历史内涵。

2）中观层次——"二轴"

①风水轴（生态廊道）

规划保留了城镇南部及东北部的高产农田，以便将田园、城镇、湖光、山色在景观空间上融为一体，呈现出现代的桃源风情画卷。其中以鸣水江为主线，串联滨水绿带、涵光湖公园和保留的农田共同组成了规划结构中的"风水轴"，这也是遵循生态学中"生态廊道"概念的结果。具有保护生态、美化环境、保留城镇住户的农村眷属继续从事农业生产机会以及生态农业技术试验等多种社会、经济和环境效益价值。

②发展轴

规划的东西向干道直接联系起东、西两个商贸核，带动城镇纵深发展，是谓规划结构中的"发展轴"。

3）远观层次——"二圈"

①生活圈

居住用地围绕着中央绿（水）核和东、西两个商贸核这个扩展的内核布置，即规划结构上的生活圈。空间分布上它处于四周青山和中央绿水之间。

②青山圈

由生活圈向外把周围自然环境借入城镇，则城镇又回归到四周延绵的青山环抱之中，即规划结构中的青山圈。

水模式。有鸣水江在此已被截弯取直自东北向西南流经现状镇区东侧，从风水来看"气"之聚感欠缺，规划就将城镇中央的一大片低洼地辟为与鸣水江相通的大型湖水，以期"因水聚气、风水自成"，还可调洪蓄水，并命名为涵光湖公园，取意涵纳城周自然风光于其中。此即为规划结构中的"中央绿（水）核"，这是一个明显的风水意识，又是关于生态学中"生态斑块"的理念认知。

②东、西商贸核

规划设立了两个商贸区，即规划结构中的东、西商贸核。其中西商贸核位于现状镇区中心；而在东面有324国道老公路、准备兴建的玉石一级公路和黎湛铁路，交通和用地条件较好，是未来城镇发展的方向，故设立东商贸区。

③生产核

规划结构中的"生产核"即城镇工业区。工业区规划在城镇东南方向一个独立地块上，利用山体绿地与主城相对分离，并且这里靠近324国道老公路及铁路货站，对外交通方便，又避开了常年主导风的上风向。

④历史核

风水将主山山麓下的坡地称"胎息之地"，不宜大动土木以免损伤龙脉。大平山镇的这

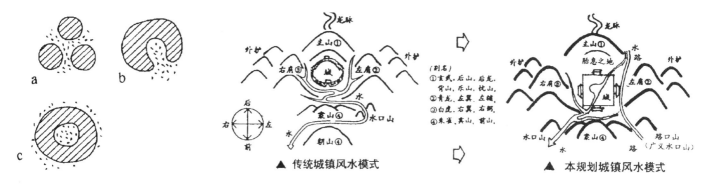

图 B.2.2 城市结构的良性生态模式　　图 B.2.3 风水模式构架及其创新发展

### （2）规划特点之思考

**1）良性生态模式的取向**

城市结构的良性生态模式通常有三种[1]（图 B.2.2）：①开敞空间包围建成区；②大片建成区纳入绿楔；③建成区包围大片绿心。本规划的中央绿（水）核当属③模式，它在同样面积条件下城市与自然接触面最长而成为首选模式。美国纽约中央公园可作为实例，另外在国内乐山市的绿心城市规划中也体现了这种价值取向。中央绿（水）核加强了居民的社会共享感和凝聚感。把保留农田看成绿地，则城镇又具有②模式特征。加上生产核，则整个城镇也符合其中的①模式。

**2）城市地理学中同心圆理论概念的延伸**

伯吉斯著名的城市同心圆理论，既解释城市现状结构，还描述城市功能延展的秩序，并把中央商务区作为同心圆圆心和城市环状外推发展的起点。本规划将两个商贸核及中央绿（水）核组成一个扩展的圆心来看待，这是一个建立在风水、生态和生活意义上的城市发展的起始内核。围绕内核向外推即为生活圈，并再外推则是城市又回归到大自然的青山圈。

**3）风水模式架构及其创新发展**

规划也原则上符合传统风水模式并有一定的创新发展（图 B.2.3），主要表现在如下两点：

①"金水环抱"→"金水贯城"：从防洪出发，传统风水论强调河水以弓弧形绕城而过，即金水环抱。今天我们能以更有效的方式控制流水并兼顾上下游关系（快速排洪在上下游城镇密度大的情况下会顾此失彼），为保护本城镇并延缓下游洪涨压力，规划通过扩大城中水面以调洪蓄水并与田园绿地延缓地表径流暴涨，如此让水就地安家在本规划称为金水贯城。

②"水口砂"→"路口砂"：水口砂即水流来去处两岸之山，古时水道为主要的对外交通方式，因而风水对水口砂很重视。如今对外交通让位于车水马龙的公路，所以本规划发展出"路口砂"（暂名）的新风水概念，景观设施结合"路口砂"来布局。

**4）新景观空间模式的构建**

规划同时也构建了城市新景观空间模式（图 B.2.4），即城在山水中、城中有山水，并引发强烈的栖居愿望冲动——居于其中，前可开门悠然见山，后可推窗豁朗现水；云峰似画屏，雾水色青青；享山水之乐，只需闲庭信步。它使人方便地接近自然，并满足人们在城市迅速发展后对田园山水风光怀念

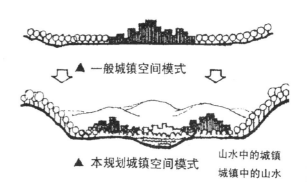

图 B.2.4 新景观空间模式的构建

的故土情节，尤其是当看见城镇在金色田园、远处青山映衬下以及"人行明镜中，鸟度屏风里"的如画美景时，留给人们的将是怎样欣喜的眼睛！

5）象征意义的呈现

古代特色鲜明的城镇常借象征体味人文精神，如常熟的"虞山琴川"象征。早期的象征表现为"象天法地"的思想，老子又提出道法自然的准则，所以象征蕴含的实为人法自然的智慧，同时也是自然的人化过程。象征发展过程中具体又显现为"仿生象物"，将中国人求吉求乐等愿望赋予其中，出现了一些独具特色的城市，如龟城、鲤鱼城、牛形城。总的来说，象征产生的条件一方面是自然之象以其秀美提升人的心灵，另一方面更需要审美人格的觉悟。

本规划的城镇东部以黎湛铁路为界；南部是地势低洼的高产水田；西部以高压输电线走廊为边；北部与主山山脉走向取得和谐且保护古城遗址和胎息之地。因而规划城镇平面形态自然而然形成一个"钟（钟）"形，而且还有中央绿（水）核这个中空的共鸣中心。现代城规不必专为追求象征而象征，但这种自然而成的形态，不影响城市的合理布局，又带来吉祥的意义，还是让人乐于接受的。于是将"鍾"同音转义为锺情之"鍾"，以此象征着大平山"鍾（钟）"灵毓秀，鸣响迈向未来的晨"鍾"（图 B.2.5）。

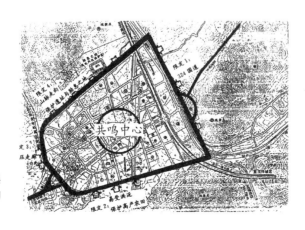

图 B.2.5 共鸣晨鍾——象征意义的呈现

**（3）诗情的涌发与意境升华**

中国古代营造家钟情自然之美，同时又极为重视在建筑空间环境中注入和唤起人的情感，这源于寄情托志的文化传统，并以中国独到的方式——诗词歌赋来提升作品达到寓情于境、情景交融的高级品位，所以中国建筑与城镇独特而辉煌的品质是其中"人与山水（自然）相融"并向审美境界提升的"诗境"显现。如"黄鹤一去不复返，白云千载空悠悠"的黄鹤楼，"落霞与孤鹜齐飞、秋水共长天一色"的滕王阁，建筑透过这样的优秀文笔早已超出了其有限的物质空间而达到无尽的审美境界。传统城镇同样如此，如常熟"七溪流水皆入海，十里青山半入城"、扬州"两岸花柳全依水，一路楼台直到山"等。所以今天应该考虑把诗言作为中国城市规划文本（至少是说明书）的固定内容，以诗言寻求与揭示意境、以诗的意境融入城市规划互动过程之中，应该是中国城市规划师的必备素质，否则所谓"有中国特色的城市"与西方所提"田园城市""生态城市"很难有文化上的独特区别。

中国古人以一颗诗心和诗意投入，把城市与其所处山水地脉环境作为整体审美对象，并搜寻最恰当、最精炼、最概括的语句予以表达，由于诗意贯注与表达，各个城市与其所处山水地理生态建立了更加紧密而又生气灵动的内在联系。

转入在本规划的情景之中，登上大平山城镇北面主山之巅，放眼全景，四周是屏列的群山，连峰接岫，绵绵成韵，远处碧树与蓝天融为一色，生机勃发、云蒸霞蔚；俯瞰城镇，流水在落日余晖下闪发粼粼波光，形如赤练。一个未来城镇就在眼前，有"朱阁绮户"、"万家灯火"，有"风声雨声"、"日景月影"，有"渔舟唱晚"、"倦鸟知返"，有"车水马龙"、"烟苍林葱"……尤其是意想到未来城镇中心的一出"平湖秋月（涵光湖公园）"，真有"天上掉下个林妹妹"的惊喜，凡此总总，一种诗之意境情怀勃然

图 B.2.6　城镇规划总平面图

而生，且编撰拙联一副，与天下爱好"诗意栖居"者共勉（图 B.2.6）。

　　四山辉映千层碧，一水光涵万里天

　　横批："鍾（钟）"灵毓秀

## 3　同在画境居，共随诗意行

　　——贵州省织金县城市总体规划（时间：2003 年）

　　织金县城是一个坐落于贵州高原喀斯特岩溶地区的省级历史文化名城，著名的亚洲最大溶洞织金洞就坐落在境内。织金城内、外各种奇峰异石、摩崖石刻、绿树碧潭、拱桥寺阁等相映成趣，构成一组优美的诗意画卷。本次城市总体规划以建设"诗境城市"为总目标，紧紧抓住城市山水景观意境审美和历史文脉意境挖掘作为规划起始，并将这

种价值观贯彻始终。

### （1）织金县城的山水审美和历史文脉挖掘

　　1）古城内外山水景观审美

　　古人对织金古城、内外山水之审美，留下"西山早雪"、"墨峰耸秀"、"双潭对镜"、"洞龙涌瀑"、"圭峰笏持"等织金"八大景"和"十二小景"等称谓，现对于城、内外山水形胜考察，主要呈现下列特征。

　　①群山屏列、蔚然美景（图 B.3.1）

　　织金古城坐落于群山簇拥的狭长盆地中央，环城诸山层次分明，时光荏苒，山水依旧，岭树葱茏，山色青青，城市外围山水景观让人赞叹不已。

　　近城有东山、鱼山、大石岩、人影山、西灵山、茶山，山山俊秀玲珑；外围城东群峰耸立，以五指山为主峰，率马鞍山、火焰山、天榜山、古佛山矗立拱卫，如桂林山峰之秀。山峰之间峡谷幽深，峭壁对峙，雄奇险峻，煞是壮观。最著者有蛇冲峡谷和宾兴洞峡谷，谷中"神龙蛰影"、"吕祖仙踪"景致令人神往。城西众岭横亘，以斗篷山为主岭，率蚂蝗箐、羊角山、白岩、王家大坡、狮子山层层护持。岭内"双洞清流"、"西山早雪"景色迷人，"大洞口"雄关令人振奋。城南有"凤岭朝宗"发脉，城北有"墨峰耸秀"锁水。

　　②一水贯城、异泉奇石

　　织金城内一水贯城（织金河南北穿流），

图 B.3.1　山带千峰入新城——群山屏列、蔚然美景

图 B.3.2　奇岩巨石——城市盆景

图 B.3.3　奢香古桥

将城划为东西两半，而又以"贯城五桥"把东西两城连为一城。穿城河段天然石岸犬牙交错，沿岸绿树成荫，两岸井泉喷涌，回龙潭、小龙井、葡萄井、蔡家井，加上城外冒沙井、四方井、三潭、双潭、月亮井、葫芦井、西瓜洞、黑鱼洞等大小 70 余处，形成"双潭对镜"、"泂龙涌瀑"、"文浪北腾"等景观。另外，城内还有一些奇岩巨石，构成"圭峰笋持"、"玉屏展彩"等历史"八景"，现在从尺度上看犹如"城市盆景"（图 B.3.2）。

2）古城历史文脉挖掘

图 B.3.4　古城图

图 B.3.5　国家重点文物保护单位"财神庙"

清代以前织金曾长期为水西彝族自治管辖之地，明代彝族女首领奢香在此建有行宫，至今留有奢香桥（图 B.3.3）等古迹，因而织金具有作为民族地区的文化内涵。现在所说的织金古城是指清代所建，清曾在此设平远府和州。织金现被列为省级历史文化名城，但保护工作非常不给力，就现状看，"名城"称号处于名存实亡的危险中。幸而许多民间文化人士对于保护与恢复古城形象表达出强烈愿望，我们以总体规划为契机，本着文化建设事关千秋万代之理念，在古城基本肌理尚存、山水格局未变的条件下，通过辨认地图、翻阅志书、踏勘现场、访问老人等方式逐步摸清了古城的来龙去脉。

①曾有五个城门、两个水城门

织金筑城最早于明代，清康熙后正式筑城，至今已有 340 多年的历史。始为土城，据记载，曾设有城门 5 个，分别是东门、小东门、北门、西门和南门，城外设宽 4 米壕沟。乾隆十三年（1748 年），改为坚固石城，并建城楼。富于特色的是织金河（属乌江水系）在城内自南而北贯城而过，分别在入城和出城处建有上水关和下水关 2 座水城门（图 B.3.4）。

②众多寺庙、庵观、楼阁

织金古城先后为府、州、县的政治、经济和文化中心，修建了许多寺院、学宫等建筑，主要集中在清康熙至乾隆年间所建。其中自康熙四年至康熙十年（1665～1671）短短 6 年间就建起文庙（康熙五年）、斗姥庙（康熙六年）、隆兴寺（康熙六年）、东山寺（康熙八年）、城隍庙（康熙八年）、马王庙（康熙九年）、武庙（康熙九年）、黑神庙（康熙十年）、炎帝庙（康熙十年）、地藏寺（康熙十年）等 10 余座庙宇。此后屡有修建，迅速形成"四庵"、"四阁"、"四寺"、"四祠"、"八大庙"等建筑群，其位置按周易八卦方位修建，别具一格。目前尚存古建筑号称 20 余处，不过大多残破不全，城中心的"财神庙"造型独特、保存完好，是国家重点文物保护单位（图 B.3.5）。

图 B.3.6　古城区（图中深黄色区）与山水关系

图 B.3.9　历史文化名城保护规划

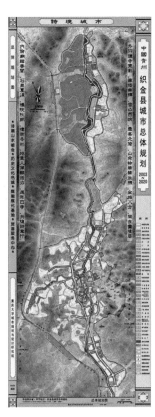

图 B.3.7　总体规划总平面图

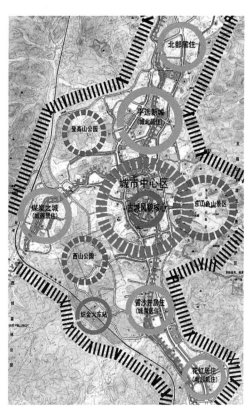

图 B.3.8　总体规划结构图

## （2）城市性质的确立及其诗学表述尝试

织金县城是贵州省历史文化名城，虽保护不力但仍存以"财神庙"为代表的许多历史古迹和传统景观；织金县也是中国南方最大的无烟煤蕴藏基地，随着国家能源战略布局发展煤能源和煤化工工业；县域内有大量特色岩溶地貌、民族风情等风景，尤以国家级"织金洞风景名胜区"最为著名。规划审视现状条件和发展机遇等确立了城市性质，这次总体规划除了平常形式的城市性质表述外，笔者还创新尝试了以接近诗的语言来表述城市性质，以便朗朗上口和更精练地把握。城市性质的诗性言说表述如下：

诗境山水都会，历史文化名城；
煤能煤化基地，旅游服务中心。

织金古城区与山水关系以及本次总体规划

的总平面及结构见图 B.3.6~ 图 B.3.8。历史文化名城保护规划见图 B.3.9。

## （3）协调历史保护与城市和工业发展的关系

1）新旧分开——协调历史保护与城市发展的关系

织金县现状城区主要在占城范围内，加上周边用地，较为拥挤。目前城区面临大规模改造的潜在压力，问题是这种改造只是作为普通旧城改造来进行，并且急功近利行为不可避免，这对古城保护工作极为不利。因此，总体规划采取在古城北面隔河启动新区建设方式，引导城市新增人口向此迁移，疏解旧城压力，为古城保护赢得空间和时间。

2）空间隔离——协调历史古城保护与工业发展的关系

贵州一省的煤炭储量超过了我国南方其他九个省市的总储量，而织金县的煤炭品质优异，是我国南方最大的无烟煤产地，贵州省委、省政府明确指出织金县作为发展煤能源和煤化工业化的支柱产业重要基地之一，这是既定方针，对于织金发展经济、摆脱贫困县帽子也有非常重要的现实意义。但是这与古城保护工作是有相当冲突的，为协调这个矛盾，本轮总规放弃了上轮总规紧接在城市北部设工业区的方案，而是在离开现城市一定距离到更北的水流下游处设工业区，实际上形成了主城区（含古城区）和工业城这么一个双城结构，它们之间利用山体作生态隔离，尽最大可能保证古城不受工业发展的影响。

## （4）景观规划的意境构思"立意"

织金千里江山，悠久历史，风景与人文的长期互渗，形成"东寺晚钟"、"西山旱雪"等传统八大景、十二小景的诗画意境。在这次城市总规中，笔者把城市景观规划提到一个重要乃至先决的地位。城市景观规划的具体步骤是先从织金县的山水和历史文脉中"取象"——山水审美和文脉挖掘，以之孕育出总体景观构思"立意"，并以意境诗联的形式呈现，最后是"赋形"贯彻于城市总体景观空间布局中，实现总体景观意境。

景观规划意境诗联一：

鸟度群山屏列，群山和风迎客；

客居一水贯城，一水细雨归人。

景观规划意境诗联二：

河纳百泉穿古县；山带千峰入新城。

## （5）感应山水的规划艺术手法

本次规划为尽最大程度保护织金山水自然环境，显现织金山水特色，采用了如下六条规划手法，且称为诗境规划艺术手法：

地块使用——保山护水；

道路规划——应山顺水；

建筑布局——显山露水；

园林设置——依山亲水；

空间组织——迎山接水；

环境修复——治山理水。

## （6）感应历史文脉的古城风貌再塑

因为古城原貌及古建筑破坏严重，所以规划决定采取"风貌再塑"的方式，依据古城原有格局和脉络，配合古建古迹保护，从抓住重要地点（城门和古建筑）、地段（传统民居留存较多的街巷）和历史景观三个方面，以点、线带面进行风貌再塑，目的是再现其山水古城的意象。

1) 恢复"古城门"风貌

"城"之本意即为城墙，可见城墙对建立古城的形象至关重要，可以给游客以醒目明确的信息。但是完全恢复古城墙已无可能，根据完形心理学理论，规划拟订恢复或部分恢复五座城门，以点带线，明确显示古城范围之完形，形成整体古城意象。

这五座城门是东门、小东门、北门、西门、南门。每座城门本身可成为景观游览点，同时又是俯览全城的观景点。城门前开辟有广场，是游客下车游览古城的开始（图 B.3.10）。

2) 重要历史地段风貌再塑

① "财神路"历史地段风貌再塑

财神路现名新华路，是一条连接南、北城门的繁华商业街，著名的财神庙就坐落在中段部位，规划确定将其定位为具有古城风貌的商业步行街，并与财神庙相呼应，命名为"财神路"。

② 沿河历史地段风貌再塑

沿河历史地段是显现"一水贯城"的重要地段，该段怪石卧立，百泉出涌，古桥跨越，古木掩映，民居枕河。其风貌再塑的要点是：修缮和恢复部分古建筑如得月楼和龙王庙、奎阁和凤西书院、玉皇阁等；修整重要传统景观如"洞龙涌瀑"等；加紧保护传统民居如王家朝门、黄家朝门，对一般民舍按地方传统特色、即红墙黑柱黛瓦改造；开辟连续的沿河休闲街道，添加传统茶馆和客栈等旅游接待设施，形成"夜泊近酒家"的景象。

③西门至"洄龙涌瀑"历史地段风貌再塑

该段所存传统民居较多，如陈家朝门、王家朝门、谌家朝门、周家朝门等（图B.3.11），规划要求通过对朝门的保护和对一般民舍按清代地方传统特色改造的方式，进一步加强了织金古城形象。

3）重要"传统景观"风貌再塑

①"双潭对镜"

著名传统八景之一，规划以历史建筑斗姥阁、文昌阁以及将军庙遗存为点，以园林步道为线，以结合东山鱼山景区的双堰塘为面，利用现有的山体和植被为基础将此辟为"双潭对镜"公园，充分展现织金山水古城风貌（图B.3.12）。

②"圭峰笏持"

著名传统八景之一，因其形似笏板而得名"圭峰笏持"，小山上林木苍翠，岩石嵯峨，方寸之地浓缩有观音岩、一洞天、一线天、一勺泉、小蓬莱等景观，历代名人诗词摩崖石刻多达43处（惜多数在"文化大革命"中被毁），清代知州黄绍先赞其风景为"秀甲黔中"。本规划将其辟为"城市盆景"式的古城小公园（图B.3.13）。

图 B.3.10　南门恢复风貌想象图

图 B.3.12　双潭对镜

胡家朝门

陈家朝门

谌家朝门

王家朝门

周家朝门

黄家朝门

图 B.3.11　朝门－传统民居

图 B.3.13　圭峰笏持及西门

## （7）总体规划诗境之文脉精神

上联：外仰钟寺东影、笔塔南辉、雪山西印、墨峰北倚，山秀物华藏生机，全城八方，同在画境居

下联：内俯庙馆春闹、石泉夏涌、桥院秋朗、楼街冬熙，地灵人杰出新绩，通年四季，共随诗意行

横批：诗入画境

## 注释

[1] 黄天其, 邹振扬. 山地城镇空间结构演变的生态学控制[M]. 山地城镇规划建设与环境生态. 科学出版社, 1994

# 参考文献

[1] (德)M·海德格尔著.诗·语言·思[M].彭富春译.北京:文化艺术出版社出版,6.1991.

[2] (德)黑格尔.历史哲学[M].王造时译.北京:商务印书馆.1995.

[3] (德)黑格尔.美学(第三卷上册)[M].朱光潜译.北京:商务印书馆.1981.

[4] (法)让·保罗·拉卡兹.高煜译.城市规划方法[M].北京:商务印书馆.1996.

[5] (日)岸根卓郎.环境论[M].何鉴译.南京:南京大学出版社.1999.

[6] (日)今道友信.美的相位与艺术[M].周浙平,王永丽译.北京:中国文联出版公司.1988.

[7] (日)小尾郊一.中国文学中的自然与自然观[M].上海:上海古籍出版社.1989.

[8] Anthony C.Antoniades.Epic Space: toward the roots of western architecture[M].New York:Van Nostrand Reinhold. 1992.

[9] B.Michacl. Americian Planning in the 1990:Evolution,Debate and Challenge[J]. Urban Studies.1996.

[10] E·沙里宁.城市:它的发展、衰败与未来(The City:Its Growth,Its Decay,Its Future)[M]. 顾启源译.北京:中国建筑工业出版社.1986.

[11] Engwicht,David. Towards an Eco-city: Calming the Traffic.Envirobook,Sydney.1992.

[12] L·贝纳沃罗.著.世界城市史[M].薛钟灵等译.北京:科学出版社.2000.

[13] N. Taylor.Urban Planning Theory Since 1945[M]. Sage Publications.atlons.1998.

[14] Norberg-Schulz,Christian.Genius Loci. Towards a Phenomenology of Architecture[M]. New York:Rizzoli,1980.

[15] P.Hall.城市和区域规划[M].邹德慈等译.北京:中国建筑工业出版社.1985.

[16] P·亨德莱.生物学与人类的未来[M],北京:科学出版社.1977.

[17] 阿诺德·柏林特.环境美学译丛[M].长沙:湖南出版集团.2006.

[18] 布鲁诺·赛维.现代建筑语言[M].席云平,王虹译.北京:中国建筑工业出版社.1986.

[19] 曹林娣.园与人的生命遇合[J].中华遗产,8.2005.

[20] 曹林娣.中国园林艺术论[M].太原:山西教育出版社.2001.

[21] 曹顺庆.重建中国文论话语[M].中外文化与文论/第一辑.成都:四川大学出版社.1996.

[22] 陈秉钊.城市规划导论[M].北京:中国建筑工业出版社.2003.

[23] 陈从周、潘洪萱.绍兴石桥[M].上海:上海科学技术出版社.1986.

[24] 陈从周.梓翁说园[M].北京:北京出版社.2004.

[25] 陈丹青.退步集·心理景观、建筑景观与行政景观——同济大学建筑学院讲演[M].南宁:广西师范大学出版社.2005.

[26] 陈瑞华.西撤销51个不符合保留条件的开发区[N].新华网,2-24.2005.

[27] 陈友芳.可持续的梦想:环境与经济[M].上海:海科学技术出版社.2003.

[28] 仇保兴.19世纪以来西方城市规划理论演变的六次转折[J].规划师.2003.

[29] 仇保兴.风景名胜资源保护和利用的若干问题[J].中国园林,6:16-18.2002.

[30] 单之蔷.诗人的情感与水库大坝[J].中国国家地理,11.2004.

[31] 邓大洪.各地建新城"高烧难退"[N].新闻周报,6-1.2004.

[32] 董宪军.生态城市研究[D].中国社会科学院研究生院.2000.

[33] 段天茂.知识·技术·人文精神[N].人民日报,11-5.1999.

[34] 方澜,于涛方.战后西方城市规划理论的流变[J].城市问题.2002.

［35］冯文坤 ."自然"思微与诗学再识 [D]. 苏州大学博士学位论文 .2002.

［36］傅礼铭 . 钱学森山水城市思想及其研究 [J]. 西安交通大学学报 ( 社会科学版 ),3.2005.

［37］傅礼铭 . 山水城市研究 [M]. 武汉 : 湖北科学技术出版社 .2004.

［38］高友谦 . 中国建筑方位艺术 [M]. 北京 : 团结出版社 .2004.

［39］郭建勋 . 新观念 新领域 新视角——论骚体文学研究在当代楚辞学中的定位 [J], 淮阴师范学院学报 , 1:92-95.2003.

［40］韩林德 . 境生象外 [M]. 生活读书新知三联书店 .1995.

［41］韩增禄 , 何重义 . 建筑·文化·人生 [M]. 北京 : 北京大学出版社 .1997.

［42］何树青 . 连城诀 [M]. 新星出版社 .2006.

［43］和红星 . 古都西安 特色城市 [M]. 北京 : 中国建筑工业出版社 .2006.

［44］赫伯特·马尔库塞 . 单向度的人——发达工业社会意识形态研究 [M]. 上海 : 上海译文出版社 .1989.

［45］黑川纪章 . 日本灰调子文化 [J]. 世界建筑 ,1982,1:5-7.

［46］洪亮平 . 城市设计历程 [M]. 北京 : 中国建筑工业出版社 ,2002.

［47］侯幼彬 . 中国建筑美学 [M]. 哈尔滨 : 黑龙江科学技术出版社 .1997.

［48］胡晓明 . 中国诗学之精神 [M]. 南昌 : 江西人民出版社 , 9.2001.

［49］胡应麟 . 诗数续编 . 转引自胡雪冈 . 吴诗派诗人余尧臣 [N]. 温州日报瓯越副刊 , 9-21.2005.

［50］霍克海默 . 霍克海默集 [M]. 上海 : 上海远东出版社 .1997.

［51］季羡林 . 中外文论絮语 [J]. 新华文摘 ,2:7-8.1997.

［52］建设部 . 人均住宅面积 28 平方米是不是在放卫星 [N], 中国青年报 , 1-7.2008.

［53］蒋国经 . 中国住宅百年变迁 [J]. 中国建设报 ,12-7.2005.

［54］金陵 . 从 "工具理性批判" 到 "功能理性批判" ——批判理论的一个重要转向 [J]. 上海交通大学学报 ( 哲学社会科学版 ),1:62-66.2003.

［55］金学智 . 中国园林美学 [M]. 北京 : 中国建筑工业出版社 .1999.

［56］中国房地产报编辑部 . 开发区 "消肿" 初见成效 [N]. 中国房地产报 ,6-16.2004.

［57］康震 . 文化地理视野中的诗美境界——唐长安城建筑与唐诗的审美文化内涵 [J]. 文艺研究 ,9.2007.

［58］匡吉 . 保护与发展——风景名胜区的永恒主题 [J]. 长江建设 ,6:8-10.2003.

［59］李达三、罗钢 . 中外比较文学的里程碑 [M]. 北京 : 人民文学出版社出版 1997.

［60］李慧玲 . 动态之中 [N]. 联合早报 ,10-29.2006.

［61］李江树 . 创巨痛深老北京 [J]. 中国作家 ,6:19-22.2006.

［62］李西建 . 中国美学的诗性智慧及现代意义 [M]. 东方丛刊 ,4:125-135.2000.

［63］李先逵 . 我国人居环境的进步与发展 [J]. 建筑 ,12:4-7.2001.

［64］李泽兵 . 内蒙古撤销 55 个开发区无偿交农民耕种 [EB]. 2004. http://news.sina.com.cn/c/2004-04-28/14532425415s.shtml,04-28.

［65］梁思成 , 林徽因 . 平郊建筑杂录 [J]. 中国营造学社汇刊 .1932.

［66］梁思成 . 中国建筑史 [M]. 北京 : 百花文艺出版社 .2005.

［67］梁思成 . 梁思成文集 ( 第三卷 )[M]. 北京 : 中国建筑工业出版社 .1986.

［68］林德玄 . 科技哲学十五讲 [M]. 北京 : 北京大学出版社 .2004.

［69］刘沛林 . 古村落 : 人类远去的家园 [N]. 中国建设报 ,2-25.2005.

［70］刘士林 . 中国诗性文化与都市空间生产 [N]. 光明日报 ,8-21.2006.

［71］刘易斯·芒福德 . 城市发展史——起源、演变和前景 [M]. 倪文彦等译 . 北京 : 中国建筑工业出版社 .1989.

［72］龙庆忠 . 中国建筑与中华民族 [M]. 广州 : 华南理工大学出版社 .1990.

［73］鲁迅 . 汉文学史纲 [M]. 台北 : 风云时代出版有限公司 .1990.

［74］罗小未 . 评 "欧陆式" 建筑风格 [J]. 上海住宅 ,9:17-20.2001.

［75］罗宗强 . 古文论研究杂识 [J]. 文艺研究 ,3.1990.

［76］马益华 , 王文瑾 . 西部大开发 10 周年 , 古都西安交出精彩答卷 [N]. 春城晚报 ,07-01.2009.

［77］梅旭东 . 理性的回归诗性的回归 [J]. 宁波大学学报 ( 教育科学版 ),3:139-140.2005.

［78］明·计成.园冶图说[M].赵农(注释).济南：山东画报出版社.2003.

［79］聂鑫森.触摸古建筑：聂鑫森建筑文化随笔[M].北京：中国建材工业出版社.2004.

［80］诺伯格–舒尔茨.场所精神：迈向建筑现象学[M].施植明译.田园城市文化事业有限公司出版,1995.

［81］潘知常.对审美活动的本体论内涵的考察——关于美学的当代问题[J].文艺研究,1.1997.

［82］钱广华.西方哲学发展史[M].合肥：安徽人民出版社.1988.

［83］乔纳森·卡勒.论解构[M].天马图书有限公司.1993.

［84］清·徐崧,张大纯.百城烟水[M].南京：江苏古籍出版社.1999.

［85］沈玉麟.外国城市建设史[M].北京：中国建筑工业出版社.1989.

［86］宋·孟元老.东京梦华录(卷6)[M].济南：山东友谊出版社.2001.

［87］孙施文.城市规划哲学[M].北京：中国建筑工业出版社.1997.

［88］孙正幸.哲学修养十五讲[M].北京：北京大学出版社.2004.

［89］孙宗文.中国建筑与哲学[M].南京：江苏科技出版社.2000.

［90］田彦旭.谈住宅建设中的住户参与[J].新建筑,2.2001.

［91］汪辛.城市聚居原型初探[J].住宅科技,1:21-23.2001.

［92］王超.从在者之思到共在之域——论交感诗学思想在中国文论中的嬗变与转型[J].江西社会科学,11:82-85.2005.

［93］王铎.中国古代苑园与文化[M].武汉：湖北教育出版社.2002.

［94］王贵友.关于"工具理性"问题的反思[J].武汉大学学报(哲学社会科学版),1.1998.

［95］王海平.风景名胜区的保护及其可持续发展研究[J].湖北社会科学.2004.

［96］王慧.新城市主义的理念与实践、理想与现实[J].国外城市规划,3:35-38.2002.

［97］王建国.现代城市设计的理论和方法[M].南京：东南大学出版社.1991.

［98］王军生.关于生态城市的若干思考[A].第二届中国（海南）生态文化论坛论文集.2005.

［99］王鲁民.中国古典建筑文化探源[M].上海：同济大学出版社.1997.

［100］王其均.中国建筑图解词典[M].北京：机械工业出版社.2006.

［101］王衍用.关注旅游规划中的城镇化趋势[M].小城镇建设,7:38-39.2006.

［102］王运熙,周锋.文心雕龙译注[M].上海古籍出版社.1998.

［103］王振铎.人间词话与人间词[M].郑州：河南人民出版社.1995.

［104］王振复.大地上的"宇宙"：中国建筑文化理念[M].上海：复旦大学出版社.2001.

［105］王振复.中华古代文化中的建筑美[M].上海：学林出版社.1989.

［106］文舟.说书：解读鲁迅的评语——"无韵之《离骚》"[N].北京日报,6-212004.

［107］吴海江.学术研究需要理想主义[N].光明日报,9-7.2004.

［108］吴家骅.环境设计史纲[M].重庆：重庆大学出版社.2002.

［109］吴良镛.基本理念·地域文化·时代模式——对中国建筑发展道路的探索[J].建筑学报,2:6-8.2002.

［110］吴志强.《西方城市规则理论史纲》导论[J].城市规划汇刊,2:9-18.2000.

［111］伍德扬.现在的中国吗? [N].联合早报,8-20.2005.

［112］伍端.空间句法相关理论导读[J].世界建筑,11:18.2005.

［113］西安市规划局.西安城市总体规划(2008年-2020年)概要[J].建筑与文化,7.2008.

［114］萧默.建筑意(第一辑)[M].北京：中国人民大学出版社.2003.

［115］谢凝高.国家风景名胜区功能的发展及其保护利用[J].中国园林,7:3-5.2005.

［116］谢凝高.国家重点风景名胜区规划与旅游规划的关系[J].规划师,5:12-14.2005.

［117］徐千里.大众文化批判[J].华中建筑,4:1-5.1997.

［118］徐尚志.意匠集：中国建筑师诗文选[M].北京：机械工业出版社.2006.

［119］徐文彬等."欧陆风格"与中国建筑[J].西北建筑与建材,9:8-10.2003.

［120］许耕原.当代中国建筑哲学的贫困[J].华中建筑.1995.

［121］亚历山大.城市并非树形[J].建筑师24期.1985.

[122] 杨俊.保护历史建筑延续上海文脉 [N].新民晚报,5-8.2006.

[123] 杨义.唐宋名篇朗诵缘何热而不衰 [N].中国青年报,12-19.1999.

[124] 姚建平.黑龙江省摘牌 54 个开发区 8 万公顷土地重归农民 [EB].2004.http://biz.163.com/40517/7/0MJQBITQ00020QF7.html,5-17.

[125] 叶嘉莹.迦陵文集 [M].石家庄：河北教育出版社.1997.

[126] 叶峻.自然生态、社会生态与社会生态学 [J].贵州社会科学,4:25-31.1998.

[127] 叶朗.现代美学体系 [M].北京：北京大学出版社.1988.

[128] 叶维廉.中国诗学[M].北京:生活·读书·新知三联书店出版.1992.

[129] 衣学领.苏州园林：如诗如画理想家园 [J].中国经济信息,10.2008.

[130] 游国恩.中国文学史 [M].北京：人民文学出版社.1964.

[131] 余卓群,龙彬.中国建筑创作概论 [M].武汉：湖北教育出版社.2002.

[132] 袁忠.中国古典建筑的意象化生存 [D].华南理工大学.2002.

[133] 詹和平.诗意地栖居与理想人居环境 [J].南京艺术学院学报（美术与设计版）,3.2006.

[134] 张斌峰.试论中国哲学的语用学转向 [J].中州学刊,5:148-152.2002.

[135] 张家骥.中国造园论 [M].太原：山西人民出版社.1991.

[136] 张京祥.西方城市规划思想史纲[M].南京:东南大学出版社.2005.

[137] 张良皋.匠学七说 [M].北京：中国建筑工业出版社.2002.

[138] 张宁.山水相连之处——西安浐灞生态区 [N].光明日报,04-05.2008.

[139] 张琦.浐灞生态区——西安第三代新城正崛起 [N].西安晚报,01-20.2008.

[140] 张缨,张倩.中国传统园林的虚实相生与心物交融 [J].装饰,9:10-12.2004.

[141] 张勇.深圳经典小区 [M].北京：中国建筑工业出版社.2002.

[142] 张毓峰,林挺.重读密斯[J].时代建筑.2003.

[143] 张祖刚.世界园林发展概论：走向自然的世界园林史图说 [M].北京：中国建筑工业出版社.2003.

[144] 章采烈.中国园林艺术通论 [M],上海：上海科学技术出版公司.2004.

[145] 赵宝江.严格保护资源！强化科学管理,坚持走风景名胜事业可持续发展的道路——纪念

[146] 中国风景名胜区事业二十周年 [J].风景名胜工作通讯专刊,11.2002

[147] 赵积猷.古代文人"安居"观 [J].上海住宅,7-7.2002

[148] 赵汀阳.没有世界观的世界 [M].北京：中国人民大学出版社.2003.

[149] 联合早报编辑部.中国式奢侈两会代表痛批 [N].联合早报,3-04.2007.

[150] 中国园林编辑部.我国新添 26 处国家重点风景名胜区 [J].中国园林,3:1-2.2003.

[151] 华商报编辑部.中式生态别墅 西安悄然升温 [N].华商报·楼市周刊,5-8.2007.

[152] 周谷城.所谓意境 [J].艺术世界,2:11-13.1983.

[153] 周立斌.论工具理性批判的形成及当代意义 [J].求索,3:122-124.2004.

[154] 周梦榕,高友清.关注失控的旅游开发刹住风景区"三化"风 [N].社会法制报,6-27.2002.

[155] 周年兴,俞孔坚.风景区的城市化及其对策研究——以武陵源为例 [J].城市规划汇刊,1.2004.

[156] 周汝昌.千秋一寸心——唐宋诗词鉴赏讲座 [M].北京：华艺出版社.2000.

[157] 周维权.中国名山风景区 [M].北京：清华大学出版社.1996.

[158] 朱立毅.浙江半年撤销 528 个开发区涉及规划面积 1500 平方公里 [N].人民日报,1-12.2004.

[159] 朱涛.是"中国式居住"还是"中国式投机＋犬儒" [J].时代建筑,3:28-29.2006.

[160] 卓刚.我国住区建设存在九大生态误区 [J].建筑学报,4:8-11.2007.

[161] 宗白华.美学散步 [M].上海人民出版社.2005.

[162] 宗白华.中国园林艺术概观 [M].南京：江苏人民出版社.1987.

[163] 邹德慈.城市设计概念：理念·思考·方法·实践 [M].北京：中国建筑工业出版社.2003.

[164] 佐佐木健一.日本反都市文化的审美生活 [J].王小明译.东方丛刊.1998.

# 作者简介

李先逵　1944年出生，四川达州人。1966年毕业于重庆建筑工程学院建筑系建筑学本科专业。1982年该校建筑历史与理论专业研究生毕业，获工学硕士学位。1984年至1986年旅欧留学进修并考察建筑及艺术。原重庆建筑大学副校长，建筑学教授，博士生导师，国家一级注册建筑师。曾任建设部人事司教育劳动司副司长、科技司司长、外事司司长，中国建筑学会副理事长、中国传统建筑园林研究会副会长中国民族建筑研究会副会长及专家委员会主任等。代表著作：《干栏式苗居建筑》、《四川民居》等，发表各种论文近百篇。主要有：《中国建筑文化三大特色》、《中国园林阴阳观》、《风水观念更新与山水城市创造》、《中国建筑的院落精神》等。主持国家自然科学基金项目《四川大足石刻保护研究》，获四川省科技进步二等奖。主持《建筑学专业体系化改革》，获四川省高等教育优秀教学成果一等奖及国家教委高校优秀教学成果奖，获中国民族建筑研究会终身成就奖及中国民居建筑大师名誉称号。

刘晓晖　1968年出生。同济大学风景园林专业本科毕业，重庆大学城市规划与设计专业博士，华中科技大学建筑与城市规划学院副教授、硕士生导师发表论文多篇，主要有《从建筑的动词含义谈重视技术教育与培养营造家精神》、《地方文脉的诗化寻求与表达》、《中国文化语境下的诗境规划思想及其方法实践》、《形式追随诗性的技术》、《渝东南土家族民居之基本形制及其智慧》等。除教学科研外，还从事城乡规划、建筑、园林的规划与设计，主持多个城市总体规划、控制性规划和修建性详细规划、城市设计以及建筑设计和风景园林规划与设计。